植物百科全书

图文珍藏版

走进植物世界 发掘物种之谜

赵然 ⊙ 主编

线装书局

植物宜忌全書

第八章 赏心悦目的观赏植物

一、木本植物观赏

木棉

木棉别名"攀枝花""英雄花",是木棉科落叶大乔木。它树形高大,雄壮魁

木棉

梧,枝干苍劲,傲然挺立于天地之间,充满了阳刚之美,历来被人们视为英雄的

象征。木棉花硕大如杯,色泽鲜艳,似火如血,由于它先长花芽,后长叶芽,因此在花盛开的时候,叶子还没有长出来,远远望去好似一团团在枝头欢快跳跃、尽情燃烧的火苗,极有气势。在众花之中,木棉是难得的"男性之花",它们热情豪放地绽放于蓝天之下,泰然接受着风雨的洗礼。

木棉树高可达30~40米。掌状复叶互生,光滑,小叶呈长椭圆形,先开花后长叶。花为红色,花萼5裂,花瓣5枚,厚肉质,花期为2~4月。

我国傣族对木棉有着充分而巧妙地运用,他们用木棉的果絮织锦,称为"桐锦";用木棉纤维作床褥、枕头的填充材料,非常柔软舒适;用木棉花瓣烹制菜肴。此外,傣族少女还常把自己的心上人比作高大的木棉树。

傣族有这样一个传说,说的是木棉花最初并非鲜红色。有一年敌寇入侵,傣族男子为了保卫家园,在木棉树下与敌寇展开激烈战斗,他们的鲜血染红了土地,渗透到了树根,从此以后,木棉花就变成了鲜艳的红色。人们为了纪念那些保卫家园的男子们,就把木棉树称为"英雄树",把木棉花称为"英雄花"。

刺槐

刺槐别名"洋槐",是蝶形花科刺槐属落叶乔木。原产自北美,现在欧亚各国广泛栽培。19世纪末首先在我国山东青岛引种,目前全国各地均有栽培,以黄河、淮河流域最常见。喜阳光充足的环境和干燥而凉爽的气候,不耐阴,但较耐干旱。对土壤的要求不高,在中性土、酸性土、石灰性土中均能生长,但以肥沃、深厚、排水良好的沙质土壤为佳。

刺槐高10~20米。树皮为灰褐色,多纹裂。树叶根部有一对刺,长1~2毫米。小枝为褐色。奇数羽状复叶,呈矩圆形或椭圆形,表面绿色,背面灰绿色,长有短毛。蝶形花组成下垂总状花序,白色,有香味。花期为4~5月。

树冠高大,叶色鲜绿,花为白色,素雅而芳香,在阳光下折射出柔和的光泽,显示出一种凝如玉脂般的风姿,一旦被耀目的光线穿透,就会变得透明而皎洁。随风飘散的花香,清淡中透出丝丝甜蜜,引来无数蝴蝶、蜜蜂环绕其间。

槐花蜜色白而透明,是蜂蜜中的上品,深受消费者喜爱。刺槐木质坚硬,耐水湿。可供枕木、建筑、车辆、矿柱等用。叶含粗蛋白,是家畜的好饲料。花和嫩叶可食用,并已成为城市居民的绿色蔬菜。种子是制造肥皂及油漆的原料。根可入药,能止血。

迎春花

迎春花又名"迎春柳""金腰带""串串金""小黄花""云南黄素馨"等,为木樨科素馨属落叶灌木。喜阳光充足的环境,稍耐阴,较耐寒,怕涝。在疏松、肥沃、排水良好的酸性土壤中生长旺盛,在碱性土壤中生长不良。原产于我国北方,华北地区,以及辽宁、陕西、山东等省均有分布。

迎春花的老枝为灰褐色,嫩枝为绿色,枝条为四棱形,长达 2 米以上,呈拱形下垂。叶对生,小叶 3 枚或单叶,呈卵状椭圆形,长 3 厘米左右,表面光滑,全缘。花单生于叶腋,为黄色,花冠 5 裂,高脚杯状,先叶开放,具有芳香。花期较长,可持续 50 天之久。浆果为黑紫色。

迎春花在 2~3 月开花,花后即迎来百花齐放的春天,故名"迎春花"。它是希望、生命、活力的象征,与蜡梅、水仙、山茶并称"雪中四友"。迎春花枝条下垂,叶丛翠绿,花色金黄,端庄秀丽,气质非凡,适宜用来布置花坛,点缀庭院,是重要的早春花木。其叶可入药,可治跌打损伤、肿痛恶疮,有消肿解毒的功效。

红果仔

红果仔又名"番樱桃""巴西红果""棱果蒲桃",为桃金娘科番樱桃属常绿灌木或小乔木。世界各国常作为果树栽培，以巴西栽培较多，欧洲地中海沿岸、西印度群岛、美国、印度和菲律宾均有栽培。我国华南地区主要作为园林栽培，以广东栽培较多。红果仔喜温暖湿润、阳光充足的环境，也有一定的耐阴力。喜高温，生长的适宜温度为23℃～30℃，也较耐寒，在-3℃的低温下仍能正常生长。

红果仔树高4～5米，全株无毛。幼枝细软下垂。叶对生，革质，呈长卵形，长3～5厘米，全缘，叶色初为红色，后慢慢变为绿色，色彩斑斓。花着生于新梢先端的叶腋间，直径约1厘米，白色，具香气。浆果呈扁球形，直径1～2厘米，有8条纵棱，初为淡绿色，成熟时为深红色，具蜡质光泽。

枝叶繁茂，枝条细软，颇为美观，但更美的是果实，因其成熟期不同，同一株上的果实有不同的色彩，典雅可爱。常做道旁观赏植物，也可做盆栽观赏。果实除生食外，还能用来制作果酱、饮料以及酿酒和制糖浆。

火炬树

火炬树又名"火炬漆""鹿角漆"，为漆树科盐肤木属落叶小乔木。适应性强，喜阳光，怕水涝，耐干旱、贫瘠，耐盐碱，也耐酸性。原产于北美，现世界各地均有栽培，我国在20世纪50年代引种栽培。

火炬树高可达10米，树皮为暗褐色，呈不规则浅裂。小枝粗壮，密生红色绒毛。奇数羽状复叶，小叶9～23枚，呈长卵状披针形，长5～12厘米，叶面为绿色，叶背为灰绿色，两面均密生柔毛，叶缘有整齐锯齿。花雌雄异株，圆锥花序顶生，花序密生绒毛，颜色鲜红，形似火炬，花期5～7月。果为扁球形，终年不落。

火炬树入夏果穗艳红，极为美丽，秋季叶色转红，非常鲜艳，是风景区和郊野公园良好的观赏树种。此外，它根系较浅，生长速度快，可用来固堤护坡。火炬树可谓浑身是宝,叶、树皮可提取鞣酸,果实富含维生素C和柠檬酸,可做饮料,种子含油蜡,可用来制蜡烛和肥皂,木材为黄色,可雕刻或做装饰材料。

小檗

小檗又名"子檗""山石柏""日本小檗",为小檗科小檗属落叶多枝灌木。喜温暖、湿润、阳光充足的环境,也耐半阴。耐寒,耐干旱,怕水涝。对土壤的适应性强,但在肥沃、排水良好的沙质土壤中生长最为旺盛。原产于日本,我国辽宁以及华北、华东各地均有栽培。

小檗株高2~3米。小枝为红褐色,具沟槽,有短小针刺。单叶互生,呈倒卵形或菱形,长0.5~2厘米,叶面为深绿色,光滑无毛,背面为灰绿色,有白粉。花瓣6枚,为黄色,花期4~5月。浆果呈长圆形,长1厘米左右,熟时为红色,经冬不落。

小檗叶色鲜绿,入秋变红,春季开黄花,秋季红果缀于枝梢,尤其是冬季,叶子凋落后,红果更加鲜艳夺目,是良好的观叶、观花、观果树种,可用于布置花坛、点缀假山。紫叶小檗在绿地中与黄杨、大叶黄杨、金叶女贞相配而成的色带、色块深受人们喜爱。

紫叶李

紫叶李又名"红叶李",为蔷薇科李属落叶小乔木。喜温暖、湿润、阳光充足的环境,稍耐阴,有一定的抗旱能力。对土壤要求不高,但在深厚、肥沃、排水良好的中性、酸性土壤中生长良好,不耐碱。原产于亚洲西南部,在我国主要分布于长江中下游及南部各省。

紫叶李的树冠呈圆形或扁圆形。小枝为红褐色。单叶互生，卵形至倒卵形，基部圆形，紫红色，边缘有重锯齿。花单生或2~3朵聚生，常单生，为粉红色，花期3~4月。果近球形，为黄绿色带紫色晕，果期6~7月。

紫叶李长期满树紫红，尤其是春、秋季，叶色更艳，是良好的观叶树种。可孤植、丛植，也可盆栽观赏。

红瑞木

红瑞木又名"凉子木""红梗木"，为山茱萸科株木属落叶灌木。喜阳光充足的环境，耐半阴，耐寒，耐旱，对土壤的适应性强，但在湿润、深厚、疏松、肥沃的土壤中生长最好。原产于我国东北、华北、华东等地，俄罗斯、朝鲜也有分布。

红瑞木高2~3米，干直立丛生，老干呈暗红色。嫩枝为橙黄色，被蜡粉，落叶后变为紫色。叶对生，卵形或椭圆形，长4~9厘米，叶面为绿色，叶背为粉绿色，全缘。顶生伞房花序，花为乳白色，4瓣，花期5~6月。核果近圆形，为蓝白或乳白色。

红瑞木初夏白花成团，深秋叶色鲜红，白果晶莹，具有很高的观赏价值，特别是落叶以后，枝条在寒冬中红艳如珊瑚，若天公作美，降一场大雪，在白雪的衬托下，则更显艳丽，是少有的观茎树种，也是优良的切枝材料。

灯台树

灯台树又名"六角树""女儿木""瑞木"，为山茱萸科灯台树属落叶乔木。喜半阴的生长环境，适应性强，既耐热又耐寒，对土壤的要求不高，但在疏松、肥沃、湿润、排水良好的土壤中生长最好。野外多生在阴坡杂木林中或湿润的山谷河旁，能自成小群落。在我国各地可广泛栽培，东北、华北、华南、西北、西南各地均可良好生长。

灯台树可高达15米，树冠呈圆锥状，树皮为暗灰色。大侧枝层层平展，小枝为暗紫红色且有光泽，皮孔明显。单叶互生，簇生于枝梢，叶面为深绿色，叶背为灰绿色，呈广卵圆形，长6～12厘米，全缘或波状。伞房状聚伞花序生于新枝顶端，长9厘米左右，为白色，花期5～6月。核果近球形，成熟时为蓝黑色。

灯台树的树枝层层平展，形如灯台，故名"灯台树"。由于树姿优美奇特、叶形秀丽、白花雅致，被视为园林绿化珍品。

柠檬桉

柠檬桉又名"光皮桉""油桉"，为桃金娘科桉属常绿乔木。喜高温高湿的气候，喜光，不耐寒，耐旱，对土壤静适应性强，在疏松、深厚、肥沃的沙质土壤中生长最好。原产于澳大利亚，我国广东、广西、福建、云南、四川等地均有栽培。

柠檬桉树高20～40米，树干通直，树皮为灰白色，光滑，片状脱落。单叶互生，呈狭披针形或卵状披针形，稍弯曲，长10～18厘米，先端渐尖，叶面和叶背均为浅绿色，有黑腺点，散发强烈的柠檬香味。伞形花序，有花3～5朵，数个排列成腋生或顶生圆锥花序，无花瓣及花萼，无数的雄蕊把整朵花包围起来，成为最显著的部分。蒴果为卵状壶形，果期9～10月。

柠檬桉树姿优美，树干通直，树皮洁白，有"林中仙女"之称，多为行道树，也是理想的造林绿化树种。此外，该树种生长速度快，是南方重要的速生用材。其叶可用来提炼芳香油，制作肥皂。

樱花

樱花又名"山樱花",为蔷薇科李属落叶乔木。喜阳光充足,温暖湿润的环境,对土壤的适应性强,在肥沃、疏松、排水良好的沙质土壤中生长最好。原产于北半球温带,包括日本、印度、朝鲜等,我国长江流域西南山区各类较丰富,华北各地均有栽培。

樱花树高15~25米,树冠呈卵圆形,树皮为栗褐色,光滑而有横纹。小枝为红褐色。单叶互生,呈卵状椭圆形或卵形,长6~12厘米,叶面为深绿色且有光泽,叶背颜色稍淡,边缘有芒状锯齿,叶柄常有腺体2~4个。花单生枝顶或3~5朵簇生,呈伞形或伞房状花序,花为粉红色或白色,与叶同时开放或先叶后花。核果初为红色,后变为黑色,5~6月成熟。

樱花非常美丽,盛开时节,满树烂漫,如云似霞,为早春著名的观花树种,可丛植点缀绿地,也可孤植形成"万绿丛中一点红"的意境,若成片栽植,盛花时节,远远望去,一片花海,极为壮观。樱花还可作绿篱、行道树。此外,嫩叶和树皮还可入药。

樱花象征着纯洁、热烈、幸福、淡泊、高尚。唐代诗人李商隐曾写下"何处哀筝随急管,樱花永苍垂杨岸"的诗句。日本人非常喜爱樱花,并将其奉为国花,日本也被誉为"樱花之国"。

金钟花

金钟花又名"迎春条""黄金条""细叶连翘",为木樨科连翘属落叶灌木。喜阳光,也有一定的耐阴力,喜温暖湿润的环境,较耐寒,对土壤的适应性强,耐干旱、水湿，耐贫瘠。原产于我国长江中下游各地，现华北地区，以及山东、重庆、四川等省市均有栽培。此外，朝鲜也有栽培。

金钟花株高可达3米。枝直立，开展，有时呈拱形，小枝为绿色，皮孔显著，髓心片状，微有四棱状。单叶对生，椭圆形至椭圆状披针形，长5~15厘米，先端尖锐，基部楔形，中部以上有粗锯齿。花先叶开放，1~3朵腋生，花冠为金黄色，花期3~4月。蒴果呈卵形，先端具喙。

金钟花早春先叶开花，满枝金黄，非常艳丽，是早春优良的观花灌木。适宜在亭阶、宅旁、墙隅、路边配植，也可栽种在池畔、溪边、岩石、假山下。

乌桕

乌桕又名"木油树""蜡子树"，为大戟科乌桕属落叶乔木。喜阳光充足的环境，稍耐阴、耐湿、耐寒，对土壤的适应性强，在多种类型的土壤中均能生长，但在湿润、深厚、肥沃的冲积土中生长最好。原产于我国，分布广泛，主要栽培区在长江流域及珠江流域，以浙江、安徽、福建、江西、湖北、四川、云南等省为主。

乌桕株高可达20米，树冠近球形，乳液有毒，小枝细。单叶互生，纸质，为菱形或菱状卵形，全缘，叶柄细长，顶端有2腺体。花单性，雌雄同株，花为黄绿色，花期5~7月。蒴果呈扁球形，成熟时为黑褐色。

乌桕的叶色随着季节的变化而不断变化，新叶绿色，夏季转为浅绿色，入秋转为红色或金黄色，是主要的秋景树种。桕子为白色，经冬不落，格外美丽。可孤植、丛植或群植于庭院、绿地、公园，也可于池畔、溪流旁、建筑物周围做庭荫树。

黄连木

黄连木为漆树科黄连木属落叶乔木。黄连木因其木材色黄味苦而得名。在我国分布广泛,因此还有很多别称,在湖南被称为"惜木",在山东被称为"孔木",还有"楷木"之称。《辞海》记载:"相传楷树枝干疏而不曲,因以形容刚直。"据说,"楷模"一词就是由此而来。黄连木喜阳光充足的环境,不耐严寒,耐干旱、贫瘠。对土壤的适应性强,在中性、酸性、碱性土壤中均能生长,但在湿润、肥沃、排水良好的石灰岩山地生长最为旺盛。生长速度慢,寿命长,可达300年以上。对二氧化硫、烟尘的抗性较强。原产于我国,北自黄河流域,南至两广及西南各省均有分布,其中以河北、山西、陕西、河南等省最多。

黄连木高25~30米,胸径2米,树冠近圆球形。奇数羽状复叶互生,小叶10~12枚,呈卵状披针形或披针形,长5~9厘米。顶端渐尖,基部楔形,全缘。花单性,雌雄异株,圆锥花序顶生,雌花序为紫红色,雄花序为淡绿色。花小,无花瓣,花期4月。核果呈倒卵形,直径6毫米左右,初为黄白色,成熟时变为红色、蓝紫色。

黄连木树冠浑圆,枝繁叶茂,早春嫩叶红色,入秋变为深红色或橙黄色,是著名的风景树。紫红色的雌花序也非常美观,可植于山谷、坡地、草坪或于亭阁、山石旁配植,若与枫香等混植,效果更佳。

据《云南名树古木》记载,兰坪县石登乡仁甸河村一棵黄连木高23米,胸径320厘米,树龄高达1500年,被当地群众视为"龙树""神树"。古时黄连木常置于寺庙、墓地中,如山东曲阜孔林中的黄连木,相传为子贡庐墓时手植。

鸡树条荚蒾

鸡树条荚蒾又名"鸡树条子""天目琼花",为忍冬科荚蒾落叶灌木。喜光,但怕强光直射,耐阴、耐旱、耐寒,对土壤的适应性强,在中性及微酸性土中均能生长。我国内蒙古、东北、华北、长江流域均有分布,生长于海拔1200～2200米的山地边缘。

鸡树条荚蒾树高可达3米,树皮为灰褐色。老枝为暗灰色,小枝为褐色,具明显条棱。叶呈卵圆形,长6～12厘米,通常3裂,掌状三出脉,叶缘有不规则大齿,叶面为黄绿色,无毛,叶背为淡绿色,被黄色长柔毛及暗褐色腺点。叶柄基部有2锯形托叶,顶端有2～4盘状大腺体。头状聚伞花序,边缘的白色花为不孕花,中央的乳白色花为可孕花,花药为紫红色,花期5～6月。浆果呈球形,直径1厘米左右,成熟时为鲜红色,有臭味。

鸡树条荚蒾树姿清秀,叶色浓绿,叶形美丽,初夏花白如,深秋果红似珊瑚,为优美的观花、观果树种,适宜栽植于林缘、林下、水边或屋后。果序可做插瓶用花。嫩枝、叶、果均可入药。种子可榨油,供工业用或制肥皂。

鸡爪槭

鸡爪槭又名"鸡爪枫""枫树""槭树",为槭树科槭树属落叶小乔木。喜温凉湿润的气候,怕强光暴晒,抗寒性强。对土壤的要求不高,但在湿润、富含腐殖质的土壤中生长良好。在我国山东、江苏、河南、浙江、江西、安徽、湖南、湖北、贵州等省均有分布,日本和朝鲜也有分布。

鸡爪槭树高可达8米,树冠呈伞形或扁圆形,树皮为深灰色。小枝细瘦,为紫色或灰紫色。单叶对生,纸质,掌状5~7裂,一般7深裂,裂片长圆卵形,边缘具细重锯齿,叶面为深绿色,无毛,叶背为淡绿色,仅叶脉有簇毛。叶柄细瘦,长4~6厘米。伞房花序。花为紫色,花期5月。翅果小,嫩时为紫红色。成熟时为黄色。

鸡爪槭树姿优美,叶形美观,秋天叶子变为鲜红色,胜似红花,为著名的观叶树种。适宜植于溪边、池畔、草坪,若以常绿树做背景,更为美观。制成盆景或盆栽,用来美化室内也非常雅致。

小叶锦鸡儿

小叶锦鸡儿又名"小叶金雀花""牛筋条""雪里洼""黑柠条",为豆科落叶灌木。我国新疆、内蒙古、青海、宁夏、甘肃、陕西、山西、河北、山东、吉林、辽宁等地均有分布。小叶锦鸡儿喜阳光充足的环境,不耐阴,在庇荫环境下会生长不良,结实较少,甚至不结实。耐高温,夏季能耐55℃的高温,也较耐寒,在-30℃的低温下,也能生长良好。耐干旱、贫瘠,怕积水。

小叶锦鸡儿高约3米,树皮为灰绿或黄灰色。枝斜生,幼枝有丝毛。羽状复叶,小叶12~20枚,呈倒卵状长圆形或倒卵形,长约1厘米,宽0.5厘米,有短刺尖,幼时有毛。花单生或2~3朵集生,花梗长1~2厘米,近中部有关节。花萼呈筒状钟形,长1厘米左右,密被短柔毛。花冠为黄色,蝶形,旗瓣近圆形,先端微凹,翼瓣爪长仅为瓣片的1/2,耳齿状,龙骨瓣耳不明显,花期5~6月。荚果坚硬,呈条形,长约5厘米,宽约0.6厘米,为红褐色,果期8~9月。

小叶锦鸡儿枝叶繁茂,花冠呈蝶形,开花时节满树金黄,非常美丽。适宜在庭院、小路边栽植,供观赏,也可做绿篱。小叶锦鸡儿贴地丛生,还是良好的防风固沙树种。枝条可供编织,种子可榨油,根、花可入药,有镇静、止痒、滋阴养血的功效。

花楸

花楸又名"马加木""百华花楸""红果臭山槐",为蔷薇科花楸属落叶乔木。喜阳光充足的环境,但怕强光直射,稍耐阴,抗寒能力较强。对土壤的适应性也强,在湿润、深厚、富含腐殖质的沙质土壤中生长最好。我国东北、华北及西北地区均有分布。多生长于海拔900米以上的山地,常分布在桦木、云杉、油松、落叶松、辽东栎等林中。

花楸树高5~10米,树冠呈广卵形至伞形,树皮光滑,呈紫灰褐色。小枝为灰褐色,有灰白色皮孔,幼时被茸毛。奇数羽状复叶,有5~7对小叶,呈椭圆状披针形,长3~5厘米,边缘有锯齿,两面均具毛。托叶呈半圆形,纸质,有粗锯齿。复伞房花序顶生,花两性,为白色,花期5~6月。果近球形,成熟时为红色。花楸枝叶秀丽,初夏洁白的花朵在绿叶的衬托下,显得格外美丽,入秋团团红果衬于紫叶间,十分耀眼,是优良的园林观赏树种,也可剪下插入瓶中,以供观赏。果实富含维生素,可加工成果酒、果酱及果醋。

千头柏

千头柏又名"凤尾柏""扫帚柏""子孙柏",为柏科侧柏属常绿灌木。在我国各地多有栽培。为温带树种,适应能力强。喜阳光充足的环境,光照不足会导致枝叶稀疏。对土壤的要求不高,但必须排水良好,否则易烂根。

千头柏高3~5米,树冠呈圆球形或卵圆形,树皮为浅褐色。幼枝为鲜绿色,扁平,排成平面而斜展。叶呈鳞状,紧贴幼枝,表面和背面均为绿色。3~4月开花,球花单生于幼枝顶端。球果肉质,呈卵圆形,蓝绿色,被白粉,10~11月成熟,成熟时为红褐色。

千头柏树冠丰满,酷似绿球,可对植于门庭、纪念性建筑周围,也可孤植、丛植于花坛,或列植成绿篱。此外,它对二氧化硫有较强的抗性,可做厂矿区绿化。千头柏能散发一种殊的芳香气味,这种气味对人的肠胃有刺激作用,若长时间闻,会影响食欲,孕妇闻的时间久了,还会感到心烦意乱,出现头晕目眩、恶心呕吐的症状。

银芽柳

银芽柳又名"银柳""棉花柳",为杨柳科落叶灌木。原产于日本,我国江

银芽柳

苏、浙江、上海一带有栽培。银芽柳喜阳光充足、温暖湿润的环境,耐阴,耐寒,耐湿。对土壤的适应性强,在深厚、肥沃的土壤中生长良好。

银芽柳株高2~3米。枝细长,为绿褐色,新枝有绒毛。叶互生,呈长椭圆形,长10~15厘米,边缘有细锯齿,背面密被白毛。花芽肥大,每个芽都有一个暗红色的苞片,早春先叶开放,苞片脱落后,露出银白色的花序,形似毛笔。

银芽柳枝条细长,苞片脱落后,银白色的花苞闪亮动人,极具观赏价值。多

做切花使用，可插入瓶中，放置在室内观赏。即使不加水，也能长时间摆放，有干花般的美感，若加水，一周换一次水即可。在园林中，常配植于河岸、池畔以及湖滨。

银芽柳成束摆放在屋内，有"银两滚进、银留家中"的吉祥寓意。而且先花后叶，花谢后嫩绿的叶芽才伸展而出，因此又有"生机长青、好运连年"之意。

小叶丁香

小叶丁香又名"四季丁香""野丁香""二度梅"，为木樨科丁香属落叶灌木。生长于海拔2200米左右的山谷灌丛中。在我国辽宁、河北、河南、山西、陕西、甘肃、湖北均有分布。喜阳光充足的环境，也有一定的耐阴力。适应性较强，耐旱，耐寒，耐贫瘠，对土壤的要求不高，但在疏松、肥沃、排水良好的中性土壤中生长良好，忌酸性土。可用播种、扦插、分株、嫁接等方法繁殖。

小叶丁香的植株高2～3米。幼枝为灰褐色，疏被短柔毛，后逐渐脱落。叶对生，呈椭圆形或狭卵形，长2～5厘米，宽1～3厘米，先端钝或渐尖，基部楔形至宽楔形，全缘，有缘毛。圆锥花序疏松，长4～8厘米，花萼呈钟形，花冠为淡紫红色。蒴果呈圆柱形，长1～2厘米，为绿褐色。

小叶丁香树姿优美，枝条柔细，花色淡雅，芳香袭人，且一年开两次花。宜孤植、丛植于庭院、草坪、学校、医院，也可群植于风景区、厂矿区。若与其他常绿灌木配植，观赏效果更好。花可提取芳香油，也可入药，可治胃寒呕逆、吐泻等症。

假朝天罐

假朝天罐又名"茶罐花""罐罐花""盅盅花""痢疾罐""张天师""小尾光

叶",为野牡丹科金锦香属灌木。在我国西藏、贵州、湖北、湖南、四川、云南、广西等地均有分布,缅甸和印度也有分布。适应性较强,耐晒,耐旱,对土壤的要求不高,但在湿润的酸性土壤中生长良好,宜播种繁殖。

假朝天罐株高0.2~1.5米,也有少数可达2.5米。枝有平展的刺毛。叶对生,坚纸质,呈椭圆形、卵状披针形或长圆状披针形,长5~10厘米,宽2~4厘米,全缘,两面被糙伏毛。叶柄长2~15毫米,密被糙伏毛。总状花序,或由聚伞花序组成顶生的圆锥花序,苞片2枚,卵形,长4毫米左右。花瓣4枚,为紫色或白色,呈倒卵形,长约2厘米,具缘毛,花期8~11月。蒴果为卵圆形,长1~2厘米。

假朝天罐为夏、秋季观花植物,可用来布置花坛,或栽于庭院周围以供观赏。也可盆栽点缀厅堂、阳台。根、叶可入药,具有活血解毒、收敛止血的功效。

琼花

琼花又名"聚八仙花""蝴蝶花""木绣球""牛耳抱珠",为忍冬科荚蒾属落叶或半常绿灌木。琼花原产于我国,甘肃、湖北、四川、山东、江苏、浙江、河南等地均有分布。较耐寒,对土壤的适应性强,一般土壤中均能正常生长,但以肥沃、湿润的土壤为佳。

琼花的植株高可达8米,树冠呈球形。幼枝有星状毛,老枝为灰黑色。叶对生,呈椭圆形或卵形,背面有星状毛,边缘有锯齿。聚伞花序生于枝端,周围8朵5瓣白色花为不孕花,中间珍珠似的白花为可孕花,花期4~5月。核果呈椭圆形,初为红色,后变为黑色,10~11月成熟。

琼花没有艳丽的花色,也没有浓郁的芳香,在一片姹紫嫣红中,它的花洁白如玉,清秀淡雅,展现出一种与众不同的美。更美的是它的花形,白色大花中间环绕着珍珠似的小花,簇拥着犹如蝴蝶一般的花蕊。微风吹过,轻轻摇摆,像蝴蝶戏珠，又似八仙翩翩起舞，风姿绰约，因而深受人们喜爱，人们还给它起了一个形象而又好听的名字——聚八仙。每到秋天，群芳落英缤纷，琼花却展现出另一种美——绿叶红果，红绿相映，经久不落，一扫秋日的萧瑟，点染了亮丽的色彩和欢快的气氛。

北宋诗人欧阳修在扬州琼花观内建"无双亭"并赋诗："琼花芍药世无伦，偶不题诗便怨人。曾向无双亭下醉，自知不负广陵春。"张问在《琼花赋》中写道："俪靓容于茉莉，笑玫瑰于尘凡，惟水仙可并其幽娴，而江梅似同其清淑。"

琼花的寿命很长，在扬州的大明寺中有一株300多年前（清朝康熙年间）种植的琼花，现在依然叶繁花茂，姿态优美，风韵不减当年。

鸡麻

鸡麻又名"白棣棠"，为蔷薇科鸡麻属落叶小灌木。我国东北、华北、华中、华东、西北等地均有分布，日本也有分布。喜阳光充足的环境，也有一定的耐阴力。怕涝，耐寒，在疏松、肥沃、排水良好的土壤中生长良好。

鸡麻植株高2米左右。老枝为紫褐色，小枝初为绿色，后慢慢转为浅褐色。单叶对生，卵形至椭圆状卵形，长4~10厘米，宽3~5厘米，叶面皱褶，幼时被柔毛，后逐渐脱落。边缘有尖锐重锯齿。花单生于当年新枝顶端，直径3~5厘米，花瓣4枚，呈倒卵形，白色，萼片4枚，卵状椭圆形，边缘有锯齿，花期4~5月。核果为褐色或黑色，倒卵形，长8毫米左右，果期7~8月。

鸡麻花洁白纯净，白色花瓣惬意地舒张开来，享受着明媚的阳光，清风吹来，摇曳生姿。清秀的叶子好像也被花的美丽所陶醉，静静地享受这份美丽，给人一种安逸、平和的氛围，让人心情平静，倍感舒坦。适宜丛植于假山石旁、水池岸边或草地一隅。

紫珠

紫珠又名"白棠子树",为马鞭草科紫珠属落叶灌木。在我国华东、中南、西南各地均有分布,越南、日本也有分布。喜阳光充足、温暖湿润的环境。

紫珠的植株高1~2米。小枝纤细,略带紫红色,具星状毛。单叶对生,呈卵状披针形,长4~15厘米,宽2~3厘米,边缘有细锯齿。表面仅脉上有毛,背面有红色腺点。聚伞花序腋生,花蕾为粉红色或紫色,花朵有粉红、淡紫、白等色。果实近球形,成熟后为紫色且有光泽。

紫珠株形优美,花色丰富,娇柔清淡。10~11月果实成熟时,一片丰收的美景展现在你的眼前,果实色彩鲜艳,颗颗珠圆玉润,犹如一粒粒紫色的珍珠镶嵌在枝干上,既高雅又尊贵。紫珠花美果也美,常在庭院中栽种观赏,也可用于园林绿化。将其花枝剪下插入白色的花瓶中,摆放在桌上,极为雅致,也可送给女性朋友,有美丽、优雅的赞美之意。

茶条槭

茶条槭为槭树科槭属落叶灌木或小乔木。喜阳光充足、湿润的环境,耐寒,对土壤的适应性强,在潮湿、排水良好的土壤中生长最好。

茶条槭株高为5~8米。单叶对生,呈卵形或椭圆状卵形,长约5厘米。表面为深绿色且有光泽,无毛,背面有白色柔毛。边缘有锯齿。花为白色,有芳香,花期4~5月。翅果为红色。

茶条槭树形优美,树干洁净,叶片在秋季变为红色、黄色或橘黄色,非常醒目。但这些美丽无法掩盖它果实的娇艳。盛夏,在茶条槭深绿色的叶丛中,就闪烁出火红色的翅果。它的颜色艳丽出众,造型别致,悬挂在树梢,飘摇中显示出火一般的热情。茶条槭是良好的观赏树种,可在庭院中栽植观赏,也可栽做行道树及庭荫树。木材可供小农具、炭薪用材,嫩叶经过加工,可制成茶叶,有退热明目、生津止渴的功效。种子可榨油。

山梅花

山梅花为虎耳草科山梅花属落叶灌木。在我国陕西、甘肃、河南、四川等省均有分布。喜温暖湿润、阳光充足的环境,耐寒,耐热,怕水涝。对土壤的适应性强,在肥沃、排水良好的土壤中生长最好。

山梅花树高2~5米,树皮为褐色。老枝为灰褐色,小枝为红褐色,密生柔毛,后慢慢脱落。叶对生,呈卵形或长椭圆形,长5~10厘米,宽3~5厘米,先端尖,基部圆,边缘疏生锯齿,表面为绿色,疏生短毛,背面为淡绿色,密生柔毛,有3条明显的主脉。总状花序,有花5~11朵,花为白色,直径约3厘米,花瓣4枚,为圆卵形。每年的6~7月,山梅花的花朵一簇簇地盛开了,在绿叶红枝的衬托下,更加美丽。雪白如玉的花瓣和淡黄的花蕊散发出阵阵清香,香味甜润高雅,沁人心脾。可在庭院、街道、公园内栽植,美化环境。若与山石、建筑等配植,效果更好。山梅花也是难得的蜜源植物。

醉鱼草

醉鱼草又名"闹鱼花""鱼尾草",为马钱科醉鱼草属落叶灌木。主要分布于长江流域以南各省,山东、河南等省也有分布。其适应性强,喜温暖湿润的气候,在深厚、肥沃的土壤中生长良好,但不耐水湿。

醉鱼草植株高可达2米。枝为四棱形,嫩枝被棕黄色细毛。单叶对生,呈卵形或长椭圆状披针形,长5~10厘米。表面无毛,青绿色,背面有棕黄色星毛,叶柄较短。穗状花序顶生,扭成一侧,稍下垂,长7~25厘米,密生紫色小花,花期6~8月。蒴果为矩圆形,长5毫米左右,具鳞片,10月成熟。

醉鱼草枝繁叶茂,夏季开花时淡香悠远,颜色瑰丽,蝴蝶纷纷闻香而来,绕其翩翩起舞,因此人们给它起了一个美丽的别号——蝶爱花。那"醉鱼草"这个名字又是怎么来的呢?这是因为它的茎和根能挥发一种独特的香味,鱼闻了之后,就像喝醉了酒一样,悬浮在水中,不再游动,因此需要注意,不要在鱼塘附近栽培。醉鱼草具有较高的观赏价值,可丛植于草坪边缘、甬道两侧、宅旁墙角等处增添景色。

碧桃

碧桃是蔷薇科李属落叶小乔木。喜阳光充足的环境,耐旱,不耐寒,在肥沃、排水良好的土壤中生长良好。原产于中国,现世界各国均有栽培,我国栽培碧桃的历史悠久,至少有3000年。碧桃是果桃的变种,花后大多不结果,是著名的观赏花卉。

碧桃树最高可达8米,一般3~4米,树皮为灰色,主干粗壮。小枝无毛,为红褐色。叶呈椭圆状披针形,长7~15厘米。花单生或两朵生于叶腋,重瓣,粉红色,变种有深红、白等色,花期3~4月。

碧桃花色艳丽,妖艳媚人。红的似火,白的似雪,粉的似胭脂,点缀在绿色中,一片明媚,一派生机,把世界装点得更加春意盎然,是园林中不可或缺的观花树木。常群植、孤植或栽植于建筑物附近,也可做盆栽观赏。

碧桃的常见品种有以下几种:

白碧桃:花瓣呈椭圆形,为白色,花径3~5厘米。

鸳鸯桃：花为水绿色，成双结实。

寿星桃：花比较小，为红色或白色。

垂枝碧桃：枝条下垂，花有粉红、纯白、浓红等色。

撒金碧桃：花瓣为长圆形，在同一花枝上能开出两色花，多为白色或粉色，还有的粉色花瓣上有白色条斑，白色花瓣上有粉色条斑，花径4~5厘米。

千瓣红碧桃：花瓣3轮以上，内轮花瓣为红色，外轮花瓣为粉红色。

洋金凤

洋金凤又名"蛱蝶花""金凤花""黄金凤""黄蝴蝶""蛱蝉花"，为苏木科云实属常绿灌木。原产于热带地区，我国南方地区常有栽培。喜温暖湿润、阳光充足的环境，稍耐阴，不耐寒，在富含腐殖质、排水良好的微酸性土壤中生长良好。

洋金凤树可高达3米，枝疏生刺。二回羽状复叶，对生，小叶倒卵形，柄很短。总状花序顶生或腋生，花瓣为圆形，橙红色或黄色，花梗较长，长达7厘米。荚果为长条形。

洋金凤树姿清秀，花形轻盈，犹如蝴蝶游戏在绿叶间，时而静止不动，时而翩翩起舞。最吸引人眼球的是那长长的雄蕊，它悄悄地从花冠中探出头来翘首张望，仿佛要把世界看个清清楚楚。洋金凤花色艳丽，花期长，全年满布红色花簇，是优良的园林花境植物，适于篱垣、花架攀缘绿化。种子可榨油或药用。

贴梗海棠

贴梗海棠又名"铁角梨""皱皮木瓜"，为蔷薇科木瓜属落叶灌木。喜阳光充足的环境,不耐阴,耐干旱,耐寒,在湿润、肥沃、排水良好的土壤中生长良好。我国南部、西部栽培较多,国外也有引种栽培。

贴梗海棠株高1~2米。枝直立而开展,有刺。单叶互生,呈椭圆形至长圆形,叶缘有不规则的锯齿,托叶很大,呈肾形,长3~9厘米,无叶柄,似抱茎。花簇生于2年生枝条的内部,先叶开放或与叶同放,花瓣5枚,为橘红色、猩红色或淡粉色,也有乳白色。花梗非常短,贴枝而生。果为球形或卵形,黄绿色或黄色,具芳香,10月份成熟。

贴梗海棠花姿优美,艳丽高雅,犹如娴静的淑女,妩媚动人,雨后清香犹存,自古以来就是雅俗共赏的名花,素有"花尊贵""花贵妃""花中神仙"之称,常与玉兰、牡丹、桂花相配植,形成"玉棠富贵"的意境。贴梗海棠还深受文人墨客的喜爱,苏轼在名诗《海棠》中写道:"东风袅袅泛崇光,香雾空蒙月转廊。只恐夜深花睡去,故烧高烛照红妆。"陆游称其"虽艳无俗姿,太皇真富贵"。

贴梗海棠的果实为我国特有的珍稀水果之一,其营养价值堪与猕猴桃相媲美,有"百益之果"的美称。

西府海棠

西府海棠又名"子母海棠""小果海棠",是蔷薇科苹果属落叶灌木或小乔木。原产于我国,甘肃、陕西、山西、河北、山东等地区普遍栽培。西府海棠喜阳光充足的环境,也有一定的耐阴力。适应性较强,耐旱、耐寒,对土壤的要求也不高,一般在排水良好的土壤中都能生长,但忌盐碱地。

木芙蓉

木芙蓉又名"拒霜花""三变花""地芙蓉",为锦葵科木槿属落叶灌木或小乔木。喜温暖、阳光充足的环境,稍耐阴,不耐寒,耐水湿,怕干旱。对土壤的要求不严,一般土壤均可生长,但在肥沃、湿润、排水良好的沙质土壤中生长最好。原产于我国,黄河流域至华南地区均有栽培,以湖南、四川最盛,成都有"蓉城"之称。

木芙蓉树高3~8米,直径可达20厘米。枝密生星状毛。叶互生,卵为圆形或阔卵圆形,3~5浅裂,裂片呈三角形,先端尖或渐尖,叶缘有锯齿。花单生于枝端叶腋,有粉红、红、白等色,花期8~10月。蒴果扁球形。

我国栽培木芙蓉的历史悠久,已有3000多年。根据花的颜色,木芙蓉可分为白芙蓉(花色洁白)、红芙蓉(花大红色)、五色芙蓉(色红白相嵌)。还有一种更为奇特,早晨初开时为白色,中午的时候变为浅红色,晚上变为深红色,人们形容其"晓妆如玉暮如霞",称其为"三醉芙蓉"。木芙蓉花色艳丽,形似牡丹,绚丽夺目。可孤植、丛植于路旁、墙边、厅前等处,非常适宜配植于水滨,开花时节,繁花似锦,波光花影,分外妖娆。

美蔷薇

美蔷薇又名"野蔷薇""油瓶子""山刺玫""买笑""刺红",为蔷薇科蔷薇属落叶灌木。在我国甘肃、陕西、山西、河北、山东等省均有分布。喜阳光充足的环境,耐半阴,耐干旱、贫瘠,不耐水湿。耐寒性较强,在我国北方的大部分地区都能露地越冬。对土壤的适应性强,在黏重土壤中均能正常生长,但在深厚、肥沃、疏松、排水良好的湿润土壤中生长最好。

美蔷薇树高1~3米。小枝散生,为紫红色,无毛,具皮刺,刺宽扁,稍弯曲。奇数羽状复叶,小叶5~9枚,卵形或长椭圆形,长1~3厘米,宽1~2厘米。先端圆钝或急尖,基部圆形,边缘有尖锐锯齿,表面为绿色,无毛,背面为灰绿色,被柔毛,沿中脉有小皮刺,托叶倒卵状披针形,表面和背面无毛或背面被柔毛。花单生或2~3朵簇生,直径约5厘米。花梗长1厘米左右,密被腺刺。花瓣为宽倒卵形,粉红色,花期5~7月。果呈深红色,椭圆形,长约2厘米,密被刺毛,果期8~9月。

美蔷薇枝繁叶茂,叶色翠绿,粉红色的花瓣芳香迷人,红色的果实似小油瓶挂在枝头,颇为美观,是良好的观叶、观花、观果植物。可孤植、列植于公园、草坪中,也可用于公路两侧的绿化。花可提取芳香油,果能酿酒。花、果入药,有健脾、调经、养血活血的功效。

棣棠

棣棠又名"黄榆叶梅""黄度梅""麻叶棣棠"等,为蔷薇科棣棠花属落叶丛生灌木。喜温暖、半阴的环境,不耐寒,不耐旱。

棣棠

棣棠株高1~2米。小枝终年绿色,略呈曲折状,无毛。单叶互生,为卵形或卵状椭圆形,长2~8厘米,宽1~3厘米。先端渐尖,基部近圆形或截形,背面有短柔毛。花单生侧枝顶端,花梗长1厘米左右,无毛。花为金黄色,直径3~5厘米,花瓣近圆形或长圆形,长2~2.5厘米,花期4~5月。瘦果为扁球形,褐黑色。

在繁花似锦的4、5月，百花争艳，棣棠花也盛开了，金灿灿的色彩染黄了一片大地。它的颜色鲜艳夺目，人们会被那醒目的光泽所吸引，不由自主地走到它跟前，驻足欣赏。它枝条上的一朵朵五瓣花和一根根直立的花蕊，像用金帛雕琢、金丝镶嵌而成，人们不禁赞叹其精巧美妙。棣棠可丛植于林缘、水畔、墙垣、坡地及草坪边缘，也可栽做花篱、花径，或用来点缀假山，景观效果非常好。花还可入药，有助消化、止痛、消肿、止咳的功效。

代代

代代又名"苦橙""回青橙""苏枳壳"等，为芸香科柑橘属常绿灌木或小乔木。我国贵州、四川、江苏、浙江、广东等省均有栽培。代代喜阳光充足、湿润的环境，喜肥，稍耐寒。对土壤的要求不高，在疏松、肥沃、排水良好、富含有机质的微酸性土壤中生长最好。

代代树高2~4米，树干为绿色。枝具短棘刺，嫩枝有棱角。叶革质，椭圆形至卵状椭圆形，长5~10厘米，浓绿色。花一朵或几朵簇生于枝端叶腋，总状花序，花萼5裂，裂片为卵圆形。花为白色，花瓣5枚，香味浓郁。果呈扁圆形，橙黄色，12月成熟。

代代的果实有一个特性，能在树上挂2~3年而不脱落。在同一棵树上，隔年花果同存，几代的果实同挂，因此得名"代代"。代代的果实最初为青绿色，慢慢变为橙黄或橙红色，第二年夏季又由橙黄或橙红色转为青色，而且还能继续长大，因此有"回青橙"的美称。

代代枝繁叶茂，叶片碧绿，叶形奇特，终年常青，一年多次开花，以春花最多，花色洁白，香气浓郁。花谢以后，果实压满枝头，是良好的观叶、观花、观果树种。可栽植在假山旁、道路两边，或丛植、列植于草坪边缘。代代果实只能观赏，不能食用。代代花和茉莉、白兰一样，可以熏茶，称为代代花茶；叶、花、果可提取芳香油；果皮、果实还可入药，有理气宽中、化痰止泻、消积化食的功效。

蒲葵

　　蒲葵又名"蓬扇树""扇叶葵"，为棕榈科蒲葵属常绿乔木。产于华南、中南半岛，在我国福建、广东、广西、台湾普遍栽培，江西、湖南、四川、云南也有引种。蒲葵喜光照充足的环境，略耐阴，不耐寒，耐一定程度的水涝及短期浸泡。喜肥沃、湿润、富含有机质的黏土壤。

　　蒲葵高达10~20米，树干粗壮，不分枝，有密接的叶痕形成的环纹。叶较大，直径达1米以上，扇形，丛生于树干顶端。掌状深裂成多数裂片，一般有40~50个。叶的裂片呈长条形，顶端下垂。叶柄长1~1.5米，坚硬，叶柄下部的边缘生有倒刺。圆锥花序长达1米，分枝多而疏散，花两性，比较小，一般4朵集生，花冠3裂，花瓣近心形。果椭圆形至阔圆形，形状如橄榄，成熟时为蓝黑色或黑色，果期11月。

　　蒲葵的外形和棕榈很像，但还是很容易区分。棕榈树干较小，叶片小而坚硬，叶的裂片顶端不下垂。蒲葵树形优美，树叶长久不落，是良好的观赏植物，可栽培在马路两旁以供观赏或做行道树。蒲葵全身是宝，树干可做梁柱；叶脉可制牙签；嫩叶可制蒲扇；老叶制蓑衣、席子；果实及根、叶可入药。

火棘

　　火棘又名"救军粮""火把果""红果"，为蔷薇科火棘属常绿小灌木或小乔木。原产于我国甘肃、陕西及黄河以南地区。喜阳光充足的生长环境，稍耐阴，耐干旱、贫瘠，略耐寒。对土壤的要求不高，但在深厚、排水良好的土壤中生长最好。

　　火棘树高约 3 米。枝呈拱形下垂,侧枝呈短刺状。单叶互生,卵圆形至长圆形,长 1.5~6 厘米,边缘有钝锯齿。复伞房花序,花白色,直径 1 厘米左右,花期 3~4 月。梨果近球形,为橘黄、橘红、深红色,呈穗状,每穗有果 10~20 个。

　　火棘枝叶茂盛,白花繁密,果实成串生长,密密层层,压弯枝梢,9 月底就开始变红,且能留存很久,经冬不落,是比较理想的春季观花,冬季观果植物。不管是散植于林缘树下、丛植于草坪边缘,还是栽植成路边花篱,都能给人以美的享受。秋天果实红艳,犹如珊瑚,是做观果盆景的好材料。火棘果实除鲜食外,还可酿酒、制成糕点。

石楠

　　石楠又名"扇骨木""千年红",为蔷薇科石楠属常绿灌木或小乔木。原产于我国中部和南部,印度尼西亚、日本也有分布。石楠喜阳光充足的环境和温暖的气候,稍耐阴,也有一定的耐寒力,能耐短期-15℃的低温和干旱、贫瘠,怕水涝。

　　石楠树高可达 4~6 米,树冠呈球形。小枝为灰褐色或绿色,光滑无毛。单叶互生,长椭圆形至倒卵状椭圆形,长 8~20 厘米,边缘有细锯齿。初为红色,后渐变成绿色,具有光泽。复伞房花序顶生,花两性,较小,为白色。梨果球形,直径 5 毫米左右,10 月成熟,熟时为红色,后变为紫色。

　　石楠树形端正,枝繁叶茂,早春嫩叶鲜红,秋天红果挂满枝头,颇为美观。园林中可列植、丛植,或作基础栽植。对二氧化硫的抗性较强,可作为大气污染较轻地区的绿化树种。根皮能制取栲胶;种子可榨油;叶、茎、根均可入药,有镇痛、解热、利尿、补肾的功效。

皂荚

皂荚又名"皂角",为豆科皂荚属落叶乔木。分布很广,在我国东北、华北、华东、华南以及贵州、四川均有分布。喜光,稍耐阴,喜温暖湿润的气候,耐寒,耐旱。对土壤要求不高,在沙土地、盐碱地上均能正常生长。生长缓慢,但寿命很长,可达600~700年。种植7~8年才能开花结果,结果期长达数百年。

皂荚树高15~30米,树冠呈扁球形,树皮灰黑色。枝条上有刺,小枝为灰绿色。一回羽状复叶,小叶6~14枚,长卵形,缘有细齿,长3~8厘米。总状花序,腋生,花梗上有绒毛,花萼钟状,花为黄白色,花萼、花瓣各4片。荚果较肥厚,长12~20厘米,黑棕色。

树冠宽广,枝叶茂密,荚果较大,有一定的观赏价值。宜作庭荫树及"四旁"(村旁、路旁、水旁、宅旁)绿化树种。果荚富含胰皂质,因此可煎汁代替肥皂用,种子榨油可做润滑剂。木材坚硬,很难加工,但是耐磨、耐腐,可作建筑用的柱与桩。

臭椿

臭椿又名"椿树",因散发臭味而得名,为苦木科臭椿属落叶乔木。喜光,耐寒,耐旱,但不耐水湿,长期积水会导致生长不良,严重的会烂根致死。

臭椿树高可达30米,胸径1米以上,树皮为灰黑色或灰白色,树冠呈伞形或扁球形。枝条粗壮。奇数羽状复叶,小叶有13~15枚,卵状披针形。圆锥花序顶生,花杂性,比较小,花色白而略带绿色,花瓣5~6枚。翅果,扁平,成熟时为淡红褐色或褐黄色。

树高干直,树冠圆整,叶大浓荫,秋季树上挂满果实,颇为壮观,是一种非常好的观赏树和庭荫树。在德国、法国、英国、印度、美国、意大利等国常作行道树,颇受赞赏,被人们称为"天堂树"。具有隔声、杀菌、抗污染、吸滞粉尘、吸收有害气体的作用,能抵抗氯气、氟化氢、二氧化硫等有害气体,是工矿区绿化的良好树种。木材轻韧有弹性,硬度适中,可供建筑、家具、农具等用。木材的纤维较长,是造纸的上等材料。种子还可以榨油。

有些地方有"摸椿"的风俗,除夕的晚上,小孩子要去摸椿树,而且还要绕着椿树转几圈,祈求快点长高。还有些地方的小孩子,要在正月初一早上抱着椿树念:"椿树椿树你为王,你长粗,我长长。"

紫丁香

紫丁香又名"情客""百结""龙梢子",为木樨科丁香属落叶灌木或小乔木。原产于我国北部至四川等地。喜阳光充足的环境,稍耐阴,若长期庇荫,开花少或不开花。较耐寒,耐干旱,怕水涝。在肥沃、湿润、排水良好的沙质土壤中生长良好。

紫丁香树高4~5米,树冠多呈圆球形,树皮为灰褐色。枝条粗壮,小枝为黄褐色,初被短柔毛,后慢慢脱落。单叶对生,呈卵形或倒卵形,长4~8厘米,宽4~10厘米,端锐尖,基截形或心形,全缘,表面和背面均无毛,叶柄紫色。顶生圆锥花序,长6~15厘米。花为紫色、蓝色或紫红色,具芳香,花期3~4月。蒴果呈长圆形,扁而平滑,9月成熟。

紫丁香枝繁叶茂,花色艳丽,芳香袭人,是著名的观赏树种,还具有吸收二氧化硫的功能,因此被广泛栽植于庭院、厂矿、居住区,常丛植于建筑物前,散植于草坪之中、园路两旁,或与其他植物配植,效果非常好,也可盆栽观赏。花香浓郁,可提制芳香油。叶可入药,有清热祛湿的功效,民间常用来止泻。

紫丁香的变种为白丁香,叶子比较小,背面有柔毛,花为白色。早在宋代,人们就已广泛栽培紫丁香了,那时有人在土岗上用丁香点缀假山园景,称为"丁香嶂"。紫丁香是哈尔滨市的市花,因此,哈尔滨又有"丁香城"之称。

白刺花

白刺花又名"苦刺花","狼牙刺""马蹄针",因其叶片细小,形态很像槐树的叶子,又有"小叶槐"之称,为豆科槐属落叶灌木。在我国甘肃、陕西、山西、河北、河南、江苏、浙江、四川、湖南、湖北等省均有分布。白刺花喜阳光充足的环境,不耐阴,耐寒,耐干旱,怕积水,对土壤的适应性强,在肥沃、疏松、排水良好的沙质土壤中生长最好。

白刺花的植株单生或丛生,高1~3米,树干为深黑褐色。新枝为绿色,被短柔毛,老枝为暗红褐色,直伸,有锐利的针状刺。奇数羽状复叶,长4~7厘米,具短柔毛。小叶11~21枚,呈长倒卵形或椭圆形,长4~12毫米,宽4~7毫米,先端圆,具小尖头,基部圆形,叶面为墨绿色,背面颜色较表面浅,具短柔毛。托叶小,呈针刺状。总状花序生于短枝顶端,略下垂,有花6~12朵,花萼为杯形,长6~7毫米,紫蓝色,被短毛。花冠为蓝白色,蝶形,有芳香。荚果呈串珠状,长3~6厘米,直径0.5厘米左右,先端具长喙,无毛,成熟后为黄褐色。

白刺花在春季开放,花色素雅,蓝白相间,恰似蓝天白云的色彩,并散发淡淡的清香。夏、秋季节,叶色浓绿,冬季叶子凋落以后,露出黑褐色的树干,有古朴之感。可片植、丛植于草坪、林地边缘等处,也可做绿篱或盆栽观赏。

梨树

梨树是蔷薇科梨属落叶乔木。在我国栽培历史悠久,深受人们喜爱。梨树对气候的适应性较强，在我国南北方均可栽种，喜干燥冷凉的气候，抗寒能力强。对土壤要求不严，喜湿润、肥沃、排水良好的沙质土壤。

梨树高5~10米。小枝粗壮，幼时有柔毛。叶呈椭圆形或卵形，长10厘米左右。伞形花序，5~9朵簇生于小枝顶端，花5瓣，为纯白色，具香味。果为卵形或近球形，9月成熟，是我国主要的水果之一。

梨，树姿优美，枝撑如伞，叶圆如大叶杨。春季开花，先花后叶或花叶同出，花色洁白，多如繁星，清香阵阵，绚丽娴静。人们常用"带雨梨花"来形容落泪美女，由此可以看出梨花之美。纽雨中，它轻盈如风，凌空飘逸；阳光中，它晶莹如玉，温润洁净，月光中，它朦胧如雪，冰清玉洁。不管在哪种环境下，它都能把不同的美淋漓尽致地表现出来。梨花具有很高的观赏性，它那素淡的芳姿及淡雅的清香自古以来就受到文人的赞美毛病。它的果实是一种常见的水果，可生食，也可制梨脯、梨膏、酿酒，以及药用。

山桃

山桃又名"花桃""野桃"，为蔷薇科桃属多年生落叶小乔木。在我国主要分布于黄河流域各地。为喜阳树种，耐寒、耐旱，不耐水涝，对土壤适应性强，一般土质都能生长。

山桃树高2~10米，树皮光滑呈暗紫色。叶呈椭圆状披针形，长5~10厘米。花为白色或淡粉红色，花期为3~4月。果为球形，直径3厘米。

山桃花先叶开放，而且花期特别早，寒冬未尽就已经盛开，格外惹人喜爱。山桃花朴实、壮观，颇有大山的豪放与野性。常棵棵相连，在满山遍野间肆意地开放，开得尽兴，开得烂漫。在晨光中眺望远山，一片粉红映入眼帘，犹如天上的彩云跌落人间，将满山装点得一派春光明媚。山桃花花朵娇艳，具有很高的观赏性。在园林中宜成片种植，如果能以绿树为背景，则更能显出花之娇艳。

也可以孤植、丛植在公共绿地,更可植于湖畔、池旁、路边,都能构成园林佳景。

榆叶梅

榆叶梅又名"小桃红""榆梅",为蔷薇科李属落叶灌木或乔木。产于我国东北、华北,南至江苏、浙江,现各地均有栽培。喜光,耐旱,耐寒,不耐水涝。

榆叶梅树高2~5米。枝为紫褐色,粗糙。叶为宽椭圆形至倒卵形,边缘有锯齿。花近白色或粉红色,常1~2朵生于叶腋,花柄很短,先叶开放或花叶同放,花期为4~6月。核果近球形,红色,直径1~1.5厘米,有毛,果期6~7月。

榆叶梅枝叶繁茂,叶似榆树叶,早春开花,花繁色艳,花色、花形似梅花,果实成熟时压满枝头,别具风格。宜栽于公园草地、路边、湖畔、庭院中的墙角。如配植山石处,或衬以常绿树,观赏效果更好。与连翘、金钟花等搭配种植,红黄花朵竞相争艳,颇为美观,也适宜盆栽和做切花。

榆叶梅的常见变种有以下几种:

单瓣榆叶梅:花单瓣,为粉白色或粉红色。花朵小,花瓣、花萼均为5片,与野生榆叶梅相似,小枝呈红褐色。

复瓣榆叶梅:花复瓣,为粉红色。

重瓣榆叶梅:花重瓣,为红褐色,花朵大,因此又称"大花榆叶梅"。观赏价值较高,开花时间比其他品种晚。

截叶榆叶梅:叶先端截形,花为粉色。较耐寒,东北、华北各地栽培供观赏。

紫薇

紫薇又名"痒痒树""惊儿树",为紫薇千屈菜科紫薇属落叶乔木。喜阳光充足和温暖湿润的气候,稍耐阴,有一定的抗寒能力,不耐涝。对土壤要求不严,但在肥沃、排水良好的碱性土壤中生长最好。

紫薇树高3~10米,树皮易脱落。幼枝呈四棱形。单叶对生,椭圆形、长椭圆形或倒卵形,长3~7厘米。圆锥花序着生于当年枝端,花有红、白、紫等色,花径3厘米左右,花期长。蒴果近球形,果期7~9月。

紫薇树姿优美,树干光洁,花朵繁茂,花色艳丽,多数为紫色,故而得名。除了开紫色花的紫薇外,还有开红色花的红薇、开白色花的白薇、开紫带蓝色花的翠薇等。紫薇的花期很长,从夏天开到秋天,长达三个月之久,因此有"百日花"之称。特别是在高温的盛夏,紫薇柔枝碧叶,花开满树,烂漫娇艳,观赏价值极高。常被栽植于建筑物前、河边、池畔、草坪中、院落四周及公园中的小径两旁。紫薇对氯气、氟化氢的抗性较强,能吸收二氧化硫等有害气体,还具有吸滞粉尘的功能,是城市、居民区、工厂绿化的好材料。紫薇的枝条非常柔软,可任意盘曲。因此常被盘扎编成花篮、花瓶等天然装饰品,为庭院花圃增添美景。

接骨木

接骨木又名"扦扦活""公道老""大接骨丹",为忍冬科接骨木属落叶灌木。原产于温带和亚热带地区,我国各地均有栽培。喜光,耐寒,耐旱,也耐水湿。

接骨木高4~6米。枝光滑无毛,有皮孔。奇数羽状复叶,对生,小叶5~11枚,椭圆状披针形,长5~12厘米,表面和背面都光滑无毛,边缘有锯齿,把叶片揉碎后,会散发出臭味。圆锥状聚伞花序顶生,花冠辐状,为白色至淡黄色。花期为4~5月。浆果状核果,红色或紫黑色,球形,6~7月成熟。

接骨木枝叶繁茂,叶色浓绿,叶形美观,春天百花盛开,夏、秋浆果鲜艳可爱,是良好的观赏灌木,宜植于林缘、草坪或水边。对氯气的抗性强,可用于城市、工厂的绿化。根、叶、枝均可入药,有行瘀止痛、祛风活血的功效,主要用于骨折、水肿、风湿性关节炎、跌打损伤、大骨节病及慢性骨炎等症。

白兰

　　白兰花朵洁白,香若幽兰,因而得名。又名"白缅花""白玉兰""把兰",为木兰科含笑属常绿乔木。原产喜马拉雅地区及马来半岛,我国云南、浙江、广东、广西、福建、台湾等地广为栽培。白兰喜光照充足的环境,不耐阴,但怕高温和强光直射,在疏松、肥沃、排水良好的微酸性土壤中生长良好,忌积水和烟气。

　　白兰树高10~17米,树皮为灰白色,树冠呈倒卵形。幼枝常绿。单叶互生,长椭圆形,革质,青绿色而有光泽。花单生于叶腋,花瓣8枚,白色或略带黄色,呈长披针形,长3~4厘米,有浓郁的香气,花期为6~10月。

　　白兰树姿优美,叶子青翠碧绿。盛花时节,在碧绿色的叶丛间,一朵朵小白花或待放,或半含,或盛开,妩媚动人,姿态万千。叶、花的观赏性都很高,南方多栽于园林、庭院和道路旁。根、叶、花均可入药,具有利尿化浊、止咳化痰、芳香化湿的功效。花朵可以熏制茶叶和提炼香精。

白兰花
郭沫若

小小白兰花并没有什么新奇,
清甜的香韵倒可和春兰相比。
淡青色的叶子经常显得鲜腻,
护惜着花朵,怕无端受了风雨。
上海姑娘们喜欢在街头叫卖,
那卖花的声音真是十分可爱。
"白兰花呢!"清脆得比我们香甜,
因此,使我们的香韵添了一倍。

八仙花

八仙花又名"紫阳花""绣球花",为虎耳草科八仙花属落叶灌木。原产于我国江南各省,现全国各地均有栽培。栽培的变种和品种很多,常见的有圆锥八仙花、大八仙花、齿瓣八仙花、紫茎八仙花、银边八仙花、蔓性八仙花、蓝边八仙花等。

八仙花树高可达4米。小枝粗壮,皮孔很明显。单叶对生,较大,为倒卵形或椭圆形,浅绿色而有光泽,长7~20厘米,边缘具粗锯齿。花球较大,顶生,伞房花序,几乎全为不育花,每朵有4枚扩大的萼片,呈花瓣状,为白色、粉红色或蓝色。

八仙花绿叶葱葱,清雅柔和,花序大,呈球形,开花时节,花团锦簇,花色能红能蓝,美艳可爱。花期长,每簇花可开两个月之久,是非常好的观赏花木。由于它喜阴凉环境,南方庭院可配植于庇荫处,如林下、林缘及山石北面。它能吸收大气中的汞蒸气,对二氧化硫的抗性较强,也可用于工矿区绿化。

传说每年农历的七月七日,牛郎织女都会到鹊桥相会,因此,人们把这一天定为中国的情人节,情人节除了送玫瑰外,还可以送八仙花,表示纯洁的爱。

锦带花

锦带花又名"山芝麻""五色海棠""海仙花",为忍冬科锦带花属落叶灌木。原产于我国东北、华北及华东北部,日本、朝鲜也有分布,现在我国各地均有栽培。喜光,耐寒,对土壤的适应性强,能耐贫瘠土壤。

锦带花树高3米左右,树形呈圆筒状。有些枝条会弯曲到地面,小枝细弱,幼时有2列柔毛。单叶对生,为卵状椭圆形或椭圆形,长5~10厘米,有短柄,边缘有锯齿,表面脉上有毛,背面毛更多。花1~4朵成聚伞花序,花冠呈漏斗状钟形,玫瑰红色,裂片5枚,花期4~6月。蒴果为柱形,种子细小,果期10月。

我们从"锦带花"这个名字就能领悟它的非凡之美。它枝叶繁密,花色艳丽,花期长,是理想的观赏和绿化树种。在园林中适宜于庭院角隅、湖畔群植,也可在林缘、树丛做花丛、花篱配植,对氟化氢抗性强,可做有污染的工矿绿化。

南天竹

南天竹又名"南天竺""天竺",为小檗科南天竹属常绿灌木。原产于我国,长江流域各省均有栽培,印度、日本也有分布。喜光,也耐阴,在强光下,叶色会变红。在肥沃,排水良好的沙质土壤中生长良好。

南天竹

南天竹高2米左右,丛生而少分枝。幼枝为红色。2~3回奇数羽状复叶,互生,小叶呈椭圆状披针形,长3~10厘米,薄革质,两面无毛。顶生圆锥花序,花白色,较小。浆果球形,初为绿色,成熟时为鲜红色。

南天竹树姿潇洒,茎干丛生,枝叶扶疏,叶子开始为黄绿色,慢慢变为绿色,秋、冬季则变为红色，形状如竹叶，因此得名"天竹"。果穗状如珊瑚，鲜红夺目，圆润光洁，经久不凋，是优良的观花、观果花木。在园林中，常植于山石旁、庭院房前或草地边缘。

南天竹的常见栽培变种有以下几种：

锦丝南天竹：又称"丝南天"，植株矮小，叶细如丝，观赏效果极好。

玉果南天竹：又称"玉珊瑚"，小叶翠绿色，入冬不转红，果实成熟时为黄白色或黄绿色。

紫果南天竹：又称"五彩南天竹"，植株矮小，叶狭长，叶色多变，果实成熟时为淡紫色。

太平花

太平花又名"北京山梅花"，为虎耳草科山梅花属落叶灌木。原产于我国西部和北部，北方各地庭院多有栽培。喜光，能耐强光，对土壤的适应性强，能在干旱贫瘠的土地上生长，耐轻度盐碱土，但不耐水涝。

宋朝时，太平花在四川剑南一带被称为"丰瑞花"，后有人将它献至汴梁（今开封），宋仁宗赐名"太平瑞圣花"。金兵攻进汴梁城后，将太平瑞圣花移到了金中都以及北京的西郊。金朝灭亡以后，金中都的太平花被毁弃了，而移种到北京西郊的却开了花。清朝皇帝把它移至圆明园和畅春园。后道光帝下令将"瑞圣"二字去掉，就叫"太平花"。此名简捷祥瑞，一直沿用至今。

太平花树高1~3米，树皮为栗褐色。小枝为紫褐色，光滑无毛。单叶对生，卵状椭圆形，长3~6厘米，边缘有小齿，一般表面和背面均无毛，有时背面腺腋有簇毛。花为乳白色，具香味。蒴果呈陀螺形，9~10月成熟。

太平花枝繁叶茂，花乳白素雅，清香宜人，花期较长，具有一定的观赏价值。宜植于廊下、窗前、林缘和草地一隅，更是做自然式花篱或大型花坛的好材料。

在古园林中，种植在假山石旁，既得体又美观。

含笑

含笑又名"含笑梅""香蕉花""山节子"，为木兰科含笑属常绿灌木。原产于我国华南地区，现全国各地均有栽培。常见的同属有深山含笑、紫花含笑。深山含笑为高大乔木，叶子比一般含笑要大，花白色。紫花含笑，顾名思义开紫色花，花色艳丽。

含笑树高2~5米，树冠呈圆形，树皮为灰褐色。枝多而密，小枝上密被褐色绒毛。单叶互生，椭圆形或倒卵状椭圆形，革质，嫩绿色，有褐色绒毛，全缘。花单生于叶腋间，小而直立，乳白色或乳黄色，单叶互生，椭圆形或倒卵状椭圆形，革质，全缘，嫩绿色。花单生于叶腋间，小而直立，圆形，乳白色或乳黄色，花瓣6枚，边缘常带紫晕，肉质，有浓郁的香蕉气味，花香四溢，花常不完全开放，犹如含笑的美人。荚果线状圆柱形，长2~2.5厘米，直径约2毫米，9月成熟。

含笑树形美观，枝叶终年浓绿，清秀文雅，花香浓郁，为著名的芳香观赏花木，是中国常见的传统名花之一，在我国园林中应用频率非常高，孤植、丛植于各类景观中都非常优美。含笑具有吸收氯气的功能，可用于工矿区绿化、美化，还可做盆栽观赏。含笑的花可熏制茶叶，也可以提取香精，花蕾可供药用，有祛瘀生新的功效。

瑞香

瑞香又名"露甲""睡香""蓬莱紫""风流树"等，为瑞香科瑞香属常绿灌木。原产于我国长江流域，现湖北、湖南、四川、江西、浙江等省均有分布。喜阴凉通风的环境,怕强光直射,尤其怕高温高湿的气候,因为烈日照射后,潮湿会引起萎蔫死亡。不耐寒,喜肥沃、湿润、排水良好的微酸性土壤。

瑞香树高1.5~2米,枝细长,光滑无毛。单叶互生,长椭圆形至倒披针形,表面深绿而且具有光泽,长5~8厘米,无毛,全缘。花较小,簇生于枝顶端,花被筒状,直径约1.5厘米,为白色、紫色、黄色或淡红色,具芳香。核果肉质,圆球形,红色。

瑞香四季常绿,早春开花,花香浓郁,有"花贼""夺花香"之称,与其他花卉种植在一起,只能闻到它的香味,其他花的香味好像都消失了一样。瑞香在2~3月开花,花期长达一个多月。最适合种植于路旁、林下或假山、岩石之间,如果将其修剪为球形点缀在松柏之间,则风趣倍增。瑞香根可入药,具有祛风通络、祛瘀止痛的功效,花可以提取芳香油;茎皮纤维是良好的造纸原料。

蜡梅

蜡梅又名"香梅""黄梅",为蜡梅科蜡梅属落叶灌木。原产于我国陕西、湖北等省,北京以南各地广泛栽培。喜光,稍耐阴,耐旱,忌水湿,有一定的耐寒力,喜深厚、排水良好的沙质土壤,在黏性土及盐碱地生长不良。

蜡梅树高可达3米。枝为红棕色,方形,有椭圆形突出皮孔。单叶对生,近革质,椭圆形至椭圆状披针形,长6~15厘米,全缘,叶面为深绿色,比较粗糙,叶背为淡绿色,很光滑。花单生,直径约2.5~4厘米,外部花被片黄色,有蜡质光泽,卵状椭圆形,内部的渐短,密布紫褐色条纹,冬春先叶开放。果托坛状,小瘦果种子状,为栗褐色,有光泽,8月成熟。

蜡梅花开于寒月早春,花黄如蜡,清香四溢,给人们带来融融春意,深受人们喜爱。蜡梅多种植于庭院中、建筑物两侧、山石旁或草坪、道路、房前屋后等,如果能以竹、松、垂柳为背景,效果更好,制成瓶花、盆花也独具特色。我国传统喜用蜡梅与南天竹配植,黄花红果,色泽分明,相得益彰,极得造化之妙。蜡梅鲜花可提取芳香油,烘制后的花为名贵药材,有解暑生津、顺气止咳的功效。根具有祛风、解毒、止血的功能。

蜡梅常见的栽培变种有以下几种:

磬口蜡梅:叶宽大,长达20厘米。花比较大,直径3~3.6厘米,外轮花被片淡黄色,内轮花被片有红紫色边缘和条纹,盛开时花被片内抱,花期较早,而且很长。

素心蜡梅:花较大,一般直径3.5厘米左右,内外轮花被片均为黄色,香味较浓。比较名贵,江南多栽培。

狗牙蜡梅:叶狭长而尖,花比较小,花瓣长尖,中心花瓣呈紫色,有微弱的香气。

小花蜡梅:花比较小,直径仅0.9厘米左右,外轮花被片黄白色,内轮有红紫色斑纹,栽培较少。

每一变种中都包含了相当丰富的栽培品种和品系,如磬口蜡梅中有"乔种""虎蹄"等,素心蜡梅中有"杭州黄""扬州黄""吊金钟""十月黄"等。它们在着花密度、花色、香气、花期及生长习性等方面各具特点。

毛泡桐

毛泡桐又名"绒毛泡桐""紫花泡桐",为玄参科泡桐属落叶乔木。原产于我国,主要分布在黄河流域,北方各省普遍栽培。喜光,不耐阴,根系近肉质,较耐干旱,怕积水。在土壤深厚、肥沃、疏松、湿润的条件下生长迅速,不耐盐碱。

毛泡桐树高15~20米,树冠宽大,呈圆形,树皮为灰褐色,有白色斑点。小枝粗壮,幼枝被腺毛。单叶轮生或对生,卵形,背面有毛,全缘或3~5裂。聚伞状圆锥花序,花萼5裂,浅钟状,密生星状绒毛。花冠呈漏斗状钟形,紫色。蒴果为卵圆形,长3~4厘米。

毛泡桐树树姿优美,树干通直,枝叶茂盛,花大且色彩绚丽,甚是美观。春天繁花似锦,夏天绿树成荫,宜做庭荫树、行道树。而且叶大被毛,能吸附烟尘,吸收二氧化硫、氟化氢等有害气体,对氯气、硫化氢的抗性较强,适于工矿绿化。在北方平原地区,人们实行农桐间作,可达到粮丰林茂的效果,是重要的速生用材以及"四旁"(村旁、路旁、水旁、宅旁)绿化及结合生产的优良树种。材质优良,可供建筑、家具、乐器等用,也可供外贸出口。

梓树

梓树又名"水桐""黄花楸""大叶梧桐",为紫葳科梓树属落叶乔木。广泛分布于我国甘肃、陕西、山西、湖北、四川、河南等省。喜光,稍耐阴,喜温暖湿润的气候,不耐干旱和贫瘠,较耐寒。喜肥沃、深厚的土壤,能耐轻盐碱地。

梓树高约20米,树冠呈椭圆形或倒卵形,树皮为灰色或灰褐色。幼枝带紫色,被毛并有黏质。单叶对生或轮生,圆形或阔卵形,不分裂或掌状3~5浅裂。圆锥花序顶生,花冠为黄白色或淡黄色,内有2条黄色条纹和紫色斑点。蒴果细长,形状如豇豆,冬季悬垂不落。

树冠宽阔,春天花朵繁盛,妩媚悦目,果实悬挂如豇豆,甚是美观。可做行道树、庭荫树。对氯气、二氧化硫等有害气体的抗性较强,能吸滞灰尘,可作为工矿区的绿化树种。木材软而轻,可供乐器、家具等用。根皮可入药,有杀虫、清热、解毒的功效。

柿树

柿树为柿科柿属落叶乔木。在全国各地均有栽培。喜温暖环境,较耐寒,根系比较发达，吸收水分和肥力的能力强。喜深厚、肥沃、富含有机质、排水良好的土壤或黏性土。

柿树高15~20米，树皮为暗灰色，树冠呈圆锥形，小枝上有褐色的毛。单叶互生，革质，叶呈椭圆状卵形或倒卵形，表面为深绿色，有光泽，入秋以后变为黄色或红色。花雌雄异株或杂性同株，单生或聚生于新枝叶腋，开始为乳白色，慢慢变为乳黄色。果为扁球形，红色或橙黄色，9~10月成熟。

柿树树形优美，枝繁叶大。夏季叶浓绿，秋季叶变红，丹果似火，是良好的观叶、观果树种。园林中可孤植、群植于草坪周围、池畔、湖边、园路两旁以及建筑物附近。柿树还具有吸收二氧化硫等有害气体的功能，对氟化氢的抗性较强，可在大气污染较轻的地区栽培，作为果树或绿化树种。柿子果形丰满，果色橙黄或红色，有"事事如意"的寓意，因此常被人们用来作为果品花篮的主题材料。木材坚硬，不翘不裂，可制家具。果实除食用外，还可加工成柿面、柿饼，可制醋、酿酒。柿蒂、根皮可入药。

白蜡树

白蜡树又名"青榔木""水白蜡""白荆树"，是木樨科白蜡属落叶乔木。我国东北南部、华北、黄河流域、长江流域及华南、西南均有分布。白蜡树是喜光树种，稍耐阴。喜温暖湿润的气候，喜湿怕涝，非常耐寒。对土壤要求不高，在中性、碱性、酸性土壤中均能生长。

白蜡树高可达15米，树皮为黄褐色，树冠呈卵圆形。小枝光滑无毛。奇数羽状复叶，小叶5~9枚，一般为7枚，卵状披针形或卵圆形。表面无毛，背面沿脉有短柔毛，边缘有齿。花单性或两性，雌雄异株。圆锥花序顶生或侧生于当年新生的枝条上，大而疏松。花萼钟状，没有花瓣。翅果倒披针形，10月成熟。

白蜡树树形优美，树干通直，树皮光滑，枝叶繁茂而鲜绿，秋季叶子会变为橙黄色,是优良的遮阴树和行道树。白蜡树耐水湿,抗烟尘,对氯气、氟化氢等有较强的抗性,还能吸收二氧化硫、汞蒸气等有害气体,可用于湖岸绿化和工矿区绿化。

白蜡树除供观赏外,还是我国重要的经济树种之一。主要用来放养白蜡虫,制取白蜡。白蜡为我国著名特产,也是我国传统的出口物资,在工业上用途广泛。白蜡树木材坚韧,供制胶合板、家具、农具等。枝条可用来编筐。

紫荆

紫荆又名"苏芳花""满条红""紫珠"等,为苏木科紫荆属落叶灌木或小乔木。分布于我国华北、华东、西南、中南以及甘肃、陕西、辽宁等地。喜阳光充足、温暖的环境,耐旱,不耐涝,不耐寒。

紫荆树高可达15米。枝为灰褐色,小枝无毛。单叶互生,叶脉呈掌状,叶片近圆形,长6~13厘米,全缘。花先叶开放,为紫红色,4~10朵簇生于2~4年的老枝上,花期4~5月。荚果为红紫色,扁带形,果期7~9月。

紫荆干直丛生,花期较早,早春繁花簇生于老干和枝间,花大而密,形似蝴蝶,满树紫红,非常艳丽,故有"满条红"之称。花谢之后,开始长出叶片,叶片呈心形,也非常美丽。单植、列植于庭院、建筑物前,非常得体,而且美观,也可丛植于草坪边缘,丛植时可与其变种白花紫荆混栽,紫白相间,效果更佳。若与黄玫瑰并植,开花时紫金相映,相得益彰。紫荆还可盆栽,也是良好的插花材料。树皮、根皮、花等均可入药,有利尿、解毒、活血通络、消肿止痛的功效。

椰子

椰子又名"椰树",为棕榈科椰子属常绿乔木。原产于西太平洋岛屿,我国云南、海南、台湾栽培历史悠久,已有2000多年。喜高温、湿润、阳光充足的环境。生长的适宜温度为24℃~25℃,不耐干旱,也不耐长期水涝,喜海边和河岸的深厚冲击土。

椰子树高15~35米,树冠整齐,树干挺直。叶长3~6厘米,羽状全裂,裂片呈线状披针形。叶柄粗壮,长1米以上,基部有网状褐色棕皮。肉穗花序腋生,长1.5~2米,总苞为舟形,最下一枚长1米左右,雌花呈圆球形,雄花呈扁三角状卵形。坚果近球形或呈倒卵形,每10~20枚聚为一束,较大,长15~30厘米,直径可达20厘米,果期7~9月。

椰子苍翠挺拔,是热带地区主要的园林绿化树种,可做行道树,或丛植、片植。椰子是世界上最重要的十种树种之一,也是棕榈科中最重要的经济作物,它全身是宝,有"宝树"的美誉。椰子的花序可制取糖液,供饮料;椰干是重要的油源,可制成椰奶、椰茗,配成椰子酱、椰子糖等;椰汁是清凉的饮料;叶可编席;椰衣可制扫帚、绳索、船缆、地毯等,其细纤维又是隔音板、沙发椅、床垫的优良垫料。

栾树

栾树又名"灯笼树""黑色叶树",为无患子科栾树属落叶乔木。原产于我国北部和中部,朝鲜、日本也有分布。生长速度非常快,喜光,稍耐阴,喜温暖湿润的气候,抗寒能力强,能耐-20℃的低温。

栾树高可达15米,树皮为灰褐色,树冠呈圆球形或伞形。小枝无顶芽,稍有棱。奇数羽状复叶,小叶7~15枚,卵形或卵状披针形,长5~10厘米,边缘有不规则的粗锯齿。圆锥花序顶生,花瓣4~5枚,金黄色。蒴果三角状卵形,状似灯笼,成熟时为红褐色或橘红色。

栾树树形端正,树姿优美,枝叶秀丽,春季嫩叶为红色,夏季满树黄花,秋季叶子变黄,紫红色的果实,犹如一个个小灯笼,悬挂满树,"灯笼"随风摇摆,发出沙沙的声音,好似由远处传来的乐声。栾树是常见的庭院观花、观果树种,也是最受欢迎的行道树和风景树。木材较脆,容易加工,可作器具、板料等;叶可提制栲胶;花可作黄色染料;种子可榨油,供制肥皂及润滑油。

山茱萸

山茱萸为山茱萸科山茱萸属落叶小乔木。分布于我国浙江、安徽等地。为暖温带植物,喜光,稍耐阴,耐旱也耐湿,在湿润、肥沃、排水良好的土壤中生长良好。

山茱萸高10米左右,树皮为灰褐色。嫩枝为绿色,老枝为黑褐色。单叶对生,呈卵形或卵状椭圆形,长5~12厘米,叶两面有毛。伞形花序,总苞为黄绿色,花瓣金黄色,呈舌状披针形。核果为椭圆形,红色至紫红色。

早春小花金黄一片,入秋叶色鲜艳,簇果如珠,绯红如滴,是优美的观果树种,可种植于园林中作为观赏树。果肉可入药,即中药的"茱萸肉",为重要的强壮剂和补血剂。

民间传统认为,在重阳节登高时佩戴茱萸可以避灾祸。

台湾相思

台湾相思又名"台湾柳""相思树",是含羞草科金合欢属常绿乔木。原产于我国台湾地区,菲律宾也有分布。现我国江西、福建、广东、广西、海南等省均有栽培。喜光,不耐阴,耐干旱、贫瘠。对土壤要求不高,在沙质土、酸性粗骨质土和黏性的高岭土中均能生长。

相传，在很久以前，有三位大陆人同去台湾垦荒。当地恶霸独霸土地，他们非常生气，打死了恶霸，然后躲入山中的三棵大树上。但最后还是被发现了，并被活活烧死在树上。人被烧死了，但树没被烧死，还长得更加茁壮茂盛。后来人们为了纪念他们，就把这三棵树的种子带回大陆，并撒播在南国的土地上。这种树从此就在大陆生根繁衍，便是如今的"台湾相思树"。

台湾相思树高可达15米，胸径20厘米左右，树皮为灰褐色。分枝粗大。小叶退化，叶柄奇特，呈披针形叶片状，弯似镰刀，革质，长6～10厘米。头状花序单生或2～3个簇生于叶腋，黄色，有微香。荚果扁平，为暗褐色。

台湾相思树体态婀娜多姿，树冠浓密，枝条柔韧，犹如风中的柔柳般轻松洒脱。花开的季节，一粒粒金黄色的柔软小花，似明艳的黄色绒球，密密地挂在浓绿的枝叶间，让人顿时有一种温馨的感觉。木材褐色，具有光泽，花纹美观，坚韧致密，富有弹性，干燥后一般不会开裂，供车辆、轮船、枕木、家具、农具等用材。树皮含单宁23%～25%，为栲胶原料。花含芳香油，可做调香原料。叶富含养分，是良好的绿肥。

柽柳

柽柳又名"西湖柳""三春柳""红荆条""山川柳"，为柽柳科柽柳属落叶小乔木或灌木。原产于我国，分布很广，湖北、甘肃、河北、山东、河南、江苏、浙江、安徽、福建、广东等省均有分布。喜光，耐热，耐旱也耐水湿。

柽柳树高5～7米，树皮为红褐色。枝细长，下垂。叶互生，小而密生，呈鳞片状，长1～3毫米，呈浅蓝绿色。花于夏、秋开放，为粉红色。花萼、花瓣各5片。蒴果3裂，10月成熟。

柽柳树形美观，姿态婆娑，枝叶纤秀，花期很长，每年5～9月，不断抽生出新的花序，花谢了又开，开了又谢，几个月里，三开三落，绵延不绝，因此人们称它为"三春柳"。在庭院中多做绿篱，也可栽在草坪或水边，供观赏。它还是良好的盐碱地改良树种，在盐碱地上种柽柳后可有效降低土壤的含盐量。木材坚重致密，可制农具；树皮含鞣质，可制啫胶；嫩枝、嫩叶可入药，具有祛风、解表、解毒、利尿的功效。

香椿

香椿为楝科香椿属落叶乔木。原产于我国中部，现全国各地均有栽培。喜光，不耐阴，有一定的耐寒力。喜肥沃、深厚、湿润的沙质土壤。

香椿树高10米左右，树皮为暗褐色。小枝粗壮。偶数羽状复叶，小叶12~20枚，长椭圆形，长10~15厘米，全缘或具有不明显钝锯齿。幼期为紫红色，成年期为绿色，背面为红棕色，具香味。圆锥花序，两性花，较小，钟状，白色，具香味。果近卵形或狭椭圆形，长2厘米左右，成熟时为红褐色。

香椿自古以来就是我国人民熟知和喜爱的特产树种。它树体高大，树干耸直，树冠庞大，枝叶茂密，是良好的行道树、庭荫树。在园林中配植于疏林，做上层骨干树种，其下栽种喜阴的花木，俏丽可爱。木材为红褐色，有光泽，坚重，富有弹性，纹理直，结构细，不翘不裂，耐水湿，是建筑、造船、家具等的优质用材，有"中国桃花心木"的美称。嫩芽、嫩叶可作蔬菜食用，营养丰富，别具风味，并具有食疗作用，主治痢疾、胃痛、风湿痹痛、外感风寒等症。

丝棉木

丝棉木又名"白杜""明开夜合""桃叶卫矛"，为卫矛科卫矛属落叶小乔木。广泛分布于辽宁、河北、陕西、甘肃、山西、山东、河南、江苏、浙江、江西、安徽、福建等省。为暖温带树种，喜光，稍耐阴。耐寒、耐旱，也耐水湿，在肥沃、湿润、排水良好的土壤中生长良好。

丝棉木树高6~8米，树冠呈卵形或圆形，树皮为灰褐色。小枝细长，近四棱形，绿色，无毛。单叶对生，宽卵形或椭圆状卵形，长5~10厘米，边缘有细锯齿。3~7朵成聚伞花序，黄绿色，径7毫米左右。蒴果为粉红色或带黄色，直径1厘米左右。

丝棉木姿态幽雅，枝条纤细，叶片秀丽，秋季叶色变红，粉红色的果实在枝梢能悬挂很久，开裂后露出橘红色假种皮，非常美观，是良好的庭院观赏树。在庭院中，可配植于墙垣、屋旁、庭石及水池边，也可作为绿荫树栽植。对氯气、氟化氢、二氧化硫有较强的抵抗能力，吸收有害气体的能力强，可作为大气污染地区的绿化树种。木材为白色，非常细致，可供雕刻用；根皮和树皮均含硬橡胶；种子可榨油，供工业用。

洋紫荆

洋紫荆又名"艳紫荆""红花紫荆""香港樱花"，为豆科羊蹄甲属常绿小乔木。因其叶端2裂，样子像羊蹄甲，因此又被称为"红花羊蹄甲"。原产于我国南方及东南亚，香港地区多见野生，香港居民有人称它为"香港兰花"。喜温暖湿润、阳光充足的环境，在酸性土壤中生长良好。

洋紫荆树高3~4米，树皮为灰褐色。叶互生，基部为心形，形如羊蹄，绿色。花瓣5枚，为紫红色，有芳香。

洋紫荆是良好的观赏树种，它树形端庄，叶色翠绿，花朵如兰花，娇美悦目。花期持久，深受人们的喜爱。适宜做绿荫观花树，还具有吸收烟尘的功能，也适合做行道树。它的嫩叶、花芽、花及幼果均可食用。树皮含单宁，可用做染料和鞣料。花朵、树皮和树根均可入药。

洋紫荆是香港市市花。1997年7月1日香港特别行政区成立,中央政府把一座高6米的金紫荆铜像赠给香港,这座铜像名称为"永远盛开的紫荆花",寓意香港永远繁荣昌盛。铜像安放的广场被命名为"金紫荆广场",广场上空飘扬着中国国旗及香港特区区旗。

桦叶荚蒾

桦叶荚蒾是忍冬科荚蒾属落叶灌木或小乔木。在我国甘肃、贵州、陕西、山西、湖北、湖南、四川、云南等省均有分布,在阴湿的环境中生长良好。

桦叶荚蒾高2~3米。小枝为黑褐色或紫色,稍具棱角,散生圆形凸起的浅色小皮孔,无毛或初生时微被毛。叶对生,纸质或略革质,呈菱状卵形、宽卵形或宽倒卵形,长2~8厘米,宽2~6厘米。边缘有齿。叶柄较细,长1~3厘米。复伞形状花序顶生或侧生,直径5~12厘米,无毛或具星状毛,花萼筒长1~2毫米,具腺体或密被星状毛,花冠长3毫米左右,为白色,无毛,花期5~6月。果近球形,直径约6毫米,成熟时为红色。

桦叶荚蒾叶、花、果都很美,是优良的观赏灌木。树形优美,枝叶繁茂,花开之际如白雪覆压枝头,秋季红果累累,晶莹剔透,在黄叶的衬托下,显得更加美丽。可孤植或丛植于庭院、草坪、岩石假山下,也可群植于风景区。果实可食用及酿酒;茎皮可供纺织;种子可榨油。

杜仲

杜仲又名"思仲""玉丝皮",为杜仲科杜仲属落叶乔木。是我国特产树种,也是第四纪冰川时期幸存的古老树种之一,主产于贵州、云南、四川等地,现全国各地均有栽培。杜仲喜阳光充足的环境和温暖湿润的气候，较耐寒。对土壤的适应性强，在中性、微酸性、微碱性以及钙质土壤中都能生长。但以深厚、疏松、肥沃、排水良好、PH值在5~7.5之间的土壤最为适宜。

杜仲树高可达20米，树皮为灰褐色，树冠呈圆球形。小枝为黄褐色，光滑，无毛。叶呈卵形或椭圆形，长6~15厘米，边缘有锯齿，上面为深绿色，下面为淡绿色。花单性，雌雄异株，花先叶开放，或与叶同时开放。翅果为长椭圆形，果期9~11月。

杜仲树干挺直，树姿优美，枝叶茂密，叶油绿发光，生长迅速，是理想的行道树、庭荫树，也可做一般绿化造林树种。杜仲树皮是名贵的中药材，具有强筋骨、补肝肾、安胎等功效；枝、叶、果、树皮、根皮均含有杜仲胶，杜仲胶属硬质橡胶，是电气绝缘及海底电缆的优质原料；木材坚实细致，不翘不裂，可供建筑、家具、农具等用；种子还可榨油。

悬铃木

悬铃木又名"英国梧桐""二球悬铃木"，是悬铃木科悬铃木属落叶乔木。二球悬铃木是一球悬铃木和三球悬铃木的杂交种，1640年由英国育成，现在广泛种植于世界各地。我国黄河及长江流域最为普遍。悬铃木为喜光树种，不耐阴。喜温暖湿润的气候，比较耐寒，耐干旱、贫瘠，但不耐水湿，对土壤要求不高，但以深厚、肥沃、湿润、排水良好的中性或微酸性土壤为佳，在石灰性或微碱性土壤中也能生长。

悬铃木高可达35米，树皮为灰白色或灰褐色，树冠呈椭圆形。幼枝被淡褐色星状毛。单叶互生，掌状3~5裂，边缘疏生齿牙。幼时密生淡褐色星状柔毛，后脱落。花单性同株，头状花序球形，花期4~5月。聚花果呈球形，下垂，一般2球一串，也有3球一串的。坚果基部有长刺毛，果期9~10月。

悬铃木树姿优美,树干高大,树冠雄伟,叶大浓荫,生长迅速,是良好的庭荫树和行道树,有"行道树之王"的美誉。此外,它抗污染能力强,叶片能吸收氯气、二氧化硫等有毒气体,还具有滞积灰尘的作用,也是理想的工厂绿化树种,且耐修剪,易造型,深受人们的喜爱。不过需要注意的是,幼枝、幼叶及果实上的星状柔毛脱落时,易引起空气污染,会刺激人的鼻孔、眼睛、皮肤,引起红肿或过敏,因此,不要在疗养院或幼儿园附近栽培。

紫玉兰

紫玉兰又名"木笔""辛夷",为木兰科木兰属落叶小乔木。喜温暖湿润的环境,较耐寒,喜阳光,但也有一定的耐阴力,在湿润、肥沃、排水良好的沙质土

紫玉兰

壤中生长较好。在碱性土壤中生长不良。原产于我国湖北和四川,现各地均广为栽培。

紫玉兰树高3~5米。小枝为紫褐色。叶互生,呈倒卵形或椭圆状卵形。花较大,先叶开放,紫色,钟状,长3厘米左右,花瓣6枚,花期4~5月。聚合果为淡褐色,长圆形。

紫玉兰花大而鲜艳,花姿婀娜,开花时节满树紫红,散发着淡淡幽香,具有较高的观赏价值。可在园林中、庭前院后配植,也可散植或孤植于小庭院内。花蕾名"辛夷",供药用,入药可治鼻病、头痛。

白玉兰

白玉兰又名"望春花""玉兰""木花树",是木兰科木兰属落叶乔木。原产于我国中部,现在全国各地均有栽培。喜阳光充足、湿润的环境,稍耐阴,但长期庇荫也会生长不良,枝细花小。耐寒性较强,耐旱怕涝,受涝会导致烂根。喜肥沃、排水良好的中性或偏酸性土壤。

白玉兰树高可达15米,树冠近球形或卵形。小枝具环状托叶痕。单叶互生,全缘,倒卵状长椭圆形,长12~15厘米,纸质,先端突尖而短钝。花两性,单生枝顶,直径12~15厘米,纯白色,具香味。花萼瓣状,共9片,叶前开放,花期不长,8~10天。聚合果呈圆筒状,红色至淡红褐色,果实成熟后会裂开。果期为9~10月。

白玉兰为我国特产,为名贵的观赏树种,满树繁花,洁白美丽,香气似兰,其体态和色香无与伦比,"莹洁清丽,恍凝冰雪"就是赞赏玉兰盛放的景观。白玉兰是我国著名的早春花木,花开放时还没有长叶,因此有"木花树"之称。花后枝叶繁茂,绿树成荫。秋天果实成熟时,红色的种子"半遮面",像一粒粒宝石挂在树上,十分惹人喜爱。

将白玉兰、海棠、迎春、牡丹、桂花等配植在一起,就是中国传统园林中的"玉堂春富贵"意境的体现,其意为吉祥如意、宝贵高洁。若植于纪念性建筑之前,有"玉洁冰清"之意,象征品格高尚,具有崇高理想,超凡脱俗。若丛植于草坪上则能形成春光明媚的景象,给人以喜悦、青春和充满生气的感觉。玉兰是插花的优良材料。另外,花瓣可食用,香甜可口。种子可榨油,树皮可入,木材可供雕刻用。

文冠果

文冠果又名"文官果",是无患子科文冠果属落叶小乔木。喜光,耐严寒,耐旱性强。在沙荒、黏土及轻盐碱土中均能生长,但以肥沃、深厚、湿润的土壤生长最好。

文冠果树高可达8米,树皮为灰褐色,比较粗糙。枝幼时为紫褐色,有毛,后会慢慢脱落。奇数羽状复叶互生,小叶9~19枚,长椭圆形至披针形,长3~5厘米,边缘有锯齿。圆锥花序顶生,花瓣上带有红色或黄色的斑点,花期4~5月。果呈椭圆形,果皮木质。

树姿挺拔,春天花开满树,花朵娇美,形如五瓣星状,娇嫩的黄色花蕊,包裹在鲜艳的红色花心中,再加上皎洁的白色花边,可谓妩媚之极。在绿叶的衬托下,显得更加美丽,具有很高的观赏价值。文冠果浑身是宝,花朵可以观赏,花粉可以酿蜜,叶子可以制茶,树枝可以入药,种子可以榨油。木材为褐色,坚实致密,纹理美丽,还可供家具、器具等用。

云杉

云杉又名"粗枝云杉""毛枝云杉",为松科云杉属常绿乔木。产于我国陕西、四川、甘肃等海拔在1600~3600米的山区,目前,我国北方城市普遍栽培。云杉耐寒、耐阴,喜冷凉湿润气候和深厚、肥沃、排水良好而湿润的微酸性沙质土壤。

云杉树高约45米,树冠呈圆锥形,树皮为灰褐色,呈不规则薄片状剥落。

叶为四棱条形,长1—2厘米,在枝上呈螺旋状排列。雌球花单生枝顶,雄球花单生叶腋。球果圆柱形,长8~12厘米,成熟前为绿色,10月成熟时变为栗褐色。

云杉树形端正,树姿优美,枝叶茂密,叶上有明显的粉白气孔线,远眺如白云缭绕,苍翠可爱,是重要的庭院绿化树种。可丛植、孤植,或与白支松、桧柏等配植。材质优良,可作枕木、坑木、家具、房料等用。针叶含油率0.1%~0.5%,可提取芳香油。

在圣诞节,很多国家的人们喜欢用圣诞树来增添节日气氛,圣诞树便多由云杉装饰而成,人们在圣诞树上挂满各色彩灯、钟铃、花球以及装着圣诞礼物的各种小盒子。

枇杷

枇杷又名"芦橘",为蔷薇科枇杷属常绿小乔木。在湖北、四川有野生的,南方各地主要是作为果树种植,目前我国有100多个栽培品种,大致可分为红种枇杷、草种枇杷和白沙枇杷三个系。枇杷喜光,稍耐阴,不耐寒,喜温暖、湿润的气候及富含腐殖质、排水良好的中性或微酸性的沙质土壤。生长缓慢,寿命较长。

枇杷树高可达10米。小枝密生锈色绒毛。叶粗大革质,长12~30厘米,锯齿粗钝,羽状侧脉直达齿尖,表面多皱而有光泽。花白色,具芳香。梨果为黄色或橙黄色,梨形或近球形。

枇杷树形浑圆,整齐美观,枝叶繁茂,四季常青,冬日白花盛开,初夏黄果累累,具有较高的观赏价值。一般宜丛植或群植于湖边池畔、草坪边缘、阳光充足的地方。在江南园林中,常配植在亭、堂、院落之隅,其间再点缀花卉、山石,意趣颇佳。鲜果除生食外,还可制罐头或酿酒;花为良好的蜜源;木材为红棕色,可做手杖、木梳等用；叶晒干后去毛，可供药用，有清肺和胃、降气化痰等功效。

女贞

女贞又名"蜡树""冬青等"，为木樨科女贞属常绿乔木。在我国长江以南各省均有分布。喜温暖、湿润的环境，对土壤要求不高，但以深厚、肥沃、排水良好的湿润土壤为佳。

女贞树高达10米，树皮平滑，为灰绿色。枝开展，无毛。叶呈宽卵形至卵状披针形，长6~12厘米，革质，有光泽。花为白色，花期为6~7月。果为长椭圆形，蓝黑色。

女贞叶片郁郁葱葱，终年常绿，夏日满树都开着细小美丽的白花，挂果时间长，有较高的观赏价值。因其生长速度快，又耐修剪整形，在园林中常被作为绿篱、行道树等进行栽培，或作为观赏树种植于庭院中。女贞树对氯气、氟化氢、二氧化硫有一定的抗性，吸滞粉尘的能力很强，据测定，每平方米叶片能吸滞粉尘6.3克。女贞的叶、果实、树皮、根均可入药。叶能祛风、消肿、止痛；果实可补肝肾，强腰膝；树皮能治烫伤；根可散气血、止气痛。

珍珠梅

珍珠梅又称"山高粱""东北珍珠梅""华楸珍珠梅"，蔷薇科珍珠梅属灌木。喜光，耐贫瘠，一般不需要施肥，但要经常浇水，特别是春季干旱及夏季高温时，要保持土壤湿润。耐寒，性强健，不择土壤，生长迅速，耐修剪。容易繁殖，可采用播种、扦插或分株法繁殖。

珍珠梅高可达2米。枝条开展，嫩枝绿色，老枝黄褐色或红褐色，无毛。芽为宽卵形,紫褐色,有数枚鳞片。奇数羽状复叶,具13~21枚小叶,连叶柄长17~25厘米。小叶片对生,呈披针形至椭圆状披针形,长4~6厘米,宽1.8~2.5厘米,基部圆形至宽楔形,边缘具尖锐重锯齿。大型圆锥花序,顶生,总花梗和花梗均被短柔毛。花瓣5枚,近圆形或宽卵形,白色,花期7~8月。果矩圆形,密被白柔毛。果期8~9月。

珍珠梅株丛丰满,叶形清秀,更难能可贵的是,它在少花的盛夏时节开花,花清雅秀丽,而且花期很长,是非常受欢迎的观赏树种。此外,它还能杀灭或抑制多种有害细菌。可孤植、丛植、列植于庭院、公园、草坪、工厂等绿化区。茎皮可入药,有清血祛瘀,消肿止痛的功效。

美人松

美人松学名"长白松",松科松属常绿乔木,是欧洲赤松的一个变种。美人松,多么动听、多么诱人的名字,光听名字就会让人产生无限遐想。美人松的风采和美丽使其他松树望尘莫及,它树干通直、挺拔,扶摇而上、高耸云天,显得伟岸、雄壮。树冠为伞形或椭圆形,针叶密集成团,宛如美人的一头秀发。它的树身与众不同,下部为棕褐色,深龟裂,上部为棕黄色至红黄色,树皮呈薄片状微剥离,显得典雅、古朴、端庄而又不失妩媚。

美人松是长白山特产树种。在长白山的北坡,有一片不小的美人松树林,树高都在20~30米,是长白山一道别具特色的风景线。

美人松冬芽为卵圆形,有树脂,芽鳞为红褐色。一年生枝呈淡黄褐色或浅绿褐色,无毛,3年生枝为灰褐色。针叶2针一束,微扁,较粗硬,长4~9厘米,宽1~2毫米,边缘有细锯齿。雌球花暗紫红色。球果锥状卵圆形,长4~5厘米,直径3~4.5厘米,成熟时为淡灰褐色。

美人松虽然形态脱俗,算得上天姿国色,但却没有"美人"那种弱不禁风的娇气。它们能在贫瘠的土地上茁壮成长，而且具有很强的抵抗病虫害的能力。它们不仅是著名的观赏树木，还是优良的建筑用材。木材具有易加工、耐腐蚀等优点。

胡桃

胡桃又名"核桃"，为胡桃科胡桃属落叶乔木。在我国各地普遍栽培，但以北方较为常见。喜光，喜温暖而凉爽的气候，较耐寒，不耐湿热。对土壤的要求不高，从微酸性土到轻度盐碱土都能生长，但以肥沃、深厚、排水良好的湿润中性或钙质土壤为佳。

胡桃高可达15米，树冠呈扁球形，树皮为灰白色。小枝为绿色，粗壮，无毛。奇数羽状复叶，长20~30厘米，小叶有5~10枚，椭圆形至倒卵形。花单性，同株，雌花2~3朵组成穗状花序，雄花为葇荑花序。果序比较短，下垂，有核果1~3枚。

胡桃树冠高大，枝叶茂密，树干为灰白色，是良好的庭荫树。孤植、丛植于园中空地或草地都很合适。因其叶、花、果挥发的气味具有杀虫、杀菌的保健功效，也可成片种植于风景疗养区。木材坚韧致密，不翘不裂，富有弹性，是优良的家具、军工用材；核桃仁是营养丰富的食品及滋补品，而且含油量高，可榨油。

板栗

板栗又名"栗树"，是山毛榉科栗属落叶乔木。我国栽培板栗的历史悠久，已有2000~3000年。现在，北起东北南部，南至广东、广西，西达甘肃、四川、云南等省区均有栽培，以华北和长江流域栽培最为集中。板栗喜光，特别是在开花期,更需要充足的光照。对土壤要求不高,但以深厚、肥沃、排水良好的沙质土壤为佳。寿命长,可达200~300年。

板栗树高约20米,胸径1米,树冠呈扁圆球形,树皮为灰褐色。小枝有灰色绒毛。叶为椭圆形至椭圆状披针形,背面常有灰白色绒毛,长10~18厘米。雄花序直立,雌花数朵或单独生于总苞内。坚果包藏在总苞内,总苞为球形,直径6~10厘米,密被长针刺。一个总苞内有1~3个坚果,果期为9~10月。

树冠圆广,枝叶繁茂,常植于庭院和草坪上供观赏,也可用做山区绿化造林和水土保持的树种。其坚果营养丰富,富含淀粉和糖,是我国特产干果。木材坚硬耐磨,可供农具、家具等用,果苞、树皮等可提制栲胶,花是良好的蜜源。

金露梅

金露梅又名"金老梅",为蔷薇科委陵菜属落叶灌木。我国东北、华北、西南、西北各地均有分布。喜阳光充足、凉爽的环境,不耐高温,夏季要适当遮阴,耐寒性较强,能耐-50℃的低温。在中性、微酸性排水良好的湿润土壤中生长较好。

金露梅树高可达1.5米,树冠呈球形,树皮为灰褐色,多分枝。幼枝被丝状毛。奇数羽状复叶,小叶3~7枚,一般为5枚,密集,呈长椭圆形或条状长圆形,全缘,边缘反卷,表面和背面均有丝状柔毛。单生或数朵集生成伞房花序状,黄色,直径2~3厘米。花梗上有丝状长毛,花期6~7月。瘦果为卵圆形,褐色,密生长柔毛,果期8~9月。

金露梅花色鲜艳,花期长,可做花坛布景,也可做绿篱,配植于岩石园或高山园,效果更好,还是良好的瓶插材料。花和叶可代茶作饮品。

海州常山

海州常山又名"泡花桐""臭梧桐""后庭花""追骨风""泡火桐""八角梧桐",为马鞭草科大青属落叶灌木或小乔木。在我国河北、山东、天津、陕西等地均有分布,日本、朝鲜、菲律宾也有分布。喜阳光充足的环境,稍耐阴,耐干旱,怕水涝,耐盐碱性强。对土壤的适应性强,在肥沃、湿润的土壤中生长良子。

海州常山高可达8米。嫩枝为棕色,具黄褐色短柔毛。单叶对生,呈卵圆形,长5~15厘米,表面和背面近无毛,全缘或有波状齿。聚伞花序顶生或腋生,花冠为白色或粉红色,细长筒状,顶端5裂。核果近球形,成熟时为蓝紫色。

海州常山植株繁茂,花形别致,整个花序可出现白色或粉色花冠、红色花尊和蓝紫色果实的丰富色彩。秋季果实成熟时,犹如颗颗彩珠,折射出幽幽的光泽,安逸中透出成熟的魅力。海州常山是优良的观花、观果花木,可孤植、丛植于庭院中供观赏。

金合欢

金合欢是含羞草科有刺灌木或小乔木。树态端庄优美,叶色嫩绿,柔和如翠玉,幽幽地散发出一丝丝暖意,将黄色小花衬托得更加温润。鲜艳的色泽,纤长的花丝,组成一个个金色绒球悬挂在叶丛中,散发出阵阵芳香,令人心旷神怡。

金合欢树高2~4米。枝上有1~2厘米长的刺。二回羽状复叶互生,羽片有4~8对,每羽片有10~20对线状长椭圆形小叶。花两性,头状花序腋生。花小,多而密集,为黄色,极香。

金合欢的树态、叶片、花姿都非常优美,具有很高的观赏价值,不但是园林绿化、美化的良好树种,还是庭院、公园的观赏植物。

金合欢除具有观赏价值外,还具有较高的经济价值。它的木材坚硬,可以用于制作贵重器具。花极香,可提取芳香油做高级香水及化妆品的原料。果荚和根中含有单宁,可做黑色染料。树干中还含有橡胶,为工业原料。

鹅掌楸

鹅掌楸是木兰科落叶乔木,楸树的一种。它的花朵娇美,形似郁金香,再加上是我国的特产树种,所以英文名称翻译过来就是"中国郁金香"。最为奇特的是鹅掌楸的叶子,形状酷似马褂,叶片的顶部平截,很像马褂的下摆,叶片的两侧略微弯曲,像马褂的两腰,叶片的两侧端向外突出,像马褂的两只袖子,因此又有"马褂木"之称。

鹅掌楸高达16米。叶互生,长4~17厘米,宽5~18厘米,背面为粉白色,呈马褂状。花呈杯状,直径4~6厘米,花期4~5月。

鹅掌楸是十分古老而罕见的庭院观赏树种,对二氧化硫等有害气体有较强的吸收能力,可栽植在大气污染严重的地区。树皮可入药。

广玉兰

广玉兰又名"荷花玉兰""洋玉兰",为木兰科木兰属常绿乔木,原产于北美洲,在我国长江流域各地也均有栽培。喜阳光充足的环境,幼时耐阴。喜温暖湿润的气候,具有一定的耐寒力。喜肥沃、排水良好的湿润酸性或中性土壤。

广玉兰高可达30米,树冠为卵状圆锥形。小枝有锈褐色柔毛。叶为长椭圆形，硬革质，表面有光泽，背面密生锈褐色柔毛。花为荷花状，白色，具芳香，花瓣一般为6枚，也有少数为9~12枚。聚合果呈圆柱形卵状，长7~10厘米，密被锈色毛。

广玉兰树姿雄伟壮丽，叶色浓绿而有光泽，花大而芳香，其聚合果成熟后，开裂露出鲜红色的种子也颇为美观，是非常优美、有特色的观赏树种。宜单植在开阔的草坪上，也可在建筑物前对植，在街头绿地及庭院散植、丛植和列植，观赏效果都很好。由于其树冠庞大，而且花开于枝顶，因此，最好不要栽植于狭小的庭院内，否则不能发挥其观赏效果。广玉兰对氯气和二氧化硫有较强的抗性，能吸收硫及汞蒸气。材质致密坚实，可做运动器材、装饰物及箱柜等，嫩枝、叶、花可提取挥发油。

白桦

白桦又名"桦树""桦木""桦皮树"，为桦木科桦木属落叶乔木。在我国主要分布于东北大、小兴安岭，长白山以及华北高山地区，俄罗斯、朝鲜也有分布。为强阳性树种，耐寒、耐贫瘠。

白桦树高可达25米，胸径50厘米，树冠呈卵圆形。树皮为白色，皮孔为黄色。小枝为红褐色，无毛，外被白色蜡层。叶呈菱状卵形或三角状卵形，长4~9厘米，宽2~7厘米，边缘有不规则重锯齿。花期5~6月。果序单生，呈圆柱形。坚果小丽扁，两侧有宽翅。

白桦是较好的观赏树种。它树冠端正，枝叶扶疏，姿态优美，尤其是树干修直，洁白雅致，非常引人注目。孤植、丛植于庭院、公园之池畔、草坪或植于道旁都非常美观。木材为黄白色，结构细，纹理直，但不耐腐，供制胶合板、造纸及建筑等用。树皮可用来提取桦油，供化妆品香料用，并含有11%的单宁，可制取栲胶。

山楂

山楂又称"山里红",是蔷薇科落叶乔木。树冠整齐,枝叶繁茂,花白色,在五彩缤纷、千姿百媚的花草中间显得很普通,只是安静地绽放,平静地凋谢,默默无闻地走过自己的花季。人们很少去注意山楂的花,但是对于它的果实却非常熟悉。山楂的果实成熟时,犹如一个个小灯笼悬挂在绿叶间,非常好看。摘下一颗放入口中,酸甜可口,回味无穷。

山楂树高可达6米,树皮粗糙。叶片呈三角卵圆形或宽卵形。伞房花序,花为白色。花期为4~5月。

山楂除鲜食外,还可加工成果酱、果脯等食品,最为人称道的便是美味的"冰糖葫芦"。除此之外,山楂还可软化血管,降低血脂。

黄槐

黄槐又称"黄花槐""美国槐",是苏木科冬季落叶乔木。黄槐树姿优美,枝

黄槐

叶茂盛,花蕾娇小别致,花色金黄灿烂,在绿叶的衬托下犹如翩翩起舞的蝴蝶,在阳光下,发出明亮而璀璨的光芒,富有热带特色,是美丽的观花树。

黄槐树高5~7米,羽状复叶,呈刀状披针形或卵状长椭圆形。花为鲜黄色,花序长8~12厘米,且无明显的苞片。夏、秋两季开花,花期长达4个月之久。

我们知道人到了晚上都要睡觉,其实黄槐树也要"睡觉",它所有的叶子到了晚上都会折合起来,开始休息,等天亮以后它才"起床",叶子就又全都伸展开来。

枫香树

枫香树又名"枫树""路路通",为金缕梅科枫香属落叶乔木。喜阳光充足的环境,幼树稍耐阴,耐干旱、贫瘠,怕水涝。对土壤的要求不高,但在深厚、肥沃、湿润的红黄土壤中生长旺盛。在我国分布广泛,秦岭及淮河以南至西南、华南各地均有分布。另外,在日本也有分布。

枫香树高30~40米,树冠为广卵形,树皮为灰绿色,浅纵裂。叶呈掌状3裂,长6~12厘米,宽达15厘米。裂片先端尖,叶基心形或截形,边缘有细锯齿。幼叶有毛,后会慢慢脱落。花单性,头状花序,无花瓣,花期为3~4月。果序较大,径为3~4厘米,蒴果10月成熟。

枫香树是南方著名的高大红叶树种,树高干直,气势雄伟,深秋叶色红艳,美丽壮观。可于草地孤植、丛植,也可于池畔、山坡与松柏或其他常绿树混植,深秋时节可观赏到"数树丹枫映苍柏"的美景。枫香树的根、叶、果均可入药,球状果序即中药"路路通",有祛风除湿、通经活络的功效。树干可割收树脂,做香料或供药用。木材为优良的家具、建筑用材。

紫杉

紫杉又名"赤柏松",为红豆杉科常绿乔木,是第四纪冰川遗留下来的古老树种,在地球上已经生存了250万年。树冠如白杨一样矫健,但红褐色的树皮比白杨更多了几分风采。

紫杉高可达17米。叶螺旋状着生,表面为深绿色,背面为黄绿色,有两条气孔带,叶中脉向两侧叶面突起。球花小,单生于叶腋内,3~6月开放。种子呈坚果状,球形,着生于红色肉质杯状假种皮中,当年形成芽孢,第二年成熟。

紫杉和我们经常见到的松树一样,属于裸子植物。每年5月,淡黄绿色的雄球花成簇地挂满枝头。更有趣的是,它的每粒种子外边都有一个杯状、亮红色的假种皮,酷似"相思豆",因此又称"红豆杉"。远远望去,犹如绿树间点缀着无数颗红玛瑙石,艳丽晶莹。

紫杉树不仅是极好的观赏树种,还是珍贵的药用植物。紫杉树中含有紫杉醇,它具有独特的抗肿瘤和抑制肿瘤的功效,被认为是当今最有开发潜力的抗癌药物。

由于紫杉生长习性为分散式生长,又是裸子植物,繁殖很缓慢,再加上人们的滥砍滥伐,数量也在不断减少。紫杉虽然贵为"活化石",但是性子很随和。它的难点在于"出生",由于它的种子外皮坚硬,如果不进行加工,落地经年也不会发芽。但是只要"出生"了,对成长环境的要求不高,只要在背阳地带,沙质土壤,每15天左右浇一次透水就可以了。我国人工种植紫杉已有较大规模,种植株数约600万株,紫杉醇的年产量约300千克左右。

流苏树

流苏树又称"乌金子""茶叶树",是木樨科流苏树属落叶乔木。在我国东北、华北、华东、华南各省区均有分布。喜光,耐寒,耐旱,怕水涝。对土壤的适应性强,一般土壤中都能生长,但在湿润、肥沃、排水良好的土壤中生长最好。

流苏树高可达20米,树干为灰色。叶对生,革质或薄革质,呈椭圆形、长圆形或圆形。圆锥状聚伞花序顶生,花萼4深裂,裂片线形,白色。花期为4~5月。秋季结果,果呈椭圆形,蓝黑色或黑色。果期为9~10月。

树形高大,树姿优美,枝叶茂盛,初夏开白花。洁白纯净、如丝如缕的花朵,密密匝匝地聚集在一起,犹如用银丝精绣的霓裳披挂在树上。

在园林中,流苏树常被栽植在建筑物的四周。它的老桩可作盆景;嫩叶可作饮料,有"茶叶树"之称;木材坚韧细致,可用来制作器具;果实可以榨油,供工业用。

黄栌

黄栌又称"红叶树",是漆树科落叶灌木或乔木。深秋霜降后,黄栌的叶子变红,色泽鲜艳,在周围枯枝黄叶的衬托下,显现出一派热闹的景象,一扫秋日的萧瑟与荒凉,让人倍感温暖。有人将片片红叶,比喻为一颗颗火热燃烧的心,虽历经风吹雨打,但真情不移。

黄栌树高5~8米。树冠呈伞形或圆形;树皮为暗灰褐色。单叶互生,呈宽卵圆形或肾畦形,紫红色。圆锥花序顶生,花单性与两性共存于同株,花小,花瓣为黄色,不孕花呈紫红色绒毛状。花期为4~5月。

黄栌除叶子具有很高的观赏价值外,其开花后淡紫色羽毛状的花梗也很漂亮,并且能在树梢宿存很长时间,远远望去宛如万缕罗纱缭绕林间,因此还有"烟树"的美誉,是北方秋季重要的观赏植物,北京的香山就是因它而闻名全国。它的木材鲜黄,可提取黄色染料,并可做家具、器具及雕刻用材。树皮和叶可提取栲胶。枝叶可以入药,有清热、解毒、消炎的功效。

苏木

苏木是苏木科云实属小乔木。喜干热气候,在疏松肥沃的微酸性至中性土壤中生长良好。原产于印度、越南、缅甸及斯里兰卡,我国四川、云南、贵州及华南各省区也有栽培,栽培区海拔120~1100米。

苏木高5~13米。树干常有疏生的小刺。二回羽状复叶,小叶10~19对,平滑无毛,呈长圆状或菱状长圆形,纸质。圆锥花序顶生或腋生,萼片5枚,花瓣5枚,黄色,阔倒卵形。花期为5~10月。荚果木质,呈长圆形至倒卵长圆形,浅褐色,种子3~4粒。果期7月至第二年3月。

苏木叶婆娑美观,花色艳丽,荚果别致,是良好的观赏树种。苏木自古以来就被作为染料广泛使用,可以对天然的毛麻丝棉等进行染色,特别是在丝绸上,可以呈现出鲜艳的大红色。心材入药做清血剂,有活血、散瘀、祛瘀之功效。

厚朴

厚朴是木兰科落叶乔木。株形挺拔,花朵丰润端庄,如白玉雕刻一般,一派富丽大气,并不断散发出阵阵幽香,营造出一种平和安逸的氛围。

厚朴高15~20米。叶近革质,7~9枚集生枝顶,呈椭圆状倒卵形。花与叶同时开放,单生枝顶,花呈白色,有香味,花被厚肉质。花期为4~5月。

厚朴花美叶也美,叶片质地厚实,犹如贴身翠玉般散发出阵阵温暖的气息,具有很高的观赏性。它干燥的树皮和根也具有较高的药用价值。

凤凰木

凤凰木又称"红花楹""孔雀树",是苏木科落叶大乔木。树形优美,树冠高大,枝叶繁茂。花开之际,满树如火,红绿相映,显得富丽堂皇。由于"叶如飞凰之羽,花若丹凤之冠",因此取名"凤凰木"。凤凰木容易繁殖,生长迅速。原产于热带非洲和马达加斯加,是著名的热带观赏树种。

凤凰木高8~25米,树冠呈伞状,树皮粗糙。二回偶数羽状复叶互生,有羽片15~20对,小叶呈长椭圆形,叶片平滑且薄,为青绿色,长约8毫米。冬天的时候,不可胜数的小叶像雪花一样飘落下来。总状花序,花大,直径8~15厘米,花瓣是红色的,有黄色及白色斑点,直径7~10厘米,无香味。花期为5~7月。荚果为长带状,长达50厘米,宽约5厘米,厚且硬,成熟时为深褐色,内含黑褐色的种子40~50粒。

凤凰木虽然美丽,但是也有不足,它的花和种子有毒,不能贸然接触。秋、冬季节落叶满地,再加上叶片细小,所以很难打扫。

红果树

红果树是蔷薇科红果树属常绿灌木或小乔木。喜阳光充足、温暖的气候,稍耐干旱、贫瘠。我国广西、四川、江西、云南、贵州、甘肃、陕西等地均有分布,越南北部也有分布。生长于海拔1000~3000米的山顶、山坡、路旁及灌木丛中，播种繁殖。

红果树高1~10米。枝条密集，小枝粗壮。叶为革质，呈长圆形、长圆披针形或倒披针形，长5~12厘米，宽2~5厘米。复伞房花序，直径5~9厘米。花朵直径5~10毫米，花瓣5枚，为白色，近圆形，花期为5~6月。果实近球形，橘红色，直径为7~8毫米，果期为9~10月。

红果树枝叶丰满，叶片亮绿，果实橘红，经久不凋，非常美丽，是很好的观叶、观果植物。可丛植、单植，也可做绿篱。

珊瑚树

珊瑚树又名"法国冬青""高栌树""珊瑚枝"等，为忍冬科荚蒾属常绿小乔木或灌木。在我国华南、华东、西南各省均有栽培。

珊瑚树高可达10米，树干挺直，树皮为灰褐色，具圆形皮孔，树冠呈倒卵形。叶呈倒披针形或长椭圆形，边缘具钝齿，表面为暗绿色，背面为淡绿色。花为白色，钟状，具香味。果为椭圆形，初为红色，后慢慢变为黑色。

珊瑚树枝繁叶茂，叶片青翠浓绿，终年常绿，花白果红，绚烂可爱。庭院中栽培，常整修为绿门、绿墙、绿廊；园林中多孤植、丛植；入门路口对植，颇为雅致。能吸收二氧化硫、二氧化氮等有毒气体，对氟化物也有一定的抗性，又有防火、防尘、隔音的作用，是街道、工厂绿化的主要树种。

马尾松

马尾松又名"山松""青松""枞树"等，为松科松属常绿乔木。广泛分布于我国华中、华南各地。喜温暖湿润的气候，对土壤的要求不高，能耐干旱贫瘠的土壤，但在肥沃湿润的酸性及微酸性土壤中生长较好。

马尾松高可达45米，胸径1米，树皮为深褐色，树冠呈狭圆锥形或伞状。一年生小枝为淡黄褐色。叶两针一束或三针一束，叶缘有细锯齿。长叶马尾松叶长达30厘米，短叶马尾松，叶长不超过10厘米。球果长卵形，成熟时为栗褐色。

树冠姿态古奇，树干较直，终年常绿，于亭旁、庭前、假山之间孤植或丛植，配以红梅、翠竹、菊花、牡丹，颇有诗情画意。也可用做行道树，苍松掠云，翠荫蔽日。木材结构粗，纹理直，富含油脂，耐水湿，适于家具、建筑用材，经防腐处理，可做枕木、坑木等用材，木纤维又是人造纤维及造纸的原料。树干中可采割出医药、化工和国防工业的重要原料——松脂。

香花槐

香花槐又称"富贵树"，是蝶形花科落叶小乔木。被誉为"21世纪黄金树"，是我国2008年奥运会环境绿化的首选树种。它枝繁叶茂，树冠圆满，树干笔直，树形苍劲，姿态优美，叶为深绿色且有光泽。花色艳丽，芳香浓郁，可同时盛开200~500朵红花，非常壮观、美丽，而且一年两季盛开，可谓"初秋园林赏美景，香槐盛开别样红"。

香花槐高10~12米，树干为褐至灰褐色。叶互生，呈椭圆形，比刺槐叶大，有4~8厘米长，光滑。花大，呈粉红色或紫色，芳香浓郁，花期很长。香花槐生长迅速，栽植当年高可达2~3米，第二年可达3~4米，并开始开花，第三年进入盛花期。而且栽植成活率高，不用每年反复栽植，栽一棵几年后便能自然地生出一片，达到一次栽植、多年受益的效果。

可广泛用于道路及园林绿化，也可用做草坪点缀、园林置景。香花槐是集美化、绿化、香化、净化、观赏为一体的优良树种。抗污染能力较强,能吸收铅蒸气,净化空气。对粉尘的吸附和铅蒸气的吸收能力较强,保护环境与净化空气的效果显著。槐花香气四溢,有消除疲劳、提神醒脑等作用。

野蔷薇

野蔷薇是蔷薇科落叶小灌木,适应性强,喜阳光充足的环境,耐半阴,喜肥耐瘠,不耐水湿,我国大部分省区都有分布。本种变异性强,常见的栽培品种有白玉堂、七姊妹、粉团蔷薇等。

野蔷薇高1~2米。小枝细长,具皮刺。羽状复叶互生,小叶有5~9枚,呈倒卵形至长圆形,长1~5厘米,宽0.8~2厘米,先端急尖或圆钝,基部近圆形或楔形,边缘具锐锯齿,上面光滑,下面有柔毛。伞房花序圆锥状,具多花,花梗上有柔毛或腺毛。花瓣5枚或更多,为白色或粉红色,直径1.5~3厘米。花期4~5月。果实近球形,直径0.6~0.8厘米,为紫褐色或红色,有光泽。

野蔷薇叶茂花繁,芳香四溢,花色鲜艳。明代顾磷有诗云:"百丈蔷薇枝,缭绕成洞房。蜜叶翠帷重,浓花红锦张。张著玉局棋,遣此朱夏长。香云落衣袂,一月留余香。"诗中描绘了蔷薇花盛开时姹紫嫣红的情景。野蔷薇花美果也美,秋天,红艳的果实挂满枝头,一派喜庆的景象。宜于栏杆旁、墙边种植,美化围栏和墙垣,也可在园林篷架栽培,植为绿廊、花架。叶、花、果、根均可入药。

珊瑚朴

珊瑚朴为榆科朴属落叶乔木,分布于我国陕西、河南、江西、浙江、安徽、湖南、湖北、贵州等省。喜光,稍耐阴。喜温暖湿润的气候,对土壤要求不高,在中性、微酸性土壤中都能生长。

珊瑚朴高可达27米,树冠呈圆球形。小枝密被黄褐色绒毛。单叶互生,呈广卵形、倒卵形或倒卵状椭圆形,长6~12厘米,上面粗糙,下面密生黄色绒毛,锯齿钝或全缘。花序为红褐色,形状如珊瑚,花期4月。核果较大,呈卵球形,成熟时为橙红色。

树干高直,树姿雄伟,树冠广展,小枝下垂,叶茂浓荫,春天枝上生满红褐色花序,秋天树上挂满红果,是优良的观赏树、行道树,孤植、列植、丛植都很合适,既美观,又风趣盎然。木材坚实,硬度适中,可做家具、农具等用。树皮纤维可编袋、制绳索、造纸和做人造棉原料。

桑树

桑树为桑科桑属落叶乔木。原产于我国中部,现在南北各地均广泛栽培,以黄河流域和长江流域中下游各地栽培最多。桑树为喜光树种,喜温暖湿润的气候,耐旱不耐涝,长期受涝会生长不良,严重的还会死亡。耐贫瘠,对土壤的适应性强,在中性、微酸性、石灰质和轻盐碱土壤中均能生长。

桑树高达16米,胸径可达1米以上,树冠呈倒广卵形,树皮为灰褐色,根为鲜黄色。叶为卵形或宽卵形,长5~15厘米,锯齿粗钝,表面光滑,无毛,有光泽。花单性,异株,雌雄花均为葇荑花序。聚合果呈长卵形至圆柱形,红色、紫黑色或近白色,5~7月成熟,味甜可食。

树冠宽阔,枝叶茂密,秋季叶色变黄,非常美观。适于城市、农村和工矿区绿化,其观赏品种之中的龙桑和垂枝桑等,更适于庭院栽培观赏。我国古代人们常在屋后栽种桑树和梓树,因此"桑梓"象征家乡、故土。桑叶可以用来养蚕,树皮纤维可供造纸和纺织原料,木材供家具、乐器、雕刻等用,桑树的果实桑葚可生食或酿酒，有安神、明目、滋补肝肾等功效。

白皮松

白皮松又名"虎皮松""白骨松""百果松"，为松科松属常绿乔木。白皮松是我国的特产树种，在我国山西、陕西、甘肃、河南、四川、湖北等省都有分布。喜阳光充足的环境，幼树耐半阴、耐寒、耐旱，对土壤的适应性强，但在肥沃、深厚、排水良好的钙质土壤里生长良好。

白皮松高可达30米，树冠呈阔圆锥形，树皮为粉白色或淡灰绿色。一年生小枝为灰绿色，无毛，大枝从近地面处斜出。叶三针一束，长5~10厘米。雌球花生于当年新枝近顶部，雄球花生于新枝下部。球果圆锥状卵形，长5~7厘米，成熟时为淡黄色。

白皮松为罕见的树种之一，是我国特有的观赏树。树形雄伟壮观，苍翠挺拔，皮色奇特，呈斑驳状的乳白色，非常醒目，是城镇和庭院绿化的优良树种。宜在庭院对植、孤植，还可列植做行道树。对大气中二氧化硫及烟尘的污染有较强的吸收能力。白皮松木质较脆，但纹理美丽，一般用作文具、家具、建筑板材等。种子可食用。

柏木

柏木又名"垂丝柏""柏香树""香扁柏"，是柏科柏木属常绿乔木。在我国分布较广，广东、广西、福建、安徽、浙江、江西、湖南、湖北、贵州、四川、云南、陕西、甘肃等省均有分布。喜温暖湿润的气候，对土壤的适应能力强，在中性、微酸性及钙质土壤中均能生长。

柏木高可达35米，胸径2米，树冠为圆锥形。小枝细长下垂，大枝平展。鳞叶先端尖，中间之叶背部有纵腺点。球花单生于小枝顶端。球果呈卵圆形，直径8~12毫米。

柏木寿命长，终年常绿，树姿秀丽清幽，树冠整齐，树干通直，自古栽培就是供观赏，是城镇、公园、庭院绿化的优良树种。对植或列植于门庭两边，效果不亚于龙柏。柏木对有害气体的抗性较强，还能分泌出大量的杀菌素，可以减少空气中细菌的含量。柏木材质优良，具香气，耐湿耐腐，是理想的建筑、家具、车船、文具及细木工等用材。枝、叶、根可提炼"柏香油"，为重要的出口物资之一。种子可以榨油。根、枝、叶、球果均可入药，根治跌打损伤，叶还可治烫伤，果治胃痛、风寒感冒。

栀子花

栀子花又名"山栀花""黄栀子""玉荷花"，为茜草科栀子属常绿灌木。喜温暖湿润的环境，不耐寒，喜阳光，但要避免强光直射。在疏松、肥沃、排水良好的酸性土壤中生长良好。原产于我国长江流域以南各省区，现全国大部分地区都有栽培。栀子花是湖南省岳阳市的市花。

栀子株高1米左右，树皮为灰色，光滑。小枝为绿色，具细毛。叶对生或3叶轮生，呈倒卵状椭圆形或长倒卵形，长7~14厘米，为翠绿色且有光泽。花顶生，白色，高脚碟状，花瓣6枚，具有浓郁的芳香，花期比较长，从6月到8月。浆果为橙色或黄色，呈卵形，种子扁平。

栀子花枝繁叶茂，叶色翠绿，花色素雅，芳香浓郁，绿叶白花，格外清丽。适宜于池畔、阶前和路旁配植，也可盆栽观赏，还可做插花和佩戴装饰。栀子花象征永恒的爱与约定。除观赏外，其花可做茶的香料，果实、叶、根均可入药，有清热解毒的功效。木材坚硬细致，为优良的雕刻用材。

栀子

杜甫

栀子比众木，人间诚未多。

于身色有用，与道气伤和。

红取风霜实，青看雨露柯。

无情移得汝，贵在映江波。

二、草本植物观赏

石竹

石竹又名"洛阳花""剪绒花"，为石竹科石竹属多年生草本，常作1~2年生栽培。我国南北各地均有分布，现国内外广为栽培。常见的栽培品种有常夏石竹、锦团石竹、须苞石竹等。喜阳光充足的环境，较耐干旱，怕潮湿，忌水湿。在通风、干燥、凉爽的环境中生长良好。对土壤的要求不高，以肥沃、排水良好的石灰质土壤为佳。

石竹株形低矮，仅高30~40厘米。茎直立，光滑多分枝，具节。叶对生，线状披针形或条形。花顶生于枝端，单朵或数朵簇生，形成聚伞花序，花直径不大，仅2~3厘米。花色有纯白、淡紫、粉红、大红、紫红或复色。单瓣5枚或重瓣，具有微弱的芳香，花期4~10月。蒴果呈长圆形或矩圆形，种子为黑褐色，扁圆形。

石竹形状如竹，花朵繁密，花色丰富，姿态动人。纤细的花茎上，开出一朵娇艳的小花,像孩子般天真烂漫,又似少女般纯洁无瑕。微风吹过,它轻轻摇摆,含笑点头,像是在和你打招呼,惹人怜爱。石竹是优良的观赏植物,园林中常用来布置花境或花坛,也可栽植在岩石园作点缀,或作为切花栽培。用作切花具有很好的装饰效果。全草可入药,可治水肿、闭经、尿路感染等症,有破血通经、清热利尿的功效。

国际交际场合有一个惯例,忌用石竹花、杜鹃花、菊花或者黄色的花献给客人。

鸢尾

鸢尾又名"扁竹花""蓝蝴蝶""紫蝴蝶""扇把草",为鸢尾科鸢尾属多年生宿根花卉。整个北温带均有分布,我国仅野生就有45种以上,主要分布在中南部。喜阳光充足的环境,较耐寒,在肥沃、排水良好的土壤中生长良好。

鸢尾

鸢尾植株高30~50厘米,具球茎或根茎。叶呈线形或剑形,长30~45厘米,宽2~4厘米,为淡绿色,基部重叠互抱成两列。花葶从叶丛中抽生,单一或有分枝,顶端有花2~3朵,花为蝶形,被片6片,外3片较大,外弯或下垂,称为"垂瓣",内3片较小,直立或呈拱形,称为"旗瓣",有紫、蓝、白、黄、淡红等色,花期4~6月。蒴果呈长圆形,具6棱,种子为黑褐色。

鸢尾花因其花瓣形如鸢鸟尾巴而得名。花大而美丽,宛若翩翩起舞的彩蝶,因而又有"蓝蝴蝶""紫蝴蝶"之称。鸢尾叶色碧绿,花色丰富,是庭院中常见的观赏花卉,也可用于布置花坛或盆栽观赏。鸢尾的根状茎可入药,具有消炎的作用,叶子与根有毒,会导致胃肠道瘀血及严重腹泻。

不同颜色的鸢尾有不同的含意。蓝色鸢尾表示赞赏对方素雅或暗中仰慕,白色代表纯真,黄色表示友谊永固、热情开朗,紫色则寓意吉祥与爱意。

福禄考

福禄考又名"福乐花""福禄花""五色梅""桔梗石竹""草夹竹桃""小洋花""洋梅花",为花葱科草夹竹桃属1年生草本。喜温暖、湿润的环境,不耐寒,不耐旱,怕酷热。对土壤的要求不高,在湿润、肥沃、排水良好的土壤中生长良好。原产于北美洲东南部,现世界各地广泛栽培。

福禄考植株高15~45厘米。茎直立,多分枝,有腺毛。上部叶互生,基部叶对生,呈长圆形、宽卵形或披针形,长2~7厘米,全缘有毛,无柄。聚伞花序顶生,花冠呈高脚碟状,直径2~3厘米,裂片5枚,圆形。花色原种为玫红色,园艺栽培种有紫、白、淡红等色,花期5~6月。蒴果近圆形或椭圆形,种子为棕色,呈椭圆形或倒卵形。

福禄考植株矮小,着花密,花色鲜艳,花期长,适宜做花坛、花境及岩石园的植株材料,也可盆栽观赏。此外,它对氯气、二氧化硫有一定的抗性。

石蒜

石蒜又名"蟑螂花""龙爪花""老鸦蒜""银锁匙""彼岸花",为石蒜科石蒜属多年生草本植物。原产于我国及日本,现世界各国多有栽培。喜半阴的生长环境,怕强光直射,耐旱,稍耐寒,在肥沃、排水良好的沙质土壤及石灰质土壤中生长良好。

石蒜有鳞茎,卵球形,直径约3厘米,外被紫红色薄膜。叶5~6片,线形,长可达40厘米,宽约2厘米,深绿色。花总苞片披针形,2枚,伞形花序有花4~12朵,花为鲜红色或具白色边缘,先叶开放。

石蒜花形奇特,花色鲜艳,又喜半阴的环境,非常适宜做林下地被花卉,花境丛植或于溪涧石旁自然栽植。因其先开花后长叶,若与其他耐阴低矮草本配植,观赏效果会更好,也可盆栽观赏。

石蒜鳞茎含有石蒜碱等有毒物质,折断后有乳白色的浆液流出,如果不小心碰到这些浆液,皮肤就会红肿发痒,若误食,轻则会出现腹泻、呕吐等症状,重则还会因大脑神经中枢麻痹而死亡。

六出花

六出花又名"黄花洋水仙""秘鲁百合",为石蒜科六出花属多年生草本植物。原产于南美的智利、秘鲁和巴西等国,现我国多有栽培。喜阳光充足的环境,耐半阴。夏季宜凉爽,怕强光直射,有一定的耐寒能力。其对土壤的要求不高,在疏松、肥沃、排水良好的中性土壤中生长最好。

植株高1米左右。茎直立,不分枝。叶互生,为鲜绿色,呈披针形,长7~10

厘米,有短柄。伞形花序,花冠长3~4厘米,花小而多,呈喇叭形,橙黄色,花瓣具淡紫褐色细条斑,花期6~8月。

植株清秀,花色丰富,形似蝴蝶,而且花期长,是流行的切花品种,也可盆栽点缀客厅、窗台,奇特新颖,使人耳目一新。去探望病人,可带上一束六出花,有慰问、关怀、祝福平安、愿早日康复之意。

金黄六出花:花为金黄色,花瓣上有红色斑点。

六出花的常见变种有以下几种:

纯色六出花:花为淡黄色。

红色六出花:花为红色。

石莲花

石莲花又名"莲花掌""宝石花""八宝掌""月影",为景天科石莲花属多年生肉质草本。原产于墨西哥,现世界各地均有栽培。喜阳光充足、温暖干燥的环境,耐半阴,不耐寒,怕积水,怕强光直射。对土壤的适应性强,在肥沃、排水良好的沙质土壤中生长良好。

石莲花有匍匐茎。叶楔状倒卵形,顶端短、锐尖,无毛。一般为翠绿色,少数为墨绿、粉蓝色。聚伞花序,有花8~24朵,花冠为红色,花瓣呈披针形。

石莲花叶片肥厚,终年碧翠,形状奇异,宛如玉石雕刻成的莲花座,姿态秀丽,华丽典雅,深受人们喜爱。常作为点缀,栽植在岩石孔隙间、花坛边缘,也可盆栽观赏。

矮牵牛

矮牵牛又名"矮喇叭""碧冬茄""毽子花""灵芝牡丹",为茄科碧冬茄属多年生草本，常作1~2年生栽培。喜阳光充足的环境，属长日照植物，不耐寒，怕雨涝，干旱季节开花繁茂。在疏松、肥沃、排水良好的沙质土壤中生长良好。原产于南美，为撞羽朝颜与腋花矮牵牛的杂交种，现世界各地均广泛栽培。

矮牵牛植株高20~80厘米，茎侧卧或直立，全株被腺毛。叶对生或互生，呈卵圆形或椭圆形，全缘。花单生叶腋及茎顶，花冠呈喇叭状，花直径可达15厘米，有粉、红、紫、白及带各种斑点、条纹、网纹的花色，花期4~10月。结蒴果。

矮牵牛品种繁多，花色丰富，花期长，几乎全年开花，常用于布置花坛、花境，也可盆栽观赏。

满天星

满天星又名"六月雪""丝石竹"，为石竹科丝石竹属多年生草本。原产于地中海沿岸及亚洲北部，欧美及日本普遍栽培，最近几年，在我国普遍种植。满天星喜阳光充足的环境，也有一定的耐阴性。喜干燥，怕水涝，过湿会造成植株死亡。耐寒性较强，在-10℃的低温下不会被冻死，但不耐高温。对土壤的适应性强，在疏松、肥沃、排水良好的中性至微碱性土壤中生长良好。

满天星植株高60~70厘米。茎细而光滑。叶对生，粉绿色，狭长，无叶柄。花为白色，花瓣5枚，有微弱的芳香。

初夏，满天星开花不断，花朵洁白如雪，繁密细致，如万星闪耀，朦胧迷人。远远望去，又似早晨的云雾，傍晚的烟霞，因此又被称为"霞草"。适宜在路边、花篱、花坛栽植，若与金鱼草、郁金香等同期开花的种类配植，效果会更好，也适宜盆栽观赏。满天星同样可作为背景花材，广泛应用于插花作品中。一束花中若插入几支满天星，便会更显妩媚。

黄花菜

黄花菜又名"萱草""金针""黄花",为百合科萱草属多年生草本植物。在我国各地均有分布,江南各省人工栽培数量很多。黄花菜对光的要求不高,在阳光充足和半阴的环境下均能生长,喜湿润,耐寒。对土壤的适应性强,在林间空地、林缘、山坡地等微酸性土壤中均可生长,耐干旱、贫瘠。

黄花菜具短根茎和纺锤状块根。叶基生,条形,长约70厘米,宽2厘米左右。花葶高1米左右,复聚伞花序组成圆锥形,多花,苞片呈狭三角形,长4厘米以上。花为淡黄色,花梗很短。花茎挺拔,花色亮丽,是布置花境的好材料,也可丛植于路旁,或点缀岩石园。

大家都知道黄花菜可以食用,人们常用"黄花菜都凉了"来形容已经等了很久,很晚了。但需要注意的是,黄花菜不能鲜食,因为鲜花中含有秋水仙碱素,这种物质虽然本身没毒,但是炒食后能在体内被氧化,产生一种剧毒,轻则会引起恶心、呕吐、腹胀、腹泻等症,严重时还会出现血尿、血便。我们平时吃的黄花菜,都是经过处理的。在黄花菜花蕾含苞待放、中部色泽金黄、两端呈绿色、顶端的紫点褪去的时候采摘下来,然后进行蒸制、烘干或晒干,然后再进行烹制就不会中毒了。

石碱花

石碱花又名"肥皂花",为石竹科肥皂草属多年生草本。原产于西亚、中亚、欧洲及日本。喜阳光充足的环境,适应能力强,耐旱,耐寒,对土壤的要求不高,一般土壤中均能良好生长。有自播繁衍能力。

石碱花植株高20~90厘米,全株绿色无毛。叶对生,呈椭圆状披针形,长约15厘米,宽约5厘米。花分白、淡红、鲜红色,花瓣呈长卵形,顶生聚伞花序,有单瓣、重瓣之分,花期6~8月。

石碱花多用于布置花坛、花境,也可作为地被植物栽培。

蜀葵

蜀葵又名"熟季花""一丈红""卫足葵""胡葵""吴葵",为锦葵科木槿属2年生草本植物。在我国分布较广,华北、华中、华东均有种植。喜阳光充足的环境,耐半阴,怕涝,耐寒,在华北地区可露地越冬。对土壤的适应性强,耐盐碱,在含盐0.6%的土壤中仍能生长,但在疏松、富含有机质、排水良好的沙质土壤中生长最好。

蜀葵植株高2~3米。茎直立挺拔,单生或略有分枝,有一簇簇的柔毛。叶互生,呈长圆形或近圆心形,长5~10厘米,宽4~10厘米,前端圆钝,基部为心形,边缘有不整齐的钝齿,叶面和叶背均有星状毛,叶柄长6~15厘米,托叶2~3枚。总状花序顶生,花直径6~12厘米,有白、紫、红、粉、黄等色,单瓣或重瓣,花期在5~10月。蒴果呈扁球形,直径3厘米左右。

蜀葵花色艳丽,花期长,是布置花境的好材料。可组成化墙、花篱,美化园林环境。也可盆栽观赏,盆栽应在早春入盆,保留独本开花。植株寿命不长,栽植2~3年后容易衰老,因此,要及时栽种新苗。蜀葵的嫩苗可以做蔬菜食用。花含红色素、花青素,根含糖、醇类物质,种子含脂肪油。茎秆可做编织纤维材料。

半支莲

半支莲又名"草杜鹃""松叶牡丹""大花马齿苋""洋马齿苋""龙须牡丹",

为马齿苋科马齿苋属1年生草本植物。半支莲原产于南美、巴西,现广泛分布于我国各地。喜阳光充足而干燥的环境,在潮湿的环境中生长不良。耐贫瘠,不耐寒,对土壤的适应性强,在干旱的沙质土壤中生长最好。

半支莲的花朵迎阳光开放,日落闭合,光弱时,花朵不能充分开放,因此人们又称它为"太阳花""午时花"。它还有一个奇怪的名字——"死不了",为什么给它取这样一个名字呢?这是因为它的茎富含水分,而且保水能力特强,若将其拔出,放在太阳下暴晒,待看上去已奄奄一息时,再插入湿润的土中,仍能奇迹般地成活。

半支莲植株矮小,仅15~30厘米。茎平卧或斜生,肉质,细而圆。叶散生或集生,呈圆柱形,长1~3厘米。花顶生,直径3~6厘米,基部有叶状苞片,花瓣有黄、紫、白、红等色,具芳香,花期5~11月。蒴果成熟时即开裂,种子为银灰色,小巧玲珑。

半支莲花色丰富,色彩鲜艳,花期长,可用于布置花坛、花丛、花境或做花坛的镶边材料,也可用于点缀假山和做盆栽观赏。全草可入药,有清热解毒的功效。

君子兰

君子兰又名"剑叶石蒜""大叶石蒜",是石蒜科君子兰属多年生草本花卉。它比较"娇气",既怕炎热又不耐寒,在温暖湿润而半阴的环境中生长良好,怕强光直射,生长的适宜温度为18℃~22℃,当温度高于30℃或低于5℃时,均会影响其生长。君子兰喜疏松、肥沃、排水良好的土壤。

君子兰的根呈乳白色,粗壮,有肉质感。茎分根茎和假鳞茎两部分。叶互生,革质,深绿色,形似剑,排列整齐,长30~50厘米。聚伞花序,着生数朵或数十朵小花,花为橙红色,漏斗形,小花可开15~20天,先后开放,可延续2~3个月之久。每个果实中含种子一粒至多粒。

其他名贵花卉或以花色艳丽引人注目,或以芳香浓郁让人驻足,但这些难免给人一种单调肤浅的感觉。君子兰就不一样了,它叶色浓绿而有光泽,花朵向上,形状似火炬,花色橙红,给人以端庄大方之感。因此有"百花虽好不用问,唯有君子压群芳"之说。

君子兰是一种奇花异草,是万花丛中的奇葩,具有极高的观赏价值。它叶、花俱佳,时刻都能供人观赏,给人以美的享受。叶片的顶部形态各异,有的如半圆形,有的似椭圆形。挺拔的叶片向斜上方舒展平伸,不低头,不弯腰,启迪人们刚正不阿,百折不挠。

番红花

番红花又名"西红花",为鸢尾科番红花属多年生草本植物。最初由印度传入我国西藏,后由西藏传入内地,这样,很多人就把从西藏运往内地的番红花,误认为是西藏产的,而称其为"藏红花"。其实,番红花原产于欧洲南部,我国北京、上海、江苏、浙江等地均有栽培。喜半阴的生长环境,较耐寒,对土壤的适应性强,在肥沃、排水良好的沙质土壤中生长良好。

番红花的鳞茎为扁圆形或圆形,大小不等,直径1~10厘米,外被褐色膜质鳞叶。叶自鳞茎生出2~14株丛,每丛有2~13枚线形叶,长15~35厘米,宽约4毫米,边缘反卷,有细毛。花1~3朵顶生,苞片2枚,花被6枚,倒卵圆形,淡紫色,花被筒细管状,长4~6厘米。花柱细长,伸出花被外而下垂。蒴果长圆形,具三钝棱。

番红花叶丛纤细,花朵娇柔,香味浓郁,常用于布置花坛和岩石园,也可盆栽,以供观赏。

铃兰

铃兰又名"香水草""君影草""草寸香""草玉玲""小芦铃",是百合科铃兰属多年生草本植物。我国东北、华北地区较常见,日本、朝鲜、欧洲、北美洲也有分布。喜半阴的环境,耐寒,不耐高温,在富含腐殖质、排水良好的沙质土壤中生长良好。

铃兰植株高20~30厘米。根状茎为白色,在地下横走,上面有许多须根。叶2~3枚,一般为2枚,基部鞘状,抱茎生长,叶片较大,呈椭圆形,长7~15厘米,宽3~7厘米,具光泽。花葶从根部伸出,顶端生有6~10朵小花,花为钟形,乳白色,具芳香,花期5~6月。浆果呈圆球形,暗红色,富含汁液,8月成熟。

铃兰株形小巧,常聚成一片生长。每到开花之际,挺实的叶片衬着一串乳白色的小花,花莹洁高贵,悬垂似铃铛,精雅绝伦。花香浓而不烈,甜而不腻,沁人心脾。果实成熟后,红润光亮,仿佛粒粒宝石悬挂在枝头,光彩夺目。铃兰是一种优良的观叶、观花、观果植物。可用于布置花坛、花境,也可做地被植物或盆栽观赏。铃兰花含挥发油,可提制香精,用来制造香皂和化妆品。全草可入药,有利尿、强心、调节神经系统及抗癌的功能。

梭鱼草

梭鱼草又名"海寿花",为雨久花科梭鱼草属多年生挺水草本植物。原产于北美。喜温暖湿润、阳光充足的环境,不耐寒,生长的适宜温度为18℃~28℃。在静水及水流缓慢的水域中能正常生长,但在20厘米以下的浅水中生长最好。梭鱼草繁殖能力强,生长迅速。

植株高 20~80 厘米。叶柄呈圆筒形,绿色。叶片呈倒卵状披针形,长 10~25 厘米,宽可达 15 厘米,深绿色,光滑无毛。穗状花序顶生,花蓝紫色带黄斑点,直径 1 厘米左右。蒴果初为绿色,成熟后为褐色,果皮较硬。

梭鱼草株形美观,叶色翠绿,花开时节,串串紫花在绿叶的衬托下,极为美观,而且花期长,适合风景区、公园及庭院中的水体绿化,也可做盆栽观赏。

珊瑚花

珊瑚花又名"串心花""巴西羽花",为爵床科珊瑚花属多年生草本植物。原产于巴西。喜阳光充足、温暖湿润的环境,耐阴,不耐寒,生长的适宜温度为 22℃~30℃,怕强光直射。在疏松、肥沃的微酸性土壤中生长最好。

植株高 30~80 厘米。茎 4 棱状。叶对生,长圆状卵形,有少量柔毛。圆锥花序顶生,花冠为粉红色,2 唇形,具黏毛,花期 6~11 月。蒴果呈椭圆形,种子为黑褐色。

珊瑚花色、花形均像珊瑚,可用于布置花坛,也可在庭院、路边种植观赏。用于点缀山石或水岸等处,效果也非常好。夏、秋两季开花,又耐阴,也可盆栽放于室内观赏。

文殊兰

文殊兰又名"十八学士""罗裙带""文珠兰""文兰树""秦琼剑""海带七""引水蕉""水蕉""郁蕉""海蕉"等,为石蒜科文殊兰属多年生草本花卉。在我国湖南、四川、广西、广东、福建、台湾均有分布。喜温暖湿润、阳光充足的环境,稍耐阴,不耐寒,生长的适宜温度为 22℃~30℃,越冬温度不低于 5℃。对土壤的适应性强,耐盐碱,在疏松、肥沃的土壤中生长良好。

文殊兰的鳞茎较粗壮,呈长圆柱形。叶呈剑形或阔带形,宽大而肥厚,长达1米以上。基部抱茎,叶脉平行。花葶从叶丛中抽出,伞形花序顶生,有花10~24朵,花瓣6枚,细长,两侧粉红,中间紫红,具浓香,花期5~10月。蒴果近球形。

文殊兰叶片宽大,四季常青,花形别致,芳香浓郁,深受人们的喜爱。可用于点缀园林景区、机关、校园的绿地,也在庭院中栽植以供观赏,还可盆栽,置于天台、阳台等处,雅丽大方,赏心悦目。鳞茎、叶可入药,有消肿止痛、活血散瘀的功效。

文殊兰是佛教中"五树六花"之一,五树六花是指佛经中规定寺院里必须种植的五种树(菩提树、高榕、贝叶棕、槟榔、糖棕)、六种花(荷花、文殊兰、黄姜花、鸡蛋花、缅桂花、地涌金莲)。

异果菊

异果菊又名"铜钱花""白兰菊","绸缎花""雨菊",为菊科异果菊属1年生草本植物。原产于南非。喜温暖、光照充足的环境,忌炎热,不耐寒,在我国长江以北的地区都要保护越冬。在疏松、肥沃、排水良好的土壤中生长最好。

异果菊植株高30厘米左右。分枝多而披散。叶互生,呈长圆形至披针形,叶缘有深波状齿,具腺毛。茎上部叶无柄,比较小。头状花序顶生,舌状雌花为橙黄色,有时基部为紫色。盘心管状两性花,黄色,花期4~6月。雌花所结瘦果近圆柱或三棱形,两性花所结瘦果扁平,为心形。

异果菊花在上午9时左右开放,午后逐渐闭合,花色艳丽。可布置花坛、花境和岩石园,也可盆栽供观赏。

异果菊属只有7个品种,常见的栽培品种有以下几种:

雨菊：1年生草本，枝密被腺毛。叶倒卵状披针形。舌状花表面为白色，背面为紫铜色或紫色，盘心管状花裂片顶端常带紫色。

大花异果菊：多年生草本，作1年生栽培。植株比异果菊矮，头状花序。舌状花为橙黄色，管状花为鲜黄色并带有蓝色金属光泽。

火炬花

火炬花又名"火把莲""红火捧"，为百合科火把莲属多年生草本植物。原产于南非，现我国各地均有栽培。喜温暖、阳光充足的环境，也有一定的耐阴力，比较耐寒。对土壤要求不高，在疏松、肥沃、排水良好的沙质土壤中生长良好。

植株高80~120厘米。茎直立，粗壮。基生叶带状披针形，长90厘米左右，略带白粉，草质。总状花序较长，可达25厘米。花筒状，呈火炬形，初开时为鲜红色，然后逐渐变为橘黄色，自上而下逐渐开放，花期6~7月。蒴果为黄褐色，9月成熟。

火炬花是优良的庭院花卉，多群植做背景，在翠绿的叶丛中，挺拔的花茎高高擎起独特的火把状花序，别具特色，壮丽可观。也可丛植于假山石旁或草坪中，用作配景。

葱莲

葱莲又名"葱兰""玉帘""肝风草""白花菖蒲莲"，为石蒜科葱兰属多年生草本植物。原产于南美洲，我国长江流域各省区均有栽培。喜阳光充足的环境，也耐半阴。较耐寒，温度即使在0℃以下，也能存活很长时间，温度低至-

10℃左右时,短时间内不会受冻,但若时间较长,可能会被冻死。在肥沃、排水良好的黏质土壤中生长最好。

葱莲植株高15~20厘米,鳞茎呈卵形,为淡褐色至黑褐色。叶基生,2~4枚,为暗绿色,线形,稍肉质。花茎高10~25厘米,中空,淡绿色,圆柱形,从叶丛一侧抽出。花单生,花被片6枚,椭圆状披针形,长3~5厘米,白色,外面略带紫红色。蒴果呈三角球形。

葱莲植株低矮,姿态清秀,叶片翠绿,花朵洁白,花期长,几乎全年可见开花。供花坛、花境以及林下栽植,也可在草坪中丛植点缀,还可盆栽,以供观赏。

全草含多花水仙碱、石蒜碱、尼润碱、网球花定碱等生物碱,总量约为0.03%。全株可入药,有散热解毒、平肝熄风的功效,用于小儿惊风、癫痫。

小苍兰

小苍兰又名"小菖兰""香雪兰""麦兰""洋晚香玉"等,为鸢尾科香雪兰属多年生草本植物。原产于南非好望角一带。喜温暖、阳光充足的环境,耐冷凉,不耐高温,生长的适宜温度为15℃~25℃,不耐寒。在肥沃、疏松、排水良好的土壤中生长最好。

小苍兰的球茎为卵圆球形或圆锥形,直径2厘米左右,外被棕褐色薄膜。茎柔弱,有分枝。叶呈线形或剑形,长15~30厘米。穗状花序顶生,有花10朵以上。花被呈漏斗状,长5厘米左右,分为6瓣,具香味,有洁白、粉红、鲜黄、淡紫、大红、橙红等颜色。蒴果近圆形。

小苍兰株形清秀,花姿新颖,花色明丽,香气浓郁,花期较长,是冬、春季节南方庭院重要的球根花卉。它在春节前后开花,正值少花季节,可做盆花装饰点缀厅堂、案头,深受人们喜爱。也可做切花,用于花篮、花束、桌饰等布置中,高雅宜人。花朵含芳香油,可提取香精。

长春花

长春花又名"四时春""日日新""雁来红""五瓣莲",为夹竹桃科长春花属多年生草本。原产于印度、马达加斯加,在我国广西、广东及长江以南各地均有栽培。喜温暖、阳光充足的环境,如果长期生长在庇荫的地方,会出现叶片发黄的现象。不耐寒,忌水湿。对土壤要求不高,在富含腐殖质、排水良好的土壤中生长良好。

长春花

长春花植株高30~70厘米,全株无毛。茎直立多分枝。叶对生,表面和背面光滑无毛,呈长椭圆形,长3~4厘米,全缘。聚伞花序顶生,有花2~3朵,有紫、黄、白、红、粉等多种颜色,花冠呈高脚碟状,裂片5枚。果圆呈柱形。

长春花姿态优美,叶片苍翠有光泽,嫩枝顶端每长出一片叶,就会开出两朵花,因此花非常多,花色艳丽,花势繁茂,一派生机。花期特别长,从春天开到秋天,故有"四时春"之名。适合布置花境、花坛,在北方可做盆栽观赏。

长春花全株有毒,以花的毒性最强。误食后,会毒害神经系统,还能抑制骨髓的造血功能。

诸葛菜

诸葛菜又名"菜籽花""二月兰",为十字花科诸葛菜属2年生草本。原产于我国东北、华北地区,多为野生,也有栽培。耐阴性强,只要有一定散射光,就能茂盛生长。较耐寒,但如果遇到重霜,叶有可能被冻伤。对土壤的要求不高,但在中性或弱碱性土壤中生长最好。

诸葛菜,听到这名字,让人不由自主地想到了诸葛亮,二者之间有什么关系呢?相传诸葛亮率军出征时,曾采下其嫩梢为菜,因此得名。

诸葛菜植株高20~50厘米,有白色粉霜。茎直立,单茎或多分枝,光滑。基生叶扇形或近圆形,有叶柄,边缘有粗锯齿,茎生叶羽状分裂,顶生叶三角状卵形或肾形。总状花序顶生,花为淡紫或深紫色,花瓣4枚,倒卵形,具长爪。角果呈长条形,长6~9厘米,6月成熟。

诸葛菜冬季叶色浓绿,早春开花成片,花期很长,是优良的地被植物,可在公园、路旁、林下种植,也可用作花境栽培。嫩茎叶可食用,用开水烫后,再用清水漂洗,就没有苦味了,还可炒食。

高山积雪

高山积雪又名"象牙白""银边翠",为大戟科大戟属1年生草本植物。原产于北美,我国各地均有栽培。喜温暖和阳光充足的环境,耐干旱,怕涝,不耐寒。在肥沃、疏松、排水良好的沙质土壤中生长最好。

植株高50~60厘米,内含有毒白浆,全株有柔毛。茎直立而多分枝。叶为淡灰绿色,长圆形至矩圆状披针形,全缘。3朵小花簇生顶端,花下有2枚大苞片,花梗细软。

高山积雪叶片密集,7~8月间叶片全部或叶片边缘变为灰绿色或银白色,与绿色相映,远远望去,宛如绿叶积雪,非常美丽。可做花境、花坛的材料,也可做插花的材料或盆栽。

待霄草

待霄草又名"香月见草""山芝麻",为柳叶菜科月见草属多年生草本植物,常作1~2年生栽培。原产于南美智利及阿根廷等地,现世界各地均有分布,我国有野生,也有栽培。喜阳光充足的环境,有一定的耐寒性,在我国中部及南部地区,可露地越冬。

待霄草植株斜展或直立,具粗长毛,少分枝。下部叶呈线状倒披针形,茎生叶无柄,披针形。花为黄色,有清香,花期7~9月。上部常增粗。

待霄草的花朵在傍晚至夜间开放,最适宜种在夏季晚上纳凉休息的地方,也可种植在小径旁或花丛中,是夜景花园的良好材料。茎皮为纤维原料。种子可榨油,为优质食用油。根可入药,有凉血、清热、散瘀的功效。

待霄草的同属植物很多,约有100种,常见的栽培品种有以下几种:

月见草:植株较高,达1.2米,下部有分枝。叶披针形至长周形。花为淡黄色,直径5厘米左右。

美丽月见草:叶片呈披针形或长圆状,表面和背面均具白色柔毛,边缘有锯齿。花大,初为白色,后变为粉色,开花时间长,可从傍晚开至第二天早晨。

白花月见草:开白色的花。

报春花

报春花又名"樱草""年景花",为报春花科报春花属多年生草本植物。常作1~2年生花卉栽培。原产于我国滇北、川西、藏东等地区。典型的暖温带植物,不耐高温,一旦温度达到30℃左右,植株就会受热死亡;也不耐寒,越冬温度不能低于5℃。

植株基部为红色。叶基生,卵形至椭圆形,长3~7厘米,叶缘有浅被状裂或缺,叶背被白色腺毛。花茎高8~30厘米,轮伞形花序,每轮均为线状披针形苞片所托,有花3~14朵,花萼钟状、管状或漏斗状,5裂。花冠呈高脚碟状或漏斗状,粉红色或蓝色,直径1厘米左右。花有纯白、深红、紫红、碧蓝、浅黄等色。蓝、白、红色花有黄蕊,还有黄花红蕊、紫花白蕊等。蒴果呈圆柱形或球形。

在残冬尚未尽消之时,报春花便从莲座中撑开一朵朵花伞,开出红色、粉色、紫色、蓝色或白色的漏斗状或钟状的花朵,犹如悬挂着的五彩花钟,向人们报告春天即将来临,因此人们称它为"报春花"。多用于花境、花坛及镶边植物,采用几种花色来组成图案花坛,观赏效果更好。

报春花与龙胆花、杜鹃花一起,并称为我国天然生长的"三大名花"。

勿忘草

勿忘草为紫草科勿忘草属多年生草本。原产于亚欧大陆,我国甘肃、新疆、四川、云南、江苏以及东北各省(区)均有分布。喜凉爽的气候、半阴的环境和湿润的土壤,耐寒性较强。

勿忘草植株高15~50厘米。叶互生,呈条状倒披针形或狭倒披针形,长2.

5~8厘米,叶面和叶背均有毛。基生叶和茎下部叶有柄,茎上部叶无柄。总状花序顶生,无苞片,花冠高脚碟形,裂片5枚,为蓝色、白色或粉色,花期4~6月。

勿忘草株形柔美,茎枝纤细,叶片的形状很像柳树的叶子,无数朵小蓝花开满茎顶部的每个小枝,花瓣的蓝色仿佛是由天空的颜色染成的,让人充满无限遐想。花朵中央有一圈黄色心蕊,色彩搭配非常和谐。在园林中可于花境、花坛、岩石园、林缘等处种植,也可盆栽或做切花,以供观赏。它的花枝也是制作插花和礼品花束的理想材料。勿忘草因其名寓意深长,所以常作为情侣相赠之物。

勿忘草的同属植物约有50种,用于观赏栽培的品种很多,常见的有以下几种:

矮生勿忘草:植株低矮,仅有15厘米,花期长,耐湿。

丛生勿忘草:多年生草本,花序分枝或茎下部分枝,耐湿,耐寒。

沼泽勿忘草:多年生草本,植株呈匍匐状,花色丰富,花期长,耐湿。

花菱草

花菱草又名"人参花""洋丽春""金英花",为罂粟科花菱草属多年生草本,常作1~2年生栽培。原产于美国加利福尼亚州,我国华北、华中、华南地区均有栽培。喜干燥、冷凉的气候,怕涝,忌高温,耐寒。在肥沃、疏松、排水良好的沙质土壤中生长良好。花朵在阳光下开放,在阴天或傍晚闭合。

花菱草株形铺散,株高40~60厘米,多分枝,多汁,无毛,全株被有白粉,呈灰绿色。叶互生,多回三出羽状细裂,形状似柏叶,裂片呈线形或长圆形。花单生,着生于枝顶,具长花梗,萼片2枚,呈盔状,随着花瓣的展开而脱落。花瓣4枚,呈扇形,鲜黄色,十分鲜亮,花期5~6月。栽培品种有金黄、橙黄、淡紫红、橙红、乳白色、肉色。蒴果细长,7~10厘米,有棱。

花菱草形态美丽,枝叶细密,花开繁茂,花色鲜艳,是布置花境、花坛的好材料,也可盆栽或用于草坪丛植。

勿忘我

勿忘我又名"勿凋花""不凋花""补血草""星辰花",为蓝雪科补血草属多年生草本植物。原产于地中海沿岸地区,多作切花栽培。适应性强,喜充足的日光直射,光照充足,花色艳丽。耐旱,生长的适宜温度为22℃~28℃,忌高温,温度高于30℃则进入半休眠状态。在肥沃、排水良好的沙质土壤中生长良好。

植株高50~70厘米,全株具糙毛。单叶互生,呈莲座状环生于茎基部,叶片羽裂,长20厘米左右。聚伞圆锥花序,花枝长1米左右。小花穗上有4~5朵花,有蓝、紫、粉、白、黄等色,花期3~5月。蒴果,果熟期4~6月。

勿忘我花形紧凑,花色艳丽,质感强,即使失水也不会变形褪色,可用于制作具有永恒意义的干花。在应用上人们更多的是将其地栽,用于采收切花,来装饰节日环境,美化生活空间。

参加朋友的生日晚会,可带一束勿忘我,既活泼又漂亮,还能表达对朋友青春永驻、事业有成的祝愿。青年男女互赠,可表达深切情意。

风铃草

风铃草又名"瓦筒花""吊钟花""钟花",为桔梗科风铃草属2年生草本植物。原产于南欧,我国早有栽培。喜冬季温和、夏季凉爽的气候,怕强光直射。在肥沃、排水良好的沙质土壤中生长良好。

植株高1米左右,株形粗壮。茎有粗毛,多分枝。叶呈卵形至倒卵形,比较粗糙,叶缘呈圆齿状波形,茎生叶无柄。顶生总状花序,花冠钟状,有白、紫、蓝、红、桃红等色。

风铃草的花朵像一串串风铃,惹人喜爱。在微风中,粉红、粉紫、蓝色的铃铛挂在枝头,随风摇曳,仿佛能听到"叮当叮当"的响声。再加上沁人心脾的花香从小铃铛中散发出来,让人陶醉不已。风铃草植株高大,花形美观,花色丰富,可大片栽植为花带、花境,远远望去,犹如美丽的地毯铺在大地上,也可做盆栽陈设。

在希腊神话中,太阳神阿波罗非常喜爱风铃草。西风非常嫉妒,便将圆盘扔向风铃草的头,被击中的风铃草顿时鲜血直流,鲜血溅到地面上,便开出了花朵。所以,风铃草的花语是"嫉妒"。

金鱼草

金鱼草又名"狮子花""龙口花""龙头花""洋彩雀",为玄参科金鱼草属多年生草本植物,常作1~2年生栽培。原产于南欧地中海沿岸及北非,现在我国各地均有栽培。喜阳光充足的环境,略耐阴。如果光照不足,植株会徒长,影响开花。在肥沃、排水良好的黏质土壤中生长良好,在轻碱地上也能正常生长。

金鱼草株高20~70厘米。叶为长圆状,顶端似针形。总状花序,花冠筒状,唇形,基部膨大成囊状,上唇直立,下唇向外卷曲。花色有深红、粉红、紫红、深黄、黄橙、白等。

金鱼草花形很奇特,像在水中一扭一扭游动的金鱼,而且终年开花,是盆栽的优良花卉之一。在房间里放上一盆,整个房间的气氛顿时便会生动起来。金鱼草品种繁多,有高型种、中型种和矮生种。高型种适做带状花坛或切花用,中型种多做花坛栽培,矮生种宜用于花坛或做花坛边缘配植用,也可做盆栽观赏。对氟化氢、二氧化硫抗性强,并能把二氧化硫转化为无毒或低毒的硫酸盐化合物,也适宜配植在工矿企业等污染地区。

金鱼草这个名字中"有金又有鱼",送给朋友也就是送去了吉利。黄色金鱼草象征"金银满堂";红色金鱼草象征"鸿运当头";粉色金鱼草象征"吉祥如意";杂色金鱼草象征"一本万利";紫色金鱼草象征"花好月圆"。

吉祥草

吉祥草又名"观音草""玉带花""松寿兰",为百合科吉祥草属多年生草本。在我国分布于西南、华中、华南及陕西、江苏、浙江、江西、安徽等地,日本也有分布。喜温暖、湿润的环境,耐寒,怕强光直射。对土壤要求不高,在排水良好的沙质土壤中生长良好。

吉祥草株高5~20厘米。匍匐茎呈圆柱形,多节,分枝长10厘米左右,节间长2厘米左右。叶簇生根状茎末端,每簇3~8枚,叶为深绿色,披针形,长10~38厘米,先端渐尖,基部收缩成柄,对折。花葶为淡绿色,近圆柱形,粗3毫米左右。花序呈穗状,长2~7厘米。花被裂片6枚,白色,长圆形,背面略带紫色。花为粉红色,有香味,花期7~8月。浆果呈球形,直径0.5~1厘米,成熟时呈鲜红色,果实经久不落。

吉祥草株形优美,叶色浓绿,终年常青,名字中带有"吉祥"两字,被视为吉祥如意的象征,深受人们喜爱。盆栽置于几案,生趣盎然。南方可丛植于林下。全草可入药,有解毒、止咳、清肺、理血的功效。

紫茉莉

紫茉莉又名"胭脂花""潮来花""地雷花""夜晚花""洗澡花""官粉花"

"夜娇娇""入地老鼠"等,为紫茉莉科紫茉莉属多年生草本植物,常作1年生栽培。原产于南美热带地区,现我国大部分地区均有分布。喜温暖湿润、阳光充足的环境,怕烈日暴晒,不耐寒,冬季地上部分枯死,北方地区要将根部起出入地窖越冬。在南方,根部可以安全越冬而成为宿根植物,来年春季萌发成新的植株。在深厚、肥沃、疏松、富含腐殖质的土壤中生长良好。

紫茉莉株高可达1米。茎直立,节部膨大,多分枝。叶对生,卵形或卵状三角形,先端渐尖,基部截形、宽楔形或心形,全缘无齿。短聚伞花序生于枝端。苞片萼片状,5裂。花萼呈漏斗状,白色、黄色或红色。花顶生,3~5枚成一簇,花色有黄、白、粉、红、紫,并有条纹或斑点状复色,花期8~11月。果为圆形,直径5~8毫米,成熟后呈黑色,表面有皱纹,形状像地雷,不过比地雷小得多。

花朵在傍晚至清晨开放,强光下会闭合。花色丰富,形状像喇叭,形态奇特。可丛植或散植在林缘、花境、草坪周围,或大片自然栽植,或于篱旁路边、房前屋后丛植点缀。矮生种可盆栽或用于花坛。

蒲包花

蒲包花又名"拖鞋花""荷包花""元宝花",是玄参科蒲包花属1年生草本植物。原产于南美,我国各地均有栽培。蒲包花比较"娇气",既怕高温炎热,又怕冷,生长的适宜温度为8℃~17℃,低于5℃就会受冻,高于25℃又不利于开花。需要长时间日照,如果光照不足,花期就会推迟,又怕强光直射,不耐阴。在中性到微酸性的富含腐殖质的沙质土壤中生长良好。

蒲包花株高20~30厘米。叶呈椭圆形或卵形,有皱纹,具细小绒毛。花形奇特,花冠呈二唇状,上唇较小,下唇膨胀呈蒲包状。花色丰富,单色品种有白、黄、红等不同颜色。复色则在各底色上着生粉、褐红、橙等斑点。蒴果,种子细小多粒。

蒲包花花冠别致,花朵盛开时犹如无数个小荷包悬挂在枝头,黄的、红的、橙的、紫的、白的及各种斑纹的五彩荷包挂在绿叶间,真是美丽又有趣。蒲包花观赏价值非常高,而且在初春少花季节开放,非常难得,可做室内装饰点缀,置于室内或阳台观赏。

蒲包花盛开时,花团锦簇,形如荷包,有"招财进宝"的吉祥寓意,寄托了人们祈盼财富、吉祥的愿望,而且开花时间也很特别,在春节期间开放,能为人们带来欢乐的气氛,因而深受人们喜爱。

万寿菊

万寿菊又名"蜂窝菊""万寿灯""臭芙蓉"等,为菊科万寿菊属1年生草本植物。原产于墨西哥及美洲地区。喜阳光充足、温暖的环境,稍耐阴。较耐干旱,怕积水和酷暑。对土壤要求不高,在疏松、肥沃、排水良好的土壤中生长良好。

万寿菊的植株高60~100厘米,全株具异味。茎为绿色,直立粗壮多分枝。叶对生或互生,羽状全裂。裂片呈长矩圆形或披针形,有锯齿,叶缘背面有油腺点,有强烈臭味。头状花序单生,花舌状,有长爪,橘黄色或黄色,直径5~10厘米,边缘皱曲,花期8~10月。瘦果为黑色且有光泽。

万寿菊有矮型、中型和高型品种之分,矮型品种,顾名思义植株较矮,生长整齐,宜做花境、花坛、花丛材料,也可盆栽。中型品种花较大,而且颜色鲜艳,花期也较长,可用于点缀草坪。高型品种花梗较长,可剪下插瓶水养,能观赏很长一段时间,也可做背景材料。万寿菊花、叶均可入药,有去瘀生新、补血通经、清热化痰的功效,可用干花泡茶饮用。

波斯菊

波斯菊又名"格桑花""扫帚梅""八瓣梅""秋英"等,为菊科秋英属1年生草本植物。原产于墨西哥,我国各地广泛栽培。喜阳光充足的环境,耐贫瘠,不耐寒,忌炎热、积水。在肥沃、疏松、排水良好的土壤中生长良好。

波斯菊株高120~140厘米。茎直立而分枝,光滑或具微毛。单叶对生,长10厘米左右,线形,全缘。头状花序顶生或腋生,花茎高5~8厘米。花瓣8枚,尖端呈齿状,有白、粉红、玫瑰、深红、蓝紫色,花期9~10月。瘦果有橡。

波斯菊叶形雅致,花色鲜艳,可用来布置花境。在树丛周围、草地边缘及路旁栽植作背景材料,既美观又富有野趣,也可植于崖坡、篱边、树坛或宅旁,以供观赏。波斯菊生命力顽强,除供观赏外,还是一种良好的环保植物,可以用来监测空气中的二氧化硫含量。花还可以入药。

瓜叶菊

瓜叶菊又名"瓜叶莲""富贵菊""黄瓜花""千日莲",为菊科千里光属多年草本花卉,常作1~2年生栽培。原产于西班牙加那利群岛。喜通风良好、光照充足的环境。既怕冷又怕热,夏季要避免烈日暴晒,在肥沃、疏松、排水良好、富含腐殖质的沙质土壤中生长良好。

瓜叶菊植株有矮有高,矮的仅高20~30厘米,高的可达90厘米,全株具柔毛。叶具长柄,形状和葫芦科的瓜类叶片很像。叶面为浓绿色,叶背有时带紫红色,叶柄比较长。头状花序,簇生成伞房状。有红、桃红、紫、蓝、白等色,还有红白相间的复色,但没有黄色,花期1~4月。

瓜叶菊

瓜叶菊的花期较早,在寒冬少花季节开放,尤为珍贵,花色丰富,特别是闪着天鹅绒般光泽的蓝色花,非常优雅。可做盆栽陈设在室内,也可用于布置庭廊过道、会场、剧院前庭,显得非常喜庆。此外,它还可用做切花,制作花束、花篮等。

瓜叶菊的品种很多,大致可分为星型、大花型、多花型和中间型,不同的类型中又有不同重瓣和高度不一的品种。

地肤

地肤又名"绿帚""地麦""孔雀松""扫帚草",为藜科地肤属1年生草本植物。原产于欧洲及亚洲中部和南部地区,在我国华北地区以南均有栽培。喜阳光充足的环境,具有很强的耐旱能力,不耐寒,一经霜冻,全株都会变黄。对土壤的要求不高,耐贫瘠,在疏松、肥沃、排水良好的土壤中生长良好,在偏碱性土壤中也能正常生长。

地肤的植株高0.5~1米,分枝多而紧密,呈球形,有短柔毛。叶互生,为淡绿色,呈披针形或线形,长3~5厘米,全缘,有短柔毛或无毛。花较小,红色或略带褐红色,花期7~9月。果呈扁球形。

地肤生长力很强,耐修剪,多作为边缘植物,也可用来布置花坛或丛植于路边、对植于大门两侧,供观赏。茎可用来做扫帚。种子晒干后可入药。

飞燕草

飞燕草又名"千鸟草""鸽子花",为毛茛科飞燕草属1~2年生草本植物。原产欧洲南部,我国园林中多见栽培。喜通风良好、阳光充足、高温干燥的环境,较耐寒,耐旱,怕积水和雨涝。在深厚、肥沃、富含有机质、排水良好的沙质土壤中生长良好。

飞燕草高可达1米以上,直立,疏被微柔毛。叶数回掌状深裂至全裂,裂片呈线形,基生叶有长柄,茎生叶无柄。总状花序顶生,花直径为2.5厘米左右,萼片5枚,呈粉白、红、紫、蓝等色,花期5~6月。

飞燕草植株挺拔,叶细,花序比较大,花色鲜艳,宜布置花带和花境,可植于水边、林缘,也可供做切花。

种子、叶、茎、根等含有萜类生物碱,其中种子的毒性最大。误食后可引起皮炎,严重的表现为体温下降、步履困难、呼吸变慢、肌肉抽搐,甚至会因呼吸衰竭而死。因此,不宜在中小学、幼儿园、居民小区及儿童活动场所栽植。

翠雀

翠雀又名"大花飞燕草",为毛茛科翠雀花属多年生草本植物。原产于我国和西伯利亚,我国内蒙古、河北及东北地区都有野生。喜阳光充足的环境,耐半阴,耐旱。较耐寒,在我国大部分地区可露地越冬。在富含有机质、排水良好的黏性土壤中生长良好。

翠雀株高0.5~1米，茎直立，全株被柔毛。叶互生，掌状分裂，裂片呈线形。穗状花序或总状花序顶生，萼片5枚，呈花瓣状。花瓣2枚，合生，为深蓝色或浅蓝色，花期5~7月。蓇葖果在9月成熟。

翠雀花形别致，色彩淡雅，花茎细长飘逸，开花时节，犹如蓝色飞燕落满枝头，可丛植形成妙趣横生的景观，还可与其他花草一起装饰花境、花坛，也可用做切花。

醉蝶花

醉蝶花又名"凤蝶草""紫龙须""蜘蛛花""西洋白花菜"，为白花菜科醉蝶花属1年生草本。

原产于南美洲，我国各地均有栽培。喜温暖、阳光充足、通风良好的环境，能耐炎热和干旱，也耐半阴，怕水涝。在肥沃、富含腐殖质、排水良好的沙质土壤中生长良好。

醉蝶花株高可达1米以上，有黏质腺毛，散发强烈的气味。叶掌状裂开，小叶5~7枚，矩圆状披针形，两侧有腺毛，全缘。总状花序顶生，花由下而上，层层开放，花瓣为白色或玫瑰色，倒卵形，有长爪。蒴果呈圆柱形，种子浅褐色。

醉蝶花花瓣具长爪，雄蕊很长，伸出花冠之外，形状似蜘蛛，又如龙须，更似蝴蝶在飞舞，非常有趣。是花境、花坛、盆花的好材料，也可剪下花枝，插瓶水养。它还能吸收空气中的一氧化碳和二氧化碳，对二氧化硫、氯气有较强的抗性。即使是在没有光的情况下，它也能很好地发挥滤污的作用，非常适合工矿区的绿化。醉蝶花可入药，有除湿、祛风、止痛的功效。嫩叶、嫩茎还可食用。

一串红

一串红又名"炮仗红""爆竹红""墙下红""鼠尾草""草象牙红",为唇形科鼠尾草属多年生草本,常作1年生栽培。原产于南美巴西,现世界各国广泛栽培,我国南京、上海栽培较多。喜温暖、阳光充足的环境,不耐寒,有一定的耐阴能力,怕积水。在疏松、肥沃、排水良好的沙质土壤中生长良好,但在碱性土壤中生长不良。

一串红植株高80~90厘米,茎直立,光滑,有四棱。叶对生,呈卵形或卵圆形,长4~8厘米,宽3~7厘米,两面均无毛。总状花序顶生,遍被红色柔毛。2~6朵红色小花轮生,花萼与花瓣同色,呈钟形,花冠唇形,花期7~10月。小坚果呈卵形,平滑。

一串红花序长,花色红艳而热烈,花开时节,宛若一串串红炮仗,因此又被称为"炮仗红",是我国园林中应用最广、最多的红色系草本花卉。可用于布置花坛、花境,也可盆栽或做切花。

一串红的常见变种有以下几种:

一串紫:花萼、花冠均为紫色。

一串白:花萼、花冠均为白色。

三、藤本植物观赏

紫藤

紫藤又名"藤萝""朱藤""勾连盘曲",为蝶形花科紫藤属木质藤本植物。

紫藤原产于我国,现国内外普遍栽培。喜阳光充足的环境,也耐阴,稍耐寒,有一定的抗旱能力。在肥沃、深厚、排水良好的土壤中生长良好。

紫藤的嫩枝呈暗黄绿色,密被柔毛。奇数羽状复叶互生,有小叶7~13枚,呈卵状椭圆形,长5~10厘米,幼时表面和背面均被白色柔毛,后慢慢脱落。花侧生,较大,长达15~35厘米,呈下垂状,花萼、小花梗、总花梗都有浓密的柔毛,4~5月开花,花为紫色或淡紫色,有香味。荚果长10~20厘米,密生银灰色而具有光泽的绒毛。果在9~10月成熟。

紫藤生长迅速、茎蔓缠绕,枝繁叶茂,花大色艳,散发芳香,是棚架、门廊、枯树绿化的理想材料。可用来装饰花架、花廊、凉亭等,如植于台坡、水畔,沿它物攀生,也非常优美,或让其攀缘在枯死的树木上,营造枯木逢春的奇景,还可做盆栽供观赏。

紫藤花加糖烙饼称藤萝饼,是北土特产之一,嫩叶可炒做菜食。茎皮可入药,有驱虫、解毒、止吐泻的功效。

葡萄

葡萄为葡萄科葡萄属落叶木质大藤本。原产于欧洲和亚洲西部,现已成为世界性果树,我国栽培葡萄的历史悠久,已有2000多年,而且分布较广,长江流域及其以北地区栽培较多。葡萄的栽培品种很多,目前我国栽培的品种约500多种,不同品种的生态习性有一定的差异。一般来说,它们均喜温暖、阳光充足、干燥的环境,耐旱、耐寒,能耐一定的低温,但不能低于-10℃。对地势和土壤的适应性强,在平地、丘陵或山地上均可栽培,除盐碱土、重黏土外,在壤土、沙土、轻黏土、沙砾土中均能正常生长,尤其是在土层深厚、排水良好的沙质土壤中生长最好。

葡萄的茎蔓长10~30米,为红褐色,具间断性卷须,与叶对生。单叶互生,呈圆卵形,长7~15厘米,基部心形,背面有短柔毛,边缘有粗锯齿。花为淡黄绿色,具芳香,组成圆锥花序,花期5~6月。浆果呈椭圆形或球形,成串下垂,不同品种的颜色不同,有白色、红色、绿色、褐色、紫色、黑色等,果期7~9月。

葡萄株形优美,翠叶满架,硕果晶莹,是著名的观赏植物。因其具有攀缘的特性,也是一种优良的攀缘绿化树种。我国很多居民都在庭院内种植葡萄,它们既能结出美味的水果,又能美化庭院,还可用作盆栽观赏。

葡萄是我国的主要果树之一,果实除生食外,还可酿酒、制葡萄粉、葡萄汁、葡萄干等。根、茎、叶均可入药。

金银花

金银花又名"金银藤""二色花藤""鸳鸯藤""忍冬",为忍冬科忍冬属常绿或半常绿缠绕藤本。原产于我国,北起辽宁,南到海南岛,东自山东,西到陕西均有分布,朝鲜、日本也有少量分布。喜光,也耐阴,耐寒,耐旱,耐水湿,忌水涝。有农谚"涝死庄稼旱死草,冻死石榴晒伤瓜,不会影响金银花"。其适应性强,对土壤要求不高,沙土、碱性、酸性土壤中均能生长。根系繁密,茎蔓着地即能生根。

金银花藤长可达9米,茎皮条状剥落。枝细长、中空,幼枝为暗红褐色,密被黄褐色糙毛及腺毛。单叶对生,呈卵状长圆形,长3~8厘米,先端短、钝尖,基部圆形或近心形,幼时表面和背面均被毛,后慢慢脱落,全缘。双花单生叶腋,花梗比叶柄长,花初开时为白色,后慢慢转为黄色,有芳香,花期4~6月。浆果为蓝黑色,球形,果期8~10月。

金银花植株轻盈,藤蔓缭绕,冬叶微红,临冬不落,春季开花,黄白相映,秀丽清香,是良好的观赏植物。适宜做花架、花廊、篱垣等的垂直绿化。在假山和岩坡隙缝间点缀,攀绕及顶,蔓条下垂,赏心悦目,雅致至极,也可盆栽观赏。花可入药,有清热解毒的功效。

金银花的栽培变种有以下几种:

红金银花：小枝、嫩叶、叶柄均带紫红色，花冠为淡紫红色。

白金银花：花初开时为纯白色，后转为黄色。

紫脉金银花：叶脉为紫色。

黄脉金银花：叶较小，网脉为黄色。

爬山虎

爬山虎又名"爬墙虎""地锦""红丝草""趴山虎"，为葡萄科爬山虎属大型落叶木质藤本。原产于我国，分布极广，北起吉林，南至广东，均有分布，以辽宁、陕西、湖北、湖南、河北、山东、浙江、广东等省最为常见，日本也有分布。其适应性强，耐干旱、寒冷，不怕强光直射，在一般土壤里都能生长。

爬山虎的枝粗壮，幼枝为紫红色，老枝为灰褐色，枝上有卷须，卷须短而多分枝，须端扩大成吸盘，遇到墙壁、岩石、树木便吸附在上面。单叶互生，一般3裂，或分裂成3小叶，宽卵形或基部心形，长8~18厘米，叶缘有粗锯齿，绿色，表面无毛，背面有白粉，叶脉处有柔毛，秋天变为鲜红色。聚伞花序生于短枝顶端的两叶之间，长4~8厘米，花为黄绿色，花期6~7月。浆果呈球形，成熟时为蓝黑色，被白粉，小鸟喜食，果期9~10月。

爬山虎密布吸盘，可在水泥墙或砖墙上攀附而上，高度可达20米。蔓茎纵横，翠叶遍布如屏，秋季或橙或红，是一种非常优美的攀缘植物，可供观赏，且生长迅速，病虫害少。在枯木墙垣、桥头石壁、庭园入口、庭院墙壁等处均宜配植，尤其是在建筑物墙面上能伸展自如，有降温消暑的功效，并能大大减少噪音的干扰。根、茎可入药，有消肿毒、破瘀血的功效。果实可用来酿酒。

常春藤

常春藤又名"爬墙虎""钻天风""三角风""爬树藤"等,是五加科常春藤属常绿藤本植物。喜温暖湿润的环境,极耐阴,在强光照环境下也能生长。耐干旱、贫瘠,有一定的耐寒力。对土壤的适应性强,在肥沃、湿润的中性、微酸性土壤中生长良好。

常春藤的茎藤长可达30米,茎、枝均有气生根,幼枝有鳞片状柔毛。叶革质,暗绿色,有长柄,三角状卵形,和枫树叶相似,顶端渐尖,有的品种叶子边缘为黄色或白色。伞形花序顶生,花较小,为绿白色或黄白色,微香。果近圆球形,为橙色或红色。

常春藤枝叶稠密,终年常绿,叶色光亮,叶形别具特色,春季红果映衬于绿叶之间,更添美观,可用于建筑物墙面、石柱、假山、坡坎、绿廊、墙垣等处作攀附或垂吊式绿化,也可盆栽观赏。

常春藤,多么美好的名字,预示着春天长驻,寓意永不分离和友谊长青。给老人祝寿送常春藤,祝愿"福如东海,寿比南山";在朋友结婚时赠送常春藤,祝愿新婚幸福,白头偕老;送友人常春藤,祝愿友谊长青。

南蛇藤

南蛇藤又名"落霜红""霜红藤""过山枫""穿山龙""黄果藤",为卫矛科南蛇藤属落叶藤本。原产于我国,东北、华北、华东、西北及云南、贵州、四川、湖南、湖北各地均有分布,朝鲜、日本也有分布。喜温暖、阳光充足的环境,也有一定的耐阴力,对土壤的适应性强,在肥沃、排水良好的土壤中生长极旺盛,蔓茎缠绕其他物体不断向上生长。

南蛇藤植株高3~12米。小枝为暗褐色或灰褐色,呈圆柱形,皮孔较粗大。单叶互生,近圆形或椭圆状倒卵形,长4~10厘米,宽3~7厘米。顶端短尖或钝尖,基部为圆形或楔形,边缘有细钝齿。短聚伞花序腋生,有5~7朵淡黄绿色花,花瓣5枚,呈卵状长椭圆形,花期5~6月。蒴果为橙黄色,球形,长7~8毫米,果期9~10月。

南蛇藤通常做岩壁、墙垣、棚架的攀缘绿化,也可在河溪、池边、湖畔配植,映成倒影,极其别致。剪取成熟的果枝,插入瓶中,用于装饰居室,也很美观。

络石

络石又名"石龙藤""白花藤""万字茉莉",为夹竹桃科络石属常绿攀缘藤本。在我国黄河流域以南的各省均有分布,日本、朝鲜也有分布。喜光,耐半阴,怕水淹,对土壤要求不高,在潮湿、肥沃、疏松、排水良好的中性、酸性土壤中生长旺盛。

络石常攀缘在岩石、墙垣、树木上,有气生根,具乳汁。枝长2~10米,幼枝有绒毛,后慢慢脱落。单叶对生,为深绿色,卵圆形、椭圆形或披针形,长2~6厘米。薄革质,表面光滑,背面有毛。聚伞花序腋生,有花9~15朵,白色,花瓣呈片状螺旋形排列,似"卐"字形,有芳香,花期6~7月。蓇葖长如荚果,为紫黑色。

络石藤蔓攀绕,终年常青,叶色浓绿,花开之际,全株一片白,有"不是茉莉,胜似茉莉"的美称,而且花期很长,5~10月不断有花开,是优美的攀缘植物。在园林中栽植,可将其攀附在枯树、墙壁上,或专门设支架,也可点缀陡壁、山石,或盆栽供观赏。全株入药,可治关节炎、风寒感冒等病症。

络石的栽培变种有以下几种:

小叶络石:叶片较小,呈狭披针形,长4厘米左右。

斑叶络石：叶具浅黄色或白色斑纹，边缘为乳白色。

凌霄

凌霄又名"紫葳""女藏花"，为紫葳科凌霄属落叶大藤本。原产于我国中部、东部地区，各地均有栽培，日本也有分布。喜温暖湿润、阳光充足的环境，稍耐阴，耐水湿，不耐寒。对土壤的适应性强，在中性、微酸性土壤中生长良好。

凌霄的树皮为灰褐色，小枝为紫褐色。茎长达10米，有攀缘的气生根。奇数羽状复叶，对生，小叶7~9枚，卵状披针形，长3~7厘米，边缘疏生锯齿，叶面和叶背均光滑无毛。顶生圆锥花序，由三出聚伞状花序集成。花冠为漏斗状钟形，内面为鲜红色，外面为橙红色，花较大，直径达6厘米。蒴果细长，如豆荚，10月成熟。

凌霄柔条纤蔓，翠叶团扶，花色鲜艳，花期较长，是良好的绿化、美化花木品种，可用于庭院中棚架、花门的绿化，也可用以攀缘枯树、石壁、墙垣。若点缀于假山间隙，繁花艳彩，甚是美观。花、叶均可入药，有破血瘀、泻血热的功效。

铁线莲

铁线莲又名"铁线牡丹""山木通""番莲""金包银"，为毛茛科铁线莲属落叶或半常绿藤本。在我国湖北、湖南、山东、江苏、浙江、广西、广东等省（区）均有分布，欧美及日本多有栽培。喜光，耐寒性较差，在疏松、肥沃、排水良好的石灰质土壤中生长良好。

铁线莲藤长4米左右。茎为紫红色或棕色。二回三出羽状复叶，对生，小叶呈狭卵形或披针形，长2~5厘米。表面为暗绿色，背面疏生短毛，全缘。花

铁线莲

单生于叶腋,无花瓣,花梗细长,萼片6枚,花瓣状,乳白色,直径5~8厘米,花期6~9月。结瘦果。

铁线莲的希腊语意为藤蔓、爬缘的植物,看名字就知道,它的茎可以攀附其他物体,攀缘而上,并且花大而美,花朵又多,人们只要看到它就会忍不住停下脚步来观赏。可用来点缀棚架、院墙、围篱及凉亭等,也可与岩石、假山相配植或做盆栽观赏。种子含油率约为18%,可榨油,为优良的工业用油。根可入药,有利尿、祛瘀、解毒的功效。

铁线莲的栽培变种有以下几种:

蕊瓣铁线莲:雄蕊有部分变为紫色花瓣状。

重瓣铁线莲:花重瓣,雄蕊为绿白色,外轮萼片较长。

旱金莲

旱金莲又名"寒荷""旱荷""旱莲花""金莲花""寒金莲""金钱莲""大红雀",为旱金莲科旱金莲属1年生或多年生攀缘状肉质草本。原产于中、南美洲,我国各地均有栽培。喜阳光充足、温暖湿润的环境,不耐寒,不耐高温,生长的适宜温度为18℃~24℃,在肥沃、排水好的土壤中生长良好。

旱金莲植株光滑无毛。茎直立,肉质,为淡灰绿色,中空。叶互生,呈圆盾形,长约5~10厘米,边缘有波状钝角,形如碗莲,叶柄细长,达10~20厘米,盾状着生于叶片的近中心处,可攀缘。花单生叶腋,花瓣5枚,基部联合成筒状,花色有红、黄、紫、橙、粉红、乳白色和杂色等,花长2~5厘米,花期2~5月。果实成熟时,分裂成3个小核果,果期7~10月。

旱金莲叶片肥厚,叶形别致,花色鲜艳,有橘红、紫红、乳黄等色,盛花时节,犹如群蝶飞舞,一派生机。花期很长,只要条件适宜,可全年开花。一株旱金莲可同时开出几十朵花,一朵花能开8~9天,散发阵阵芳香,深受人们喜爱。可做地被种植,也可植于栅篱旁或庭院棚架悬垂栽培观赏,还可盆栽观赏。

文竹

文竹,顾名思义,文雅之竹,其实它不是竹,只是姿态文雅,枝干有节,很像竹,因此得名。它又称"云竹""云片竹""松山草""芦笋草",为百合科天门冬属多年生常绿藤本植物。原产于非洲,我国南北各地也多有栽培。喜半阴、湿润的环境,不耐干旱,不耐寒,对土壤的要求不高,但以肥沃、疏松、排水良好的沙质土壤为佳。

文竹高30~50厘米。茎柔软丛生,平滑,无棱,为深绿色,分枝极多,呈攀缘状向外生长。我们看到的绿色的叶其实不是它真正的叶,而是叶状枝。文竹的叶已经退化成褐色鳞片;呈刺状,生在叶状枝韵基部。叶状枝为绿色,一般10~13枚成簇,刚毛状,略具三棱,长5毫米左右。花两性,比较小,为自绿色,1~4朵在分枝近顶部腋生,排成总状,具2~4毫米的短梗。浆果呈圆球形,直径6~7毫米,成熟后为紫黑色。

文竹株形优雅,叶状枝秀丽,终年翠绿,观赏价值很高,深受人们的喜爱。陈列于室内或布置室外均有较好的观赏效果。

文竹主要有以下几种变种:

矮文竹：茎直立，丛生，叶状枝细密，较短。

大文竹：生长力强，叶状枝较长。

细叶文竹：叶状枝为淡绿色，有白粉，稍长。

叶子花

叶子花又名"三叶梅""九重葛""三角梅""毛宝巾""三角花"，"勒杜鹃""贺春红""室中花"等，为紫茉莉科叶子花属木质藤本状灌木。原产于南美洲的巴西，现在我国各地均有栽培。喜阳光充足、温暖湿润的环境，不耐寒，越冬温度不得低于3℃。对土壤的适应性强，在肥沃、排水良好的土壤中生长良好。

叶子花的茎长数米，株高1~2米。老枝为褐色，小枝为青绿色，呈拱形下垂，具针状刺，密被绒毛。单叶互生，纸质，绿色，卵形或椭圆形，长5~10厘米，宽4~6厘米，先端圆钝，两面或背面密被绒毛，全缘。叶柄长1~2厘米。花序腋生或顶生，一般3朵花簇生，花为黄色或淡红色，聚生于苞片内，苞片呈椭圆状卵形，酷似叶子，故名"叶子花"。长3~7厘米，宽2~4厘米，鲜红、紫红、橙黄或乳白色。花萼为绿色，密被绒毛，顶端5~6裂，裂片开展。果呈纺锤形，长8~15毫米，具5棱，密被绒毛。

叶子花的主要观赏部位是苞片，苞片开放时，鲜艳如花，热情奔放，深受人们的喜爱。适合种植在花圃、公园等的门前两侧，也可种植在假山、花坛周边，做防护性围篱，在我国南方，多用作围墙的攀缘花卉栽培，北方则多盆栽，置于庭院、门廊和厅堂入口处，璀璨夺目。巴西妇女常将叶子花插在头上做装饰，别具一格。花也可入，有收敛止带、调经活血的功效。

叶子花色彩鲜艳，花形奇异，尤其是在苞片开放时，鲜红色的苞片在绿叶的衬托下，大放异彩，犹如孔雀开屏一样美丽。

四、观赏竹

佛肚竹

佛肚竹又名"佛竹""大肚竹""密节竹""罗汉竹""葫芦竹",为禾本科莉竹属灌木状竹。原产于广东,现我国各地均有栽培。喜温暖湿润、阳光充足的环境,不耐干旱,怕水涝,怕烈日暴晒。不耐寒,越冬温度在10℃以上,否则容易受冻。在疏松、肥沃、排水良好的沙质土壤中生长良好。

佛肚竹丛生,无刺。秆无毛,幼秆为深绿色,略被白粉,老时变为浅黄色。正常秆呈圆筒形,畸形秆节密,节间较正常秆短,膨大呈瓶状。箨叶呈卵状披针形,初为深绿色,后变为橘红色,干时草黄色。箨舌很短,仅长3~5毫米。叶片呈卵状披针形,长12—20厘米,叶面和叶背均为绿色,表面光滑,背面有柔毛。

佛肚竹枝叶丛生,终年常绿,节间膨大,状如佛肚,奇异可观,在广东、香港等地可露地栽培。其他地区可盆栽观赏。盆栽时一定要用大盆,以椭圆形或长方形为佳,这样能给竹鞭提供较大的营养面积,有利于其水平横向生长。如果再往盆中放些小块湖石或石笋石,会更加秀美。

紫竹

紫竹又名"乌竹""黑竹",为禾本科刚竹属散生竹类。在我国陕西,湖北、湖南、江苏、浙江、安徽、福建等省均有分布，北京的紫竹院也有栽培。紫竹适应性强，较耐寒，可耐-20℃的低温，但忌积水。对土壤的适应性强，在疏松、肥沃的微酸性土壤中生长良好。

紫竹的秆散生，高4~10米，直径2~5厘米。幼秆为绿色，密被细柔毛及白粉，箨环有毛。一年生以后的秆逐渐出现棕紫色斑，最后全变为紫黑色，无毛。中部节间长约30厘米。箨环与秆环均隆起，且秆环高于箨环或两环一样高。箨耳发达，呈长圆形至镰形，紫黑色，边缘生有紫黑色、弯曲的长肩毛。箨舌为紫色，拱形至尖拱形，边缘有长纤毛。箨叶为绿色，脉为紫色，三角形或三角状披针形，舟状隆起，初微皱，后呈波状。每小枝有叶2~3片，叶鞘初被粗毛。叶片呈披针形，长5~10厘米，宽约1.5厘米，下面基部有细毛。笋期在4月，呈浓红褐色或带绿色。

紫竹秆紫叶绿，别具特色，是著名的观赏竹类，在园林中广泛栽培。竹材坚韧，可制小型家具、伞柄、手杖、笛、箫及各种工艺品等。

斑竹

斑竹又名"泪竹""湘妃竹"，为禾本科刚竹属散生竹类。在我国湖南、浙江、河南、江西等省均有分布。斑竹的适应性较强，在肥沃、排水好的酸性沙质土壤中生长良好。

斑竹为中小型竹。秆高7~20米，直径5~15厘米。幼秆无毛，具淡紫色或紫褐色斑点。节间长达40厘米，壁厚5毫米左右。秆环略高于箨环，均隆起。箨鞘背面为黄褐色，有时带有紫色或绿色，有较密的紫褐色斑块及斑点，疏生淡褐色直立刺毛。箨耳较小，为紫褐色，呈镜状，有长而弯曲的𦆬毛。箨舌为淡褐色或带绿色，拱形，边缘有纤毛。箨片呈带状，中间为绿色，两侧为紫色，边缘为黄色。叶舌呈拱形或截形。每小枝有叶2~4片，叶片呈带状披针形，长5~15

厘米,宽 1.2~2.5 厘米。笋期在 5~6 月。

斑竹秆粗大,具淡褐色或紫褐色斑点,多栽培供观赏。竹材坚硬,为优良用材竹种。

关于湘妃竹还有这样一个传说:在湖南九嶷山上住着九条恶龙,它们经常到湘江戏水,以致洪水冲毁庄稼,冲塌房屋。舜帝得知消息后,决定前往湘江为民除害,惩治恶龙。可是他这一去便杳无音信,他的两个妃子——娥皇和女英非常担心,便跋山涉水赶往湘江寻找丈夫。到了湘江,当地的百姓告诉她们舜帝除掉了恶龙,但因劳累过度病死在了这里。她们听后悲痛万分,抱头痛哭,眼泪洒在竹子上,绿色的竹秆上便呈现出了点点泪斑。

孝顺竹

孝顺竹又名"慈孝竹""凤凰竹""蓬莱竹",为禾本科刺竹属丛生竹类。我国长江流域以南各省区均有分布,美国、日本也有栽培。孝顺竹喜温暖湿润、阳光充足的环境,不耐寒。在深厚、肥沃、排水良好的土壤中生长最好。

孝顺竹秆高 4~8 米,直径 1~4 厘米。节间呈圆柱形,长 20~50 厘米,幼时被白粉及棕色小刺毛,后慢慢脱落,绿色,老时转为黄色。箨耳微小,边缘有遂毛,箨舌边缘呈不规则的短齿裂,箨片狭三角形,背面有暗棕色小刺毛。叶鞘无毛,叶耳呈肾形,边缘有细长遂毛,叶舌圆拱形。每小枝有叶 5~10 片,叶片呈线形,长 5~15 厘米,宽 5~20 毫米,叶面为深绿色,无毛,叶背为粉绿色,密被短柔毛。

孝顺竹形态优美,枝小叶细,四季青翠,多种植在围墙边缘或道路两侧做绿篱,也丛植在庭院以供观赏。若种植在假山旁边作点缀,更富情趣。秆材可劈篾编织,也是良好的造纸原料,叶还可供药用。

刚竹

刚竹又名"胖竹""光竹""榉竹""台竹""柄竹",为禾本科刚竹属竹类。在我国黄河流域至长江流域各地均有分布。刚竹抗性强,较耐寒,能耐-18℃的低温。在酸性土中生长良好,在 ph 值为 8.5 左右的碱土和含盐 0.1% 的土壤中也能生长。

刚竹秆高 10~15 米,直径 5~10 厘米,为淡绿色,中部节间长 20~40 厘米。新秆无毛,略被白粉,老秆节下有白粉环。秆环平,箨环微突起,秆箨底色为淡褐色或黄色,密布紫褐色或褐色的斑点及斑块,具绿色条纹,微有白粉。箨舌近平截或微呈弧形,长约 2 毫米,绿色,有细纤毛。箨叶呈带状披针形,外面绿色,有橘红色边带。每小枝有叶 2~6 片,呈带状披针形或披针形,长 5~15 厘米,宽 2 厘米左右,翠绿色,冬季变为黄色,笋期 5 月。

刚竹秆高,叶翠,秀丽挺拔,终年常青,多栽植于宅旁屋后、草坪一角、水池边,既美观又得体,也可在风景区种植绿化、美化。与梅、松一起种植,可形成"岁寒三友"之景。竹材坚硬,可供小型建筑、船帆横档及农具柄材使用。

刚竹有以下几种常见的栽培变种:

黄皮刚竹:新秆底色为绿色,有深绿色纵条,节下有深绿色环节。叶片绿色,常有乳脂色条纹,因此又被称为"黄皮绿筋竹"。

碧玉间黄金竹:秆为绿色,着生分枝一侧的纵槽为淡黄绿色,因此又被称为"绿皮黄筋竹",为著名的庭园观赏竹。

淡竹

淡竹又名"粉绿竹""毛金竹""红淡竹""花斑竹",为禾本科刚竹属中型竹。原产于我国，长江、黄河中下游各地均有分布，以山东、河南、江苏、浙江、安徽等省分布较多。淡竹适应性较强，较耐寒，能耐-18℃的低温，有一定的抗旱性，能耐暂时的流水浸渍，即使在轻度盐碱土中也能正常生长。

淡竹秆高5~15米，直径2~5厘米。新秆密被白粉，为蓝绿色，老秆为黄绿色或绿色，仅节下有白粉环。竿环和箨环均突起，箨鞘呈淡绿或淡红褐色，无毛，有紫色条纹及淡红褐色斑点，无箨耳。箨舌截平，紫色，有短纤毛。箨叶为绿色，有紫色细条纹，呈带状披针形。每小枝有叶2~3片，叶片呈披针形，长8~16厘米。叶舌为紫褐色或紫色，笋期在4~5月。

淡竹姿态优美，竹笋光洁，可大面积种植以绿化环境，在农村，人们多将其成片栽植于宅旁，除了观赏外，淡竹还有很多用途：竹笋味道鲜美，可供食用；竹竿材质优良，韧性强，篾性好，可用来编织各种竹器。

青皮竹

青皮竹又名"山青竹""小青竹""地青竹""篾竹""黄竹""广宁竹"等，为禾本科竹亚科刺竹属丛生竹类。原产于广西、广东，现华中、华东、西南各地均有引种栽培。常栽培于低海拔地的河边、村落附近。喜温暖湿润的气候，在疏松、肥沃的土壤中生长良好。

青皮竹秆高8~12米，直径3~5厘米，尾梢下垂，下部挺直。节间长30~60厘米，绿色，幼时密生向上的淡棕色刺毛，并被白粉。节处平坦、无毛。竹壁较薄，仅3~5毫米。箨鞘革质，坚硬光亮，背面近基部贴生暗棕色易落刺毛，先端稍向外缘倾斜，呈不对称的宽拱形。箨耳较小，高2毫米左右，呈长椭圆形，边缘具锯齿且有纤毛。大耳呈狭长圆形，略向下倾斜，小耳呈长圆形，不倾斜，比大耳小，约为大耳的一半。箨舌略成弧形，边缘齿裂，或有条裂，被短纤毛。箨片直立，呈卵状狭三角形，腹面粗糙，背面无毛。分枝较高，密集丛生达10~12

枚。每小枝上有叶8~12枚，叶片呈线状披针形至狭披针形，长10~25厘米，宽1~3厘米。叶面无毛，叶背密生短柔毛，笋期为5~9月，花期为2~9月，种子形状似麦粒。

青皮竹植株高直，刚劲挺拔，枝稠叶茂，青翠秀丽，公园、庭院、房前屋后均可成片种植，是优良的观赏竹种。竹材通直，竹节平滑，材质柔软、坚韧，篾性好，是理想的编织用材，可用来编制各种竹器、竹笠、竹缆和工艺品等，也可加工成竹筷、香骨和牙签等。笋可食用，味道鲜美，肉质脆嫩。

五、花卉的栽培养护

栽培养护常识

1.自制花肥

我们知道，养花肯定离不开花肥，但是花肥的选择却有一些讲究。这要根据花的需要来进行选择。但是市场上的花肥不一定都适合，所以我们可以自己动手来制花肥。

其实，在日常生活中，有很多废弃物都可以被人们用来制作栽培花卉所用的肥料。比如浸泡液肥、废物堆肥等。浸泡液肥是指用小缸（或小坛）将废菜叶、瓜果皮、鸡和鱼的内脏、鱼鳞、废骨、蛋壳及霉变的食物（如花生、瓜子、豆子、豆粉）等放入里面，加水并撒少许敌百虫（一种杀菌药，后盖严，经过高温发酵腐熟后即可使用）。使用时取其上部清液加水稀释后才能施用。此外，还可将上述废弃物掺些旧培养土，加些水，装入大塑料袋中，扎紧放置一段时间，发酵后再使用。

废物堆肥是指在适当的地点挖一个深60~80厘米的土坑,垫10厘米炉灰末,将烂菜叶、禽畜内脏、鱼鳞、鸡鸭粪、蛋壳、肉类废弃物以及碎骨等物,放入坑内,洒一些杀虫剂,上面盖一层约10厘米厚的园土,坑内保持湿润,以促进肥料腐熟。自制废物堆肥时,最好在秋、冬季堆制,经春季升温腐熟无恶臭气体时,即可掺入培养土中做基肥;也可用4毫米筛子趁湿过筛搓成团粒,比较细的做追肥,粗的做基肥。

自制肥料不仅营养丰富并且具有环保的作用,所以是家庭养花的首选肥料。它不仅能满足花卉的营养需求而且也不会造成资源浪费。因此,目前花卉爱好者差不多都选择这种做法给花施肥。

2.家庭无土栽花

有一些家庭是在高楼大厦里,他们想养花但又害怕花土会被风吹入室内。为了满足这些人的需求,花卉界就研究出了用无土培养花卉的方法。用无土栽花,具有生长快,品质好,清洁卫生,病虫害少,节省肥料,节约用水,劳动强度小,省工省时等诸多优点。但是,一定要掌握好家庭无土栽花技术才行,无土栽培需要注意如下事项:

一是科学栽植。家庭无土盆栽可选用塑料盆、素烧盆等普通花盆栽时先将各种基质按一定比例混合或单独装入盆内,再将长出3~5片叶子的幼苗栽植在盆中央:栽前先把带土的根系放在清水中,轻轻地将根泥洗净,再把根部放入比正常浓度营养液稀5~10倍的液中浸泡10分钟,让其充分吸收水分;栽好后上面盖一层石英沙子或小石子,使植株固定,并立即从容器四周浇入0.5倍的营养液,直到盆底排水孔有营养液流出为止。

二是合理安排营养。栽后应每隔1~3天浇一次水,7~10天浇一次稀营养液;浇营养液的次数及多少,根据花卉种类、植株大小、不同生育阶段、季节以及放置地点等而定。生长期间大苗7~15天浇一次营养液,小苗15~20天浇一次,休眠期约一个月浇一次:内径为20厘米左右的花盆如果栽的是阳性花卉,每次浇约100毫升营养液,阴性花卉应酌量减少;如果使用的是长效花肥,其用量要参考产品说明书的规定:浇营养液时宁可少些,不可过多,若施用过多,常易造成焦叶;一般每月彻底更换一次营养液,并洗净盛营养液的容器:平时容器内装营养液的数量约为容器深度的2/3为好:若装得太多,使根系全部泡在营养液中,容易因缺氧而引起烂根。

三是注意浇水。无土养花,还要根据不同种类花卉对水分的需求量及时浇水。为了避免营养液流失,最好选用不漏水的容器。较适合家庭使用的容器由两部分组成,上面为一个装有基质的花盆(底部多孔),将花栽入其中,下面安装一个不漏水的装营养液的容器;使用这种容器栽植时,植株根系伸入营养液前,需适当多浇些水,每5~7天浇少量稀营养液,待根系伸入营养液后即正常管理。

3.花木春季枯死的原因及预防

我们知道,春天的花木应充满生机和活力,但有的盆花和树桩发出几片嫩叶后就开始枯萎,甚至死亡。这到底是为什么呢?经过专家的研究,主要有以下几点原因:

(1)浇水过多

浇水过多会使盆土中的水分长期处于饱和状态,此时,植株的根系就会缺少氧气的供给,因呼吸不良而腐烂或霉变,最终导致死亡。

(2)施肥过量

施肥过量或施肥浓度过高,均易引起烧根、导致植株枯萎死亡。特别是新换盆的植株,它的根系吸收能力比较弱,消耗的主要是自身体内的养料和水分,此时施肥过多最易烧坏它们的嫩根。

(3)出棚过早

春季的天气忽冷忽热,温差较大,如果过早地将花木搬出棚外,花木无法适应外部快速变化的天气状况,就容易引起死亡。另外,刚栽入盆中的花木,在刚长出新叶时就拿到阳光下照射,会加快其蒸腾作用,造成植株因失水过多而死亡。

(4)供水不足

如果花木的盆土长期处于干旱状态,花木吸收不到足够的水分,就会发生缺水现象。并且春季气温回升较快、风大、水分蒸发快,这就很容易造成花木水分供求不平衡,最终导致死亡。

(5)酸碱度不当

我们知道,植物的生物学特性各不相同,有的喜酸性土壤,有的喜碱性土壤。如果将喜酸性土壤的植物(如茶花、杜鹃)种于碱性土壤中,植物无法生存,自然会死亡,反之亦然。

(6)病虫危害

春天是万物复苏的季节,在花木成长的同时一些危害花木的小虫子也慢慢活跃起来。能够造成花木枝叶枯萎甚至植株死亡的主要虫害有介壳虫、蚜虫、金龟子和天牛等,它们有的吸取植物组织内的汁液,有的危害花木根部,有的蛀入木质部。造成花木死亡的病害有白粉病、白绢病和立枯病等。

以上是能够引起花木枯死的原因,但是要如何去预防这些现象的发生呢?结合现实生活,我们列举了以下几个方面的预防措施:

①适量浇水。对于一般花木来说,浇水的原则是:不干不浇,浇则浇透。在花木培育过程中,浇水过量的初步症状是:幼叶变为淡黄色,老叶变化不大或颜色变暗。当出现这种症状后要适当减少处于干旱状态的植株,要加大浇水量,有时可将整盆花木放入装满水的桶中,让其浸一段时间,使盆土浸透。同时向花木叶面喷水,确保水分供求平衡。轻度干旱的症状表现为:先是老叶发黄,并逐渐向新叶发展。

②合理施肥。盆花的施肥原则是:薄肥勤施,即每次施肥的量要少,施肥的次数要多。为了满足花木对养分的需求,必要时可配制0.5%的尿素液肥或0.25%的磷酸二氢钾液肥进行叶面施肥。施肥过量或施肥浓度过高,均会引起肥害。轻度肥害的症状表现为:老叶逐渐枯黄脱落,新叶则肥厚有光泽。

③及时出棚。所有的花木都不要过早搬出棚外,应待天气状况稳定后再搬出。特别是对新上盆的花木更不要过早搬出棚外放在太阳光下照射,而要放在棚内或阴凉通风处养护一段时间(一般要到4月中旬以后),待其生长稳定后,方可逐步移到太阳光下。

④盆土配制。在盆土配制过程中,既要考虑其肥力状况,更要考虑它的酸碱度,看它是否符合所种花木的生物学特性。如果酸碱度不符合要求,要尽快按要求配制新土。

4.花卉病虫害的识别

在日常生活中,我们见到的花数不胜数,然而健康的花却并不多,那么花为什么会不健康呢?人们往往不按病理去给花治病,结果是越治越差劲。其实,花卉病害,一般可分为生理病害和寄生性病害两类。

生理病害,主要是由于气候和土壤等条件不适宜引起的。常发生的生理病害有:夏季强光照射引起灼伤;冬季低温造成冻害;水分过多导致烂根;水分不足引起叶片焦边、萎蔫;土壤中缺乏某些营养元素,出现缺素症等等。

寄生性生病害是由于真菌、细菌、病毒、线虫等侵染花卉引起的。这些生物形态各异,但大多具有寄生力和致病力,并具有较强的繁殖力,能从感病植株通过各种途径(气孔、伤口、昆虫、风、雨等)传播到健康植株上去,在适宜的环境条件下生长、发育、繁殖、传播,周而复始,逐步扩大蔓延。因此,这类病害对花卉造成的危害最大。

真菌是没有叶绿素而具有真核的低等生物。它以菌丝体为营养体,以孢子进行繁殖,是花卉病害中最主要的一类。真菌病害多数具有明显的病征,如霉状物、粉状物、锈状物、点状物、丝状物等,这些特征是识别真菌病害的主要依据之一。常见的真菌性病害有白粉病、炭疽病等。

细菌是一类单细胞的原核生物,用分裂方式繁殖。细菌病害的特征主要是受害组织呈水渍状或病斑透光,以及在潮湿条件下从发病部位向外溢出细菌黏液,出现"溢脓"现象,这是识别细菌病害的主要依据之一。常见的细菌性病害有鸢尾细菌性软腐病等。

病毒是一种极其微小的寄生生物。必须用电子显微镜才能观察到它的形态。它寄生于花卉活细胞组织内，并能随着寄主汁液流动在花卉体内运转扩散到全株，引起全株病害。病毒病常呈现花叶黄化、畸形，有水仙病病毒等。

线虫属于低等动物。线虫体形细长，两端稍尖，体长一般为1~2毫米，好似一条蛔虫。少数线虫的雌成虫呈球形或梨形。多存活于土中，寄生在花卉根部，刺激寄主局部细胞增殖，形成瘤状物。常见的线虫病害有仙客来根结线虫病等。

在了解花卉病虫害的原理后，就可以根据不同的症状去识别不同的致病原因，然后对症下药，做到有的放矢，让你养的花更健康更美丽。

5.不宜过多浇水的花卉

夏季天气比较干旱，有些花卉一到中午就会出现缺水的症状，所以这时人们就会给它们进行施水。其实这种做法是极端错误的，因为中午是植物蒸腾作用最强的时候，如果此时给花卉浇水会导致它们失去更多的水分，并且有些花卉并不是浇水越多越好。比如：仙人掌类、多浆类花草都是耐旱怕涝的，像仙人球、仙人掌、芦荟、令箭荷花、落地生根等等，若盆土久湿或被雨淋，最容易引起叶腐、根烂等情况。

另外，肉质根类、球根类花卉，如兰花、牡丹、芍药、君子兰、大丽花、大岩桐、吉祥草、仙客来、鹤望兰等，也会因涝而死。还有一些木本花卉也很怕涝灾，如梅花、寿桃、桂花、杜鹃、蜡梅、含笑、三角梅、南洋杉、巴西木、金边瑞香和海棠类等等。如被水浸3~5天，即会生命垂危，难以挽救。一些习性喜湿的花卉也怕水涝，如菊花、茉莉、米兰、文竹等，因盆土过湿或久被雨淋，根部会窒息而亡。

所以，并不是给花卉浇的水越多越好。对那些怕涝的花卉有没有预防措施呢？答案是肯定的，一般而言对于不耐涝的花卉要注意以下几方面：

①怕涝的地栽花木应选好地势，宜栽于干燥而又高的地方，千万不可植于低洼地。

②对有致涝危险的地栽花木,雨季到来之前应挖好排水沟,植株根部要培土加高,名贵的花树在培土后最好再用塑料布围起来。

③梅雨期间应把盆花及早搬至避雨处。如盆花数量大,来不及挪动,也要就地扳倒,以防积水。

④盆栽花木事先应凿大盆底排水孔,孔上用一片窗纱盖住后,加一层较大的砖块、炭渣或木炭块,使多余的水随时排出。地栽畏涝花木栽植之前,也应挖深树坑,坑底铺一层较厚的砂砾或炭渣,这样做有利于渗水。

⑤对畏涝花木浇水,一定要掌握见干见湿的原则,尽量用多喷少灌的方法浇水。浇时既要防止"拦腰水",又要防止盆内积水。

⑥对已受涝灾的花木,应及时把湿土坨磕出,剔除湿泥,将植株放在阴凉通风处,适当向枝叶喷水,待植株恢复活力后,重新换土上盆。

6.夏季注意盆花浇水

夏季气温高、光照强,盆花水分的蒸腾速度也随之加快,很容易造成盆土干旱。所以,对于盆花而言,夏季浇水十分重要。

夏季中午盆土的温度较高,根系吸水较快。如果在此时浇冷水,会使盆土温度骤降,影响植株根系的正常机能。使根系吸水发生困难,破坏植株水分代谢的平衡,导致植株出现萎蔫,影响生长。所以夏季给盆花浇水最好在早晨或傍晚。

夏季盆花的呼吸作用旺盛,要求盆土通气性良好。浇水过多,会造成盆土透气不良,影响根系的正常生理活动,严重时还会导致烂根。所以盆土不干时一般不要浇水,干旱时浇水就要浇透,切不可只浇至花盆半腰。夏季花盆土往往因过干而出现龟裂,所以浇水不能一次了事。否则水会从土缝中直漏盆底,而大部分盆土仍很干燥,翌日植株仍会缺水萎蔫。一般第一次浇水后要稍等片刻,待土壤裂缝闭合后再浇一次。在盆花出现萎蔫时,其细胞因失水而干缩,立即浇水会使细胞壁很快吸水向外膨胀。而细胞原生质吸水较慢,不能相应增大,会因受到拉力而被撕破。大量细胞原生质被破坏对植株影响很大,甚至会造成死亡。比较合理的做法是:先将萎蔫的盆花移至避风阴凉处,向叶面及盆土喷少量水,待植株有所恢复后再浇透水。

7.盆景中"杂草"的妙用

盆景通常以土壤为介质栽种盆景花木。但是,在盆土里,随着季节不同会长出各种各样的杂草。这些杂草既消耗盆土里的有限营养,又影响盆景植物的通风和采光,还影响盆景作品的整体观赏效果。所以"除草"便成为盆景养护和管理过程中重要的、日常性的工作。

其实,事物都是一分为二的。盆景中的杂草也有它的妙用。我们弄清了盆景杂草对盆景养护的有利方面,就能做到"科学除草"。

(1)盆草是"干湿计"。适当留几株杂草,可以观察盆土的干湿状况,为我们日常浇水提供参考。喜湿盆景植物,盆草略蔫就需要浇水;需要略干或控水的盆景植物,盆草全蔫再浇水。而杂草的生命力一般比较顽强,见水即可复活。

(2)盆草是"肥力计"。适当留几株杂草,可以观察盆土的肥力状况,为我们日常施肥提供参考。一般杂草的根系比较发达,对盆土的肥力状况反映比较敏捷,"草旺则肥足,草弱则肥缺"。但我们还要区别不同情况:对于养坯阶段的树木要促其增大增粗,就要勤施肥,保证充足的肥力;对于已经成型需要控制的树木,就要少施肥或不施肥。

(3)盆草是"疏松计"。从清除杂草的角度来看,因为杂草的根系比较发达,经常拔除杂草,可以疏松盆土,提高盆土的通透性,以利于盆景植物生长。

从保留少数杂草的角度来看,我们可以拔起一株杂草,来观察盆土的板结状况,为我们日常换盆换土提供参考。一般来说,一棵草可以连根拔起,并且能够带起周围的土壤,说明盆土是疏松的;如果一棵草很难连根拔起,或者只能拔断根部以上部分叶苗,说明盆土是板结的,就需要换土。

(4)盆草可以反映光照、通风等环境生长条件。适当留几株杂草,可以观察盆景的环境生长条件,为我们改善条件或更改养护地点提供参考。一般来说,每种杂草都有其固有的生长特性,一旦它的固有特性被改变,就说明"此地环境不宜",就需要改善条件或更改养护地点。

（5）盆草可以"保护水土"。盆景里的土壤是有限的,而有限的土壤又是容易干燥的。适当地保留部分小巧、低矮、美观的盆草,既可以保水保湿,又可以固沙护土,同时也能起到盆景苔藓的作用。

（6）盆草可以预防"烂根病"。实际上,盆景植物的烂根同农作物的烂根原理是一样的。主要发生在夏季高温高湿、连续阴晴交替的气候条件下。由于植物根部地下部分湿度过大,土壤透气性差,植物根部呼吸困难;地表土被大雨砸得非常板结,缝隙被泥浆灌满,地表上下之间的空气很难互通;剧烈的阳光照射,使地面湿土中的水分迅速变成水汽向上升腾,形成上升气流,而根部的氧气供不应求,使树根窒息而死。在盆土里适当保留几株杂草,如果遇到上述恶劣天气,选择大雨突晴的时机,在盆内不同部位拔出2~3株小草,就可大大降低烂根病的发生,而且效率很高。

（7）盆草可以提高盆景的观赏价值。自然美是盆景作品艺术美的重要内容。盆景中有意保留部分杂草,并配合其他要素如山石、亭桥、溪流、苔藓及其他辅助植物等,安排得当,可以大大提高盆景作品的自然气息,而且还可以使作品的意境更加逼真。

因此,我们在盆景的日常养护和管理中,要有目的、有意识地保留一部分有利用价值的杂草,来提高我们的管理效能。

常见花卉养护

白兰花

适合土壤：肥沃、排水性好的微酸性砂质土壤

生长高度：300~400cm

白兰花

观赏特性：叶色黄嫩、姿态挺拔、花形优雅、气味芳香，是南方女孩钟爱的夏季小饰品

摆放位置：南方一般露地栽培，北方常见盆栽。可布置于庭院、厅堂、会议室等处

栽培与养护

温度：生长适温为25~35℃，冬季室温保持在10~12℃为佳，最低适应温度为5℃，适应低温的能力不强。

光照：在光照充足的条件下能长得很快，若光线不足，有可能不开花。夏季无须太多光照，但也不宜久放于庇荫处，否则会出现只长叶不开花的现象。霜降后必须放入室内养护。

水分和湿度：水分过多会使其生长过快而影响株形，叶片微微软垂时最适宜浇水。肉质根系，因此对水量反应灵敏，怕积水又不耐干。生长期生长迅速，要充分浇水，入冬后应停止浇水。

修剪：四季均可修剪，剪去太长和太密的枝叶，以保持植株造型美观。

施肥：讲究薄肥勤施，以施放饼肥为主。如果长期不施肥就会发生叶片变黄、脱落的情况。可在春季时施通用的综合型普通肥料1次，若希望植株长得快，则可以在夏、秋季节各施放1次。南方很多老人把鸡粪当作有机肥施用，因为鸡粪中富含氮元素，能促进叶片生长。

注意事项

白兰花最忌烟气、台风和积水,呵护越细致,花叶越繁茂。白兰花如果出现不长高或者长速缓慢的情况,原因可能是土壤排水性不好,或者是土壤偏碱性。盆栽白兰花适宜种植在腐殖土中,并可以在种植盆底部铺上小颗粒碎瓦片或者两层陶粒,这样可以促进植株根部顺利生长。

栀子花

适合土壤:疏松、肥沃、轻黏性酸性土壤

生长高度:10~200cm

观赏特性:花朵分为单瓣和重瓣两种,单瓣花形类似风车,重瓣花形则像月季,花色雪白、花瓣稍厚、花香浓郁、日夜飘香

摆放位置:可摆放于窗台、书房、书架、办公桌等处

栽培与养护

温度:喜温暖,生长适温为15~25℃,一般情况下在寒露前后移入室内,并放置于屋内向阳处。

光照:喜阳光,适合全日照,光照充足时长势良好。略具耐阴性,不能在正午时将其一直放置于强光之下,夏季应该将其摆放在光线好的阴凉处。

水分和湿度:生长期需较多的水分,尤其春季新枝萌发与夏季花苞发育时必须保证水分充足,但不能过湿,盆土发白时再浇水,否则易长出青苔,影响枝叶正常生长。夏季要将花盆置于阴凉处,并经常向植株及其四周喷水,增加空气湿度。

修剪:一般在生长旺盛期快要结束前进行修剪,修剪去除顶梢,以促进之后的分枝萌发,保持株形的圆满美观。

施肥:喜肥,以多施薄肥为宜。生长旺盛期可施沤熟的豆饼、麻酱渣等肥料,能促进枝叶繁茂,使叶色浓绿光亮。入夏后,气温升高,生长渐旺盛,可每周施放液肥1次,也可以0.2%的硫酸亚铁水或者矾肥水交替施放,对植株的生长

和花朵的繁茂非常有利。

注意事项

栀子花容易黄叶,治愈之后还是经常会出现黄叶的情况。这主要是由于土壤呈碱性或缺铁而造成的,缺铁的表现是栀子花幼嫩叶片的叶脉间会发黄,严重缺铁时整个植株的叶片都发黄,甚至会出现焦叶或枝条枯萎的情况,最后造成植株死亡。在5~9月生长期发生黄叶病,可在肥液中加入0.1%硫酸亚铁或0.5%硫酸铵,每月施用1~2次,收效甚好。

茉莉花

适合土壤:富含腐殖质的微酸性砂质土壤

生长高度:50~200cm

观赏特性:叶片葱绿,花色洁白,清香宜人,花枝柔美

摆放位置:可点缀于窗台、书房、书架、办公桌等处,还可栽植于花坛、园路边缘处

栽培与养护

温度:喜热畏寒,生长适温为15~25℃,一般情况南方地区可以在室外过冬,北方地区需要在秋末冬初时移入室内,将其放置于室内向阳的地方,开春温暖后可以移至室外。

光照:喜充足光照,不耐阴。光线充足则植株生长健壮、叶色浓绿、花多叶茂、花蕾丰满、花香馥郁,光照不足则枝节稀落、花蕾纤弱。

水分和湿度:不耐干旱又忌积水。盛夏季每天要早、晚浇水,若空气干燥,应向植株及其四周补充喷水。要注意避免在正午时浇水;雨季要及时倒出种植盆内的积水;冬季休眠期,要控制浇水量,若土壤过湿会引起烂根或落叶。

修剪:分枝性强、耐修剪。春季换盆后需要进行摘心整形,花期过后要及时摘除残花,修剪顶枝,令新花蕾和花芽萌发。修剪枝干时,保留基部10~15cm。促发的新梢在10cm左右时,可以进行摘心处理,有利于2次发梢和开花。

施肥：喜肥，花期需多施肥。平时每周浇 1∶10 的矾肥水 1 次。第 1 次开花后，宜用豆饼作追肥，并施于表土中。开花时施适量骨粉、磷肥，可使花香浓郁。在开花旺盛期，可每 4 天施肥 1 次，一般上午浇水，傍晚浇肥，有利于其根部吸收。浇肥不宜过浓，否则会导致烂根。

注意事项

为使盆栽茉莉花株形丰满、美观，花谢后应立即剪去残败花枝，以促使基部萌发新枝，控制植株高度。在春节发芽前可将去年生枝条适当剪短，保留基部 10~15cm，如果新枝生长旺盛，应在生长至 10cm 时摘心，促发二次发梢和开花，提高观赏价值。另外，修剪应在天气晴好时进行。

盆栽茉莉花叶片发黄的原因有大致三种：（1）浇水过量、盆土不透气，应该马上减少水量，让其多见阳光，并改善土质。（2）土壤碱性过强，可在生长期间施用稀薄硫酸亚铁水溶液。（3）养分不足，长期没有换盆土或施肥，造成养料供不应求，可施用稀释液肥逐渐缓解。

米兰

适合土壤：腐叶土或疏松肥沃、排水好的中性土

生长高度：50~200cm

观赏特性：花小、花期长、嫩黄色，开花时像整株树挂满小珍珠，香气袭人、沁人心脾

摆放位置：常栽植于绿地、公园、庭院及校园等处，盆栽常用于装点阳台和居室

栽培与养护

温度：生长适温为 20~25℃，不耐寒，冬季当最低气温降至 5℃左右时，可将米兰移入温度为 5~10℃的室内越冬。米兰在低于 5℃的环境中易遭受冻害。米兰对温度十分敏感，当气温达到 16℃时，植株抽生新枝，气温升至 25℃时，植株生长旺盛。

光照：适合全日照，属于阳性树种，可置于阳光充足、空气流通处，除盛夏中午需要为米兰遮阴以外，应使米兰多见阳光。如果阳光不足，米兰的枝条容易徒长，花香还会逐渐变淡，甚至不香。

水分和湿度：怕干旱，耐半阴，忌积水。夏季气温高时，除每天浇水1~2次以外，还要经常向植株及其四周喷水，提高空气湿度；冬季减少浇水次数，每两天浇水1次。浇水频率还可参照叶片状态，如果叶片失去光泽或者软化时就应该补水。

修剪：米兰天生整齐，树形也非常美丽，不需过多修剪。

施肥：由于米兰1年内开花次数较多，所以每开过1次花之后都应及时追施充分腐熟的稀薄液肥2~3次，这样才能使其开花不绝、香气浓郁。

注意事项

米兰能吸收空气中的二氧化硫和氯气。据检测1000g米兰叶片可吸收4.8mg氯气，同时米兰花朵能释放具有杀菌效果挥发油，能有效净化空气。米兰是酸性植物，较不适应北方的碱性土壤，可用稀释150~200倍的家用的米醋溶液喷洒叶面，除了可以增加叶片的光泽度外，对病虫害也有较好的抑制作用。

荷花

适合土壤：肥沃的河泥

生长高度：50~150cm

观赏特性：花和叶形态都很美，花色有白色、粉色、深红色、淡紫色

摆放位置：盆栽荷花可置于装饰阳台、卧室、书房等处，落地栽种则适合片植于公园湖区内

栽培与养护

温度：喜温暖，生长适温为15~25℃，冬季入室越冬，白天室温要求10~15℃。

光照：全日照植物，生长期尤其需要充足的光照。花期时可置于室内光亮

处欣赏,日照不足就难以开花。夏季应置于阴凉处,保持通风凉爽,冬季亦需要充足的光照。

种植环境:种植荷花的盆器因荷花的种类而有所差别,迷你品种用15cm宽、10cm深的盆即可种植,小型品种则应选用25cm宽、15cm深的盆,中型品种需选用40cm宽、30cm深的盆,大型品种一般需要田植,宽60cm以上,深度在90cm以上的盆方可满足此品种荷花的最佳生长需求。

修剪:花苗萌发的时期需要进行多次摘心,以增加荷花分枝和孕蕾。开花后应及时剪除残败花枝,利于新叶萌发,但是修剪过度会导致枝叶数量减少从而延缓植株的生长速度,致使花期延迟。若不采集莲子,可在花后将烂枝剪掉。冬季时不必理会荷花的枯萎,顺其自然即可。

施肥:不喜大肥,种植时,先在缸底铺适量的腐殖土,再铺上干净、肥沃的河泥,生长旺盛期不需施重肥,若开花时花蕾不易萌发可加一点营养液等水肥,或者在种植池中养殖金鱼。施肥过量会造成植株死亡。

注意事项

春季时,荷花易遭受蚜虫和毛虫的侵害,要注意及时防治。如果种植在荷塘当中,则要注意螺类啃食荷花的嫩叶。夏季如果蚊虫滋生,可以往水中投放几条小鱼,如孔雀鱼、斑马鱼等。

君子兰

适合土壤:富含腐殖质,排水良好的砂质土壤

生长高度:30~50cm

观赏特性:叶片直立似剑、碧绿光亮、花朵亭亭玉立、花姿优美、花形规整

摆放位置:常用于装点阳台、窗台等处

栽培与养护

温度:喜温暖,生长适温为15~25℃,5℃以下或30℃以上时生长受抑制。高于25℃时,叶片徒长,影响花芽分化,注意通风降温;低于0℃时会冻死。昼

夜温差大的季节非常有利于植株的生长。

光照：生长过程中不需强光，尤其夏季更要避免强光暴晒。植株叶片宽大，具有一定的耐阴性，喜半阴环境，在50%透光环境下生长，植株叶片会越发翠绿。若植株的某一侧长时间受光，会导致叶片生长方向混乱，打破株形的平衡，因此，需定期转动花盆，使叶片均匀受光。

水分和湿度：喜温暖、湿润的生长环境，肉质根发达，有一定耐旱能力，忌积水，浇水要遵循见干见湿的原则。生长旺盛期的盆土湿度一般应保持在80%以上，不能低于60%。每周可以用茶叶水擦拭叶面，使叶片清新、光亮。

修剪：开花后如果不需要保留花种，则应及时剪去花茎，以减少水分和养分的消耗，如果花茎软烂会使整个植株的健康受到影响。

施肥：上盆一个月即可施肥，10~15天施肥水1次，夏季停施。在春季可以在两次生长高峰到来的前半月，施放干豆饼或鸡粪，施肥时不要离根太近，以免烧根。秋后孕蕾时施加磷肥，可使花大色艳，施肥时要避开叶片和叶鞘。

注意事项

君子兰在开花时常出现花箭在叶鞘中抽不出来的现象，原因可能是温度不适或昼夜温差较小。君子兰所处环境的温差以6~10℃为佳。水分不足也能引起夹箭的情况，应注意定期松土，环境温度过低时可以用温水浇灌或者将稀释后的啤酒浇入君子兰的根部，促使花箭抽出。

观赏凤梨

适合土壤：田园土或是泥炭土和珍珠岩各半混合的土壤

生长高度：30~50cm

观赏特性：叶片翠绿，向四周分散，开花时花色鲜艳美丽、光亮喜人，寓意财源广进

摆放位置：可摆放于客厅、书房、窗台等处

栽培与养护

温度：喜温暖，3~9月适温应在21~27℃，9月至翌年3月适温应在16~21℃，冬季适温应不低于5℃。

光照：冬季可全日照，春、秋季早晚要有光照，夏季不能长时间被阳光直射。日照充足，则叶面色泽更加艳丽、光鲜照人。

水分和湿度：适应性强，对水分要求不高，短时间缺水，对生长无明显影响。生长旺盛期可适当增加浇水次数，叶筒中也可灌注少量清水。夏季高温时应常向叶面喷水，冬季盆土以偏干为宜，但不宜过干。

修剪：一般无须修剪，花后应及时剪去花茎，冬季要及时摘除黄叶，以减少水分和养分的消耗。

施肥：每隔20天施放腐熟有机液肥或者含有氮、磷、钾的全面肥料。在5~9月，每周施氮肥1次，花前适当增施磷、钾肥，以使花大色艳。开花后凤梨进入休眠期，需将花梗剪除，以减少养分的消耗。

注意事项

凤梨苞片的颜色有时候会变暗、变淡或者失去光泽，这是由于植株根部长期积水而造成的。可调整浇水次数，每周浇1次即可。也有可能是因为凤梨对光照十分敏感，在光照不足的情况下，叶色和花色就会暗淡无光，应使其充分照晒阳光，但是在中午和夏季应适当庇荫。

观赏凤梨没有毒性，但是某些种类的观赏凤梨的叶子边缘有刺，应将其放置儿童够不着的地方。

仙客来

适合土壤：微酸性的腐叶土

生长高度：20~40cm

观赏特性：叶片肉质、花纹奇特，开花时花瓣形如兔耳，小巧可爱。花朵簇拥于花茎顶端，雅致出尘，红似火、粉似霞

摆放位置：可放置在几案、花架、书桌、电视柜旁

栽培与养护

温度：喜温暖，但是怕高温，生长适温为10~20℃。冬季温度低于10℃则叶片开始发黄，夏季温度超过30℃时开始休眠，35℃以上易腐烂死亡。冬季应置于室内越冬，可耐5℃的低温，夏季则应置于凉爽通风处。

光照：生长期极喜阳光，但在午间温度最高时仍需庇荫。幼苗时需为其遮阴，10月至开花之前，需增强光照和通风，从而使花期得以延长。

水分和湿度：浇水遵循见干见湿的浇水原则，切忌土壤过湿。生长期可每天上午适量浇水1次，由花盆边缘处缓慢向盆内浇灌，花期过后要减少浇水次数，2~3天浇水1次。7月底停止浇水，让叶片枯萎，使块茎进入休眠期。翌年春天恢复浇水，长新叶后适当加大浇水量。

修剪：一般无须修剪，如果叶片过密，可以酌情疏叶，使得养分集中供养，使开花繁多、花大色艳。在摘除残花花茎时，需要喷洒少量杀菌溶液，防止残留的腐液感染其他花茎和叶子。

施肥：生长期每周或者每10天施放稀薄肥水1次，花梗抽出时增施骨粉或过磷酸钙1次。花期应停止施肥，以免落蕾。切忌使用浓肥，以免烧伤植株根部。

注意事项

仙客来常常会出现植株整体生长缓慢甚至停止生长、叶片卷曲、开花少而小、颜色暗淡的情况，其原因可能是室温过低和光线太暗，可以将植株移至窗台等光线充足的地方，并使室温至少在5℃左右。如果卷曲的叶片互相遮盖，应该想办法将它们分开，让每一个叶片都能接受阳光的照射，均匀生长。

仙客来不易种植，需要很大的耐心，但是种植的过程也很有趣，而且春季开花时能使居室显得生机勃勃，让人身心舒畅。休眠期不宜为仙客来换盆，也不可大盆栽种小植株。休眠期过后的夏季，仙客来球根逐渐恢复生长，应更换新盆和新土，去除腐烂的根后再种到花盆中。

萱草

适合土壤：富含腐殖质、排水好的湿润泥土

生长高度：60～100cm

观赏特性：花期长，呈橘红色，花大色艳、花瓣上翻，叶片翠绿柔软

摆放位置：盆栽于阳台、卧室、书房等处

栽培与养护

温度：喜温暖、耐寒，但是在夏季需要注意通风、降温，并将其放置于凉爽处。冬季温度在0℃以上即可安全过冬，短时间内能耐-3℃的低温，在南方与华北地区则可以露地越冬。

光照：喜阳光又耐半阴，将其放置在室内光线明亮处为佳。春、秋季最好能每天将植株移入户外遮阴处一段时间，早晚多让其照射阳光。夏季则要避开中午的直射光。

水分和湿度：春季萌芽后可适当浇水，生长期浇水应遵循见干见湿的原则。冬季蒸腾量减少，要相应减少浇水的次数和水量。夏季需要较高空气湿度，空气湿度应在50%以上，夏季在叶面上喷洒清水以降低温度。

修剪：一般无须修剪，如果叶片过密可以酌情疏叶，使养分集中供养，花叶繁茂、花大色艳。

施肥：生长期中每2～3周施追肥1次，生长开始至开花的周期长，所以要施足肥料。入冬前施放腐熟有机肥1次。

注意事项

萱草花色鲜艳、绿叶成丛，极为美观，并且易于栽培。《博物志》中说："萱草，食之令人好欢乐、忘忧思，故曰忘忧草。"萱草很容易受到叶斑病的侵害，发现叶斑时，要及时用50%托布津可湿性粉剂800倍液喷雾，向萱草的叶面和叶背面喷洒，每隔7天喷药1次。如果正值花期，应该及时摘除被感染的花朵。

天竺葵

适合土壤:疏松、排水好的沙质土和泥炭土

生长高度:30~60cm

天竺葵

观赏特性:花期长,只要环境适宜,可以一直开花,花色缤纷艳丽,群花密集如球,有小绣球之称

摆放位置:盆栽可装饰阳台、卧室、书房等处,落地栽种适合片植于公园和开发性区域内

栽培与养护

温度:喜温暖,生长适温为15~25℃,冬季入室越冬要求白天的室温为10~15℃,最低越冬温度为5℃。

光照:生长期需要充足的光照,花期时,可将其置于室内光亮处欣赏。日照不足就难以开花,夏季将其置于阴凉处,保持通风凉爽,冬季也需照射充足的阳光。

水分和湿度:耐旱、怕积水,浇水应遵循见干见湿的原则。土壤过干会引起叶片枯黄,过湿则会引起落花、落蕾。6、7月份是半休眠期,应控制浇水量,定时定量进行浇水;夏季可以喷洒清水在叶片上使其降温。

修剪:花苗萌发时期需要多次摘心,以促进增加分枝和孕蕾。开花后应及时剪除残败花枝,使新叶萌发和发出新的花茎,但不可修剪过度。

施肥:不喜大肥,可以半个月追施稀薄肥水1次,每周在根外追施0.1%的磷酸二氢钾溶液1次。生长期每半月施放腐熟饼肥水1次,氮肥不宜过多。花芽萌发期,每两周施放骨粉1次。

注意事项

天竺葵可以吸收过氧化氢和二氧化氮、净化室内空气,同时对二氧化硫比较敏感,可作为二氧化硫污染的监测植物。天竺葵的花和叶子可以提炼天竺葵精油,其味道甜而略重,有点像玫瑰又有点像薄荷。天竺葵适宜摆放在卧室,可以使卧房如同玫瑰园一般,同时能调节人体荷尔蒙、刺激淋巴排毒,并可平衡皮肤油脂分泌,更是一种芳香的驱虫剂,在卧室中栽种天竺葵,实在是既经济实惠又浪漫温馨。

球根秋海棠

适合土壤:疏松、肥沃的微酸性土壤

生长高度:20~30cm

观赏特性:花多而色彩丰富艳丽,株形优美、窈窕明丽

摆放位置:将它点缀于客厅、橱窗处,花姿动人;将它布置在花坛、花径和入口处,窈窕多姿;将它种植在吊篮中;悬挂于厅堂、阳台和走廊,色翠欲滴、鲜明艳丽

栽培与养护

温度:生长适宜温度为16~21℃,不耐高温,温度超过32℃就易引起茎叶枯萎和花芽脱落,温度在35℃以上,块茎就会腐烂死亡。冬季块茎储藏的最佳温度为5~10℃。

光照:天然的喜阴盆栽花卉,喜欢遮阴和高湿的环境。从3月末至10月都需要遮阴,忌直接暴晒于阳光下。夏季置于阴凉处,保持通风凉爽。冬季也需要照射充足的阳光。对光照的反应灵敏,喜欢散射光,宜放置于室外半阴处和

室内开阔、通风处。

水分和湿度：湿润的环境最好，土壤不能过干或过湿，开花时节浇水应该有所节制。春末和夏季要经常向叶面喷水，以降温、保湿。冬季块茎进入休眠期时要停止浇水。花期时，花瓣不喜欢高湿环境，空气湿度需降到50%。球根秋海棠的红色花在被触摸后，会留下斑点。

修剪：当植株主茎只有1个的时候，应将所有强壮的、超过7.5cm的基部枝去掉；花期时，雄花的两边侧生有两个花芽——常为雌花——这两个侧芽应当摘掉，不要使其接触到雄花。

施肥：适合施放叶面肥。开花前两周应停止施放所有的叶面肥，以避免灼伤花，形成斑点。

注意事项

球根秋海棠在上盆两周后，需要使用立柱来支持其主茎，可在基质中茎的背后插入60cm长的支柱，支柱直径以1.3cm较为合适。主茎增粗的速度很快，需要经常松动绑绳，以免伤害主茎。绑绳时要绑到节间，不可绑到节上，以防节上增粗后绳子勒进茎中，等盆花进一步长大后，再使用小棍来支撑侧枝。这种处理方式有时持续到6月。

六月雪

适合土壤：疏松肥沃、排水良好的微酸性土壤

生长高度：20~80cm

观赏特性：常见品种有金边六月雪（叶缘金黄色）、斑叶六月雪和重瓣六月雪。花朵精致醒目，树形小巧，枝叶扶疏。平时叶片光亮翠绿，让人感觉清新高雅，开花时别有一番雅趣

摆放位置：良好的盆景材料，可以蟠扎加工成盆景桩头，姿态多变，极富特色。北方多盆栽观赏，在南方地区成片栽植于园林中，从而形成灌木丛，夏日开花时，成片的六月雪洁白如雪，给人以清凉、幽雅之感

栽培与养护

温度：生长适温为20~28℃，如果气温在15℃以上，则四季常绿不落叶。一般情况下，在华南地区为常绿，在西南地区为半常绿。抗寒力不强，冬季越冬温度至少应在0℃以上。

光照：典型的亚热带植物，喜充足阳光，忌强光暴晒，较耐荫。有明显的趋光性，需定期转动花盆方向，使植株均匀受光。

水分和湿度：喜湿润，对水分要求较高。夏季高温干燥时，除每天浇水1次外，早晚还应适当向植株及其周围喷洒清水，增加空气湿度；秋冬气温下降时，应控制浇水量，2~3天浇水1次。浇水遵循见干见湿的原则。

修剪：冬末春初时进行短剪，剪除长势较弱、病变、交叉的枝条，保持株形均匀、美观。花期前，应摘除侧蕾和弱蕾，促使花大色白。

施肥：比较喜肥，忌浓肥。上盆前要施足基肥，平时应遵循薄肥勤施的原则。开花之前应多施稀薄磷肥也可用稀释千倍的肥水浇灌根部，最好10~15天施肥1次，连续2~3次之后暂停；花后应追施液态氮肥1~2次，冬季休眠期停止施肥。

注意事项

六月雪的繁殖以扦插为主，也可用压条、分株等方法，在制作小型或微型盆景时，为促使其尽快成形，常在6、7月间的梅雨季节，取姿态优美、有大树形的多年生枝条，并将其下切口剪成马蹄形，插入土壤当中，覆膜保温，注意喷水，约40天即可生根，此时稍加绑扎修剪即可成形。

玫瑰

适合土壤：疏松、排水好的微酸性沙质土和泥炭土

生长高度：50~200cm

观赏特性：四季开花，花色艳丽、花香甜美，沁人心脾

摆放位置：可用于花坛、庭院，或在草坪、园林角隅、庭院、假山等处栽植，也

可家庭盆栽于窗台、书房等处

栽培与养护

温度：喜温暖，生长适温为15~26℃，白天气温以15~26℃为宜，如果气温持续在30℃以上，则进入半休眠状态。冬季休眠期在11~12月，或者当气温低于5℃时就进入休眠状态。

光照：喜欢光照充足的环境，但是光照时间过长，尤其是持续照射中午的直射阳光，则会影响花蕾的形成和发育。花期时，光照太盛会烧焦花瓣。

水分和湿度：生长旺盛期，即4~10月间，浇水应遵循见干见湿的原则，冬季需要控制浇水量。玫瑰的下部叶片变黄脱落，多是由于基质黏重、排水不良所致，此时应该立即停止浇水，并将植株周围的基质扒松，让水分尽快蒸发。

修剪：每年需要修剪两次，一次应在落叶之后至发新芽之前进行，以疏剪为主。另一次修剪应该在开花过后进行，主要是疏减密生的枝叶和交叉、重叠、影响美观的枝叶，但不可二次重剪。

施肥：盆栽成活后，每隔10~15天追施腐熟的有机肥1次。花蕾形成期增施富含磷钾的水肥1次，也可以每季施肥，但是有些品种的耐热能力较差，夏季生长不佳，建议按照植物实际生长情况施放肥料。

注意事项

修剪玫瑰花时候要注意尽量靠近芽的位置下刀，平切而不要斜切，这样的伤口能小一点。玫瑰花有一个特性，就是修剪的位置越低，越能刺激其新发出粗壮、结实的枝条，花朵自然也越大越美，修剪过高，则枝细花小，甚至使花朵没有香味。

月季

适合土壤：疏松、排水好的沙质土和泥炭土

生长高度：50~200cm

观赏特性：花形娇媚，有甜香气味，是爱情的象征；花期较长，光线越充足，

香气越浓郁,因此白天在花圃中的月季的香气往往比花店中月季的香味更浓

摆放位置:著名的芳香花灌木,适合盆栽于阳台、卧室、书房或摆放在庭院中

栽培与养护

温度:喜温暖,生长适温为15~25℃,冬季休眠期为11~12月,可耐0℃左右的低温。

光照:喜欢光照充足的生长环境,在室内摆放不能超过2天,每天至少应该有6h的光照,生长期尤其需要充足的光照,光照充足才能开出鲜艳的花朵。花期时应将月季放置在室内光亮处欣赏。

水分和湿度:生长期应该适时浇水,保持盆土湿润。在高温干燥的季节应该不时地向植株叶面喷洒清水,如果空气太过干燥,还需要向植株的周围喷洒清水。在寒冷的时节则需要控制水量,盆土稍微湿润即可,但是不可让盆土太过干燥。

修剪:生长期间每次开花后都要进行适当修剪,第一批花凋谢后,对长势较强的枝条进行修剪,留芽5~6个;长势中等的枝条进行重度修剪,留芽3~4个;长势较弱的枝条则要重剪,只留1~2个芽,这样才能保证下次开花又多又大。冬季月季落叶以后还要对其进行一次重剪,以减少养分的消耗,使其顺利越冬。

施肥:生长期每间隔7~10天追施腐熟的有机液态肥1次,花蕾形成期间要注意增施富含磷钾元素的水肥1~2次,这样才能使花开得大而艳丽。

注意事项

月季、玫瑰和蔷薇三者外貌特征都很相似,在西方国家它们都被称为"rose",三者是同科属,但是它们并不同种,粗略的区分方法为:月季茎上有直刺,叶片正面满布皱褶,果实扁球形;玫瑰茎上有毛刺,叶片正面光滑无毛,果实倒卵形;蔷薇为蔓性灌木,花多为排成圆锥状伞房花序。

桂花

适合土壤:园土、腐叶土、沙以5:2:3的比例混合的土或者微酸性土壤

生长高度：200~600cm

观赏特性：我国十大名花之一，花小而精致，有乳白色、橙红色、金黄色等，香气浓郁，品种有金桂、银桂、丹桂、四季桂等

摆放位置：著名的芳香花灌木，盆栽后适合放置在阳台、卧室、书房和庭院等处。古典的旧式庭院更加适合栽种

栽培与养护

温度：喜温暖，较耐寒，生长适温为15~28℃，大多数品种能忍受-10℃左右的低温。

光照：喜阳光、较耐阴。植株幼龄时期需要长期庇荫，成年后则要求有充足的光照，如果光线不足，会造成枝叶稀疏、开花较少。

水分和湿度：浇水遵循见干见湿的原则即可。生长期时可以适当增加浇水的次数，但是要避免积水；冬季温度降低时，应适当减少浇水次数，但是要保持盆土湿润。

修剪：如果要控制桂花植株的高度，那么要从花苞以上的位置进行修剪。如果不慎将花苞一并剪除后，则会使花期延后甚至不开花。当枝条生长散乱时，可以随时剪除内向生长的枝条，并且要从枝条的基部完全剪除，以免剩余枝条干枯，影响植株整体美观。

施肥：春秋季节各施放肥料1次，施放普通花肥即可，无须大肥，施肥完成后最好再覆上适合的土壤并浇透水。生长旺盛期每间隔7~10天追施腐熟的有机液态肥1次，花蕾形成期间要注意增施富含磷钾元素的水肥1~2次。

注意事项

桂花害怕煤烟、油气，以种植在开阔、通风的空间为佳。在各种生长条件充分的情况下，如果桂花叶缘出现干枯和发黑的现象，很可能是施肥过量造成的。另外，应该注意盆底的排水情况，避免基质积水盆栽桂花时最好使用瓦盆。

菊花

适合土壤：深厚肥沃、疏松透气的沙质土、园土、腐叶土并加少量的砻糠灰

生长高度：30~80cm

观赏特性：我国十大名花之一，四季常青、挺拔清秀。其叶形轻柔、花朵千姿百态、颜色姹紫嫣红、香气清隽高雅，尤其在百花枯萎的秋季，傲霜怒放、气节高尚、生气勃勃

摆放位置：适宜摆放在客厅、庭院、会客室、阳台、书房等处，也可作为鲜切花

栽培与养护

温度：菊花喜凉爽的环境，忌高温，生长适温为18~22℃，开花中后期降低温度可延长花期。11月移入室内，室温保持在10℃左右即可越冬。

光照：喜欢充足阳光，较耐阴，是典型的短日照植物。植株幼龄期需要一定的庇荫时间，成年后则要求有充足的光照，如果光线不足，则枝叶稀疏，开花较少。人工控制光照时间，还可以提早或者延长花期。

水分和湿度：比较耐旱，切忌积水，遵循见干见湿的浇水原则就能使其长势良好。夏季生长期需水量大，要常浇水但不可造成积水。秋季盆土以干为宜，冬季需要控制浇水量。

修剪：植株上盆后需要经过1~2次摘心，最后保留3~5个分枝。花期时还需注意的是，如果花蕾萌发在外侧且花芽弱小，则应该将其摘除，这样开出的花才能花大色艳。

施肥：植株上盆之后，应该根据生长期规律，逐渐加大施肥的浓度，可以一直施放肥料到花蕾变成透明后停止。还要注意每次浇灌肥水以后，将托盘中的积水倒掉，避免肥料浸泡根部。日常施肥应遵循薄肥勤施的原则。

注意事项

菊花的病虫害很多，常见有叶斑病、锈病、红蜘蛛、蚜虫等，在高温、多雨的季节更容易产生虫害，应及时喷药防治，可用多菌灵和多种杀虫剂，严重时还需要更换盆土，注意盆土以偏微酸性为佳。

山茶

适合土壤：肥沃、疏松的微酸性土壤，土壤 pH 值以 5.5~6.5 为佳

生长高度：50~300cm

观赏特性：中国十大名花之一，也是世界名贵花木之一。花姿绰约、端庄贤淑、雅致高贵，花色有红、黄、白等多种，还分为单瓣、半重瓣和重瓣等品种

摆放位置：庭院和室内都适宜种植，很多南方城市常将其用做公共绿地的围边花卉

栽培与养护

温度：喜欢凉爽、湿润、通风的半阴环境，生长适温为 18~25℃。夏季温度在 30℃以上时生长缓慢，温度到 35℃时则进入半休眠期，甚至会出现叶片灼伤现象，冬季温度到 0℃以下时容易产生冻害。

光照：喜半阴、忌烈日，宜在散射光下生长，忌直射光暴晒，幼苗需遮阴。长期阴暗的环境对植株的生长不利，会出现叶片薄、开花少的情况，影响植株的观赏价值。

水分和湿度：适宜水分充足、空气湿润的环境，忌干燥。高温、干燥的夏、秋季，应及时浇水或喷水，空气相对湿度以 50% 为佳。梅雨季应注意排水，以免引起根部受涝腐烂。冬季每隔 1 周要用常温水喷拭叶面，防止煤烟病。

修剪：耐修剪，可分为疏剪和矮化两种。疏剪是在植株内部枝条过密时进行的修剪，修剪的对象是病枝、密枝、枯枝等。修剪时将分枝斜向剪下，剪口应与分枝基部相平，不要留下残桩。剪刀要锐利，使伤口平滑以利愈合，但修剪不宜过重，否则容易患枯梢病。

施肥：花前无须施肥，花谢后每隔 10 天追加液态氮肥 1~2 次；3~4 月叶芽萌发期，每隔 1 周施稀薄氮肥 1 次；5 月，花芽分化期，应施磷、钾稀释肥料 1 次；进入冬季之后停止施肥。

注意事项

有很多人觉得山茶的花芽和叶芽不好区分,其实很容易区分,凡是枝梢顶端靠近叶柄的第一个芽多为叶芽,那么第二个就是花芽,另外,花芽往往是肥圆满的,而叶芽则比较瘦小。

栽培山茶有五忌:忌碱性及黏性土壤、忌酷暑严寒、忌烈日暴晒、忌浇水过量、忌施肥过浓。总之,虽然我国栽培山茶的技术已经比较成熟,但是非专业人士在家庭中种植还需要多下功夫,耐心养护,这样才能不断积累经验,有所收获。

杜鹃

适合土壤:深厚肥沃、疏松透气的腐叶土

生长高度:50~200cm

观赏特性:我中国十大名花之一,常被誉为花中西施,花色美丽、花姿活泼,有深红色、紫红色、玫瑰红色、淡红色、白色等。春季来临时,满山开满鲜艳的杜鹃,如彩霞绕林

摆放位置:庭院和室内都适宜种植,很多南方城市将其用做公其绿地的围边花卉

栽培与养护

温度:生长适温为12~25℃,夏季温度在30℃以上生长缓慢,35℃则进入半休眠期,冬季0℃以下容易产生冻害。花蕾刚开始萌发的时候,如果日间温度在15℃左右。可促使花蕾提早盛开。

光照:喜欢半阴,是典型的半日照植物,忌烈日暴晒。生长季节应置于半阴的环境中,夏季宜置于庇荫、通风处。

水分和湿度:比较耐旱,切忌积水,遵循见干见湿的原则浇灌就能使其长势良好。生长期需水量很大,要常浇水,梅雨季节则应注意排水。秋季盆土以干为宜,越冬时要控制浇水量。

修剪:冬末春初要注意及时疏剪,去除长势较弱、病变、交叉的枝条,保持株

形丰满。花蕾萌发以后要摘除侧蕾,以保证花大色艳。

旋肥:比较喜肥,从上盆开始就要施足基肥,开花之前要多施磷肥,最好10~15天1次,连续2~3次,开花以后需要追施氮肥1~2次,冬季休眠期则停止施肥。

注意事项

杜鹃是可以作为二氧化氮的监测植物,如果叶片出现白色或者黑色的不规则斑点,很有可能是周围环境中的二氧化氮污染已经超过标准。这是一种生存能力极强的植物,就算在距离二氧化硫等有害物质300m的区域里,依然能够正常生长。

九里香

适合土壤:以疏松、肥沃、含大量腐殖质、通透性能强的中性培养土为佳

生长高度:30~100cm

观赏特性:九里香具有叶细枝劲、矮壮苍劲、盘根错节等特点,而且四季常青、树形端正、花浓香且持久、色洁白而美丽,地栽、盆植均适宜。由于其具有叶细、根露、干粗、耐修剪、寿命长等特点,是培育树桩盆景的理想材料

摆放位置:庭院和室内都适宜种植,很多南方城市常用做公共绿地的围边花卉

栽培与养护

温度:生长适温为12~25℃,夏季温度在30℃以上生长缓慢,35%则进入半休眠期,冬季温度在0℃以下容易产生冻害。花蕾开始萌发时,应将日间室温控制在15℃左右,可促进花蕾提早盛开。

光照:喜光照,典型的半日照植物,忌烈日暴晒。生长季节应置于半阴的环境中,夏季宜置于庇荫且通风良好处。花期可移至窗台,增加光照量,从而使花香浓郁。

水分和湿度:较耐旱,浇水遵循见干见湿的原则。雨天应及时避雨,控制浇

水量,否则容易引起烂根,导致叶色变暗、叶片枯萎。生长旺盛期则应加大浇水量。秋季盆土以偏干为宜,冬季要严格控制浇水量。

修剪:在春季,应结合栽种,在进行翻盆时,对植株进行1次修剪,减少密枝、陡长枝、病枝和弱枝,大规模的修剪则应安排在10月下旬或11月上旬。

施肥:喜肥,上盆或翻盆换土时,宜在培养土中掺些骨粉或氮磷钾复合肥,生长期可每半个月施氮磷钾复合肥1次,不可单施氮肥,否则枝叶徒长而不孕蕾。4~6月可每半个月向叶面喷稀释的磷酸二氢钾溶液1次,促进花芽分化。

注意事项

九里香常见的病害有枯叶病、白粉病、铁锈病等,虫害主要有红蜘蛛、天牛、介壳虫等,可于早春喷洒灭菌剂和杀虫剂防治病害。九里香树形优美,生长速度快,枝条柔软,蟠扎也不易断折,因此常被用于制作盆景。九里香可通过扦插繁殖,在春季或7~8月雨季时节进行扦插,两日即可长出新的根系。

倒挂金钟

适合土壤:肥沃、疏松的微酸性土壤
生长高度:30~150cm

倒挂金钟

观赏特性:花瓣有红、白、紫等颜色,花萼也有红、白之分。园艺品种极多,

有单瓣、重瓣，花色有白、粉红、橘黄、玫瑰紫及茄紫色等。其花形独特，开花时，花朵向下低垂，婀娜多姿，如悬挂的彩色灯笼。

摆放位置：庭院和室内都适宜种植，盆栽可置于客厅、花架、案头等处。用清水插瓶，既可观赏又可生根繁殖

栽培与养护

温度：生长适温为15~25℃，夏季高温若超过35℃则易枯死，秋冬季节，当室温低于10℃时则停止生长，冬季当室温低于5℃时易冻死。

光照：喜半阴、忌烈日，宜在散射光充足的环境中生长，忌直射光暴晒，幼苗需遮阴，夏天需要放置在庇荫、凉爽、通风的地方。家庭种植可放在朝北或稍见日光的凉爽、通风处。

水分和湿度：平日浇水应该遵循见干见湿的原则，夏季应控制水量，保持土壤干而不裂，忌积水。开花期间，盆土过干过湿都会引起落蕾、落花、落叶。植物完全休眠时不可浇水。春、秋两季生长迅速，在开花期间应每天浇水1~2次，宁湿毋干。

修剪：6月下旬至7月上旬应将倒挂金钟的叶子剪掉，令其逐渐休眠。休眠后的初秋，可结合换盆，将长枝短截。

施肥：生长旺盛时，每10~15天施用油饼水液肥1次，或者结合松土每7~10天施稀薄饼肥水1次。夏季7~8月，进入半休眠状态，应减少施肥。

注意事项

倒挂金钟的叶片卷曲，可能是因为照射的阳光太过强烈。长时间的强光照射会让其叶面失去大量水分，造成叶片卷曲焦黄。

石榴

适合土壤：土壤以疏松、肥沃和排水良好的砂质土壤为佳

生长高度：200~500cm

观赏特性：树姿优美、枝叶秀丽，春初时节嫩叶亮绿、婀娜多姿，盛夏时节繁

花似锦、色彩鲜艳

摆放位置：小型盆栽可以放置于阳台和居室中，大型盆栽多用于公共场所或会场

栽培与养护

温度：亚热带、温带植物，生长适温为15~20℃，喜温暖，冬季气温低至-17℃时即会发生严重冻害。

光照：喜光，全年都需要光照，在栽植时要选择光照好、没有遮阴的地方，可以在庭院南侧、东侧、西侧及庭院中部栽植，并远离建筑物3~4m，北侧不宜栽植。如果光照不足容易引起枝叶徒长、花少色淡、果实较少。

水分和湿度：较耐干旱，怕水涝，尤其根部忌积水，浇水遵循见干见湿的原则，但是在花期和坐果期间必须要保持适当的干燥，这样可以避免落花落果。

修剪：石榴往往需要整形才能美观，并能结出健康的果实。石榴喜光，自然趋光性强。因此，在庭院中种植石榴的整形，既要考虑石榴生长、结果的特性，还要考虑其观赏性。常用的树形多为无主干丛或无中心干的树形，主要有"V"字形等。生长期间需勤除根蘖苗，并及时剪去枯枝、病枝。

施肥：喜肥，较耐瘠薄，上盆时应该施足底肥。生长季注意叶面追肥，前期以氮肥为主，中后期以磷钾肥为主，肥液总浓度不超过0.3%。根外追肥也可喷施沼气液或腐熟粪水。

注意事项

石榴不可和螃蟹、西红柿、土豆一同食用。

大丽花

适合土壤：疏松肥沃、排水好、富含腐殖质的砂质土壤

生长高度：50~150cm

观赏特性：世界著名花卉，墨西哥国花。大丽花的颜色绚丽多彩，有红、黄、橙、紫、白等颜色。重瓣大丽花还有白花瓣里镶带红条纹的千瓣花种类，妖娆迷

人

摆放位置：盆栽可放置于客厅、阳台、窗台等处，或者栽植于庭院的花坛中或路边。

栽培与养护

温度：生长适温为15~25℃，气温在20℃左右生长良好。初冬即可移入室内，室温应保持在10~12℃，温度在5℃以下极易发生冻害。

光照：喜欢充足的阳光，不耐阴。庇荫时间过长容易出现生长不良、根系衰弱、叶薄茎细、花小色淡甚至不能开花等现象。日照时间要求在6h以上，阴雨天也应该放置在散射光充足的地方。

水分和湿度：喜湿润，忌干旱和积水。叶片较大，因此，夏季高温时，早晚都应对生长茂盛的植株浇水1次，缺水容易引起叶片边缘枯焦或脱落。浇水应遵循见干见湿的原则。肉质根茎忌积水，否则根系容易腐烂。

修剪：耐修剪，生长期应保留顶芽，摘除腋芽，使养分集中供应，使植株低矮、美观。花蕾萌发期及时摘除侧蕾和弱蕾，保证花大色艳。

施肥：喜肥，忌浓肥。施肥遵循薄肥勤施的原则，上盆时应施足基肥，可在幼株生长15~20天时追施稀薄液肥1次，植株长成后可每7~10天追施稀薄液肥1次，花期前可逐渐加大肥液的浓度，促使枝干茁壮、叶色浓绿，甚至提前孕蕾。

注意事项

家庭盆栽的大丽花容易出现花小色淡的情况，大丽花长期处于庇荫处导致光照不足，花朵的颜色就会变淡且花苞变小，应让大丽花充分照射阳光。当然，在盛夏的正午仍然需要做遮阴处理，其余时间可以将植株放置于南面窗台处，从而逐渐改善花小色淡的状况。

薰衣草

适合土壤：疏松肥沃、排水好、富含腐殖质的微碱性或中性的砂质土壤

生长高度：30～90cm

观赏特性：世界著名花卉，其叶形花色优美典雅，蓝紫色花序颖长秀丽。植株小巧、体态轻盈、叶脉明晰、色泽淡雅、别具一格，花长约1.2cm

摆放位置：是一种多年生耐寒花卉，适宜花径丛植或条植，也可盆栽观赏

栽培与养护

温度：生长适温为15～25℃。长期将其放置于38～40℃的环境中，其顶部茎叶枯黄。在温度0℃以下时就开始休眠。

光照：全日照植物，需要充足的阳光及湿润的环境，半日照条件亦可生长，但是会开花稀少。夏季遮阴率至少在50%左右，此时更应注意通风，从而降低环境温度，以保证植株健康成长。冬季薰衣草应在全日照条件下栽培。

水分和湿度：忌根部积水，遵循浇透干透的浇水原则，以使表面培养介质干燥、内部湿润。叶子轻微萎蔫是缺水的信号，浇水应该在早上进行，避开中午强烈的阳光。浇水时不要将水溅在叶面及花上，否则易腐烂或滋生病虫害。持续潮湿的环境会使根部没有足够的空气呼吸，从而生长不良，甚至导致植株突然死亡。

修剪：为方便收获富含精油的花朵，栽培初期的部分小花序可以用大剪刀整个剪平，这样，新长出的花序就能高度一致，从而方便收获。花后必须进行修剪，可将植株修剪为原来的三分之二。修剪一般在春季进行，修剪时注意不要剪到木质化的部分，以免植株衰弱死亡。

施肥：讲究勤施薄肥，可将骨粉放在盆土内当作基肥。

注意事项

薰衣草药用功效数不胜数：提神醒脑、增强记忆、缓解神经、怡情养性，具有安神促睡眠的神奇功效，还能促进血液循环、治疗青春痘、滋养秀发、抑制高血压、鼻敏感气喘等，调节生理机能、增强免疫力，用来泡澡可预防病毒性、传染性疾病，能去除异味、净化空气。

金银花

适合土壤:肥沃疏松、排水良好的砂质土壤或者腐殖土

生长高度:100~300cm

观赏特性:金银花成对开花,一朵洁白、一朵橘黄,恰似一金一银,花叶都具有较高的观赏价值

摆放位置:可放置于几案、窗台等处,也可种植于庭院中

栽培与养护

温度:喜温暖,生长适温为20~30℃,冬季无休眠期,温度10℃以上即可越冬,叶片在越冬时候不会脱落。

光照:喜欢光照充足的生长环境,夏季应该避免正午的强光直射。

水分和湿度:耐旱、耐涝,生长期应该适时浇水,保持盆土湿润,浇水应遵循见干见湿的原则,高温干燥季节应向叶面喷洒清水,以提高空气湿度。

修剪:可以随时修剪。生长期每次花后都要进行适当修剪,冬季以后若叶片变黄也可以再进行1次修剪,以减少养分的消耗量,顺利越冬。

施肥:生长期每隔7~10天追施腐熟的有机液态肥1次,花蕾形成期间要注意增施富含磷钾元素的水肥1~2次,这样才能使花叶繁茂。

注意事项

金银花少见病虫害,生性坚韧不拔,在恶劣的环境下都可生存。如果想在家中种植金银花,可在气候温暖时,取20~30cm的金银花枝条,将其插入盆土。药材金银花自古被誉为清热解毒的良药。它性甘寒、气芳香,既能散风热,还能解血毒,可用于治疗如发疹、发斑、咽喉肿痛等病症,疗效显著。

一品红

适合土壤:疏松、肥沃和排水良好的微酸性砂质土壤

生长高度:50~300cm

观赏特性：花色鲜艳、花期长，开花时正值圣诞、元旦、春节。用一品红布置室内环境，可增添喜庆的气氛。

摆放位置：可点缀于家庭书桌、茶几、案头，或摆放在商店橱窗、会议桌、餐厅台桌等处。

栽培与养护

温度：喜温暖、不耐寒，生长适温为18~25℃。冬季应入室养护，室温不能低于5℃，以16~18℃为宜。

光照：典型的短日照植物。茎叶生长期需充足的阳光，能促使茎叶生长繁茂。

水分和湿度：喜湿润，对水分的反应比较敏感，生长期时要供应充足的水分，使茎叶能迅速生长，水分过多也可能出现节间伸长、叶片狭窄的徒长现象。相反，盆土水分缺乏或者时干时湿时，会引起叶黄脱落。因此，水分的控制直接关系到植株的生长和发育。

修剪：生长期内应摘心两次，第一次在6月下旬，第二次在8月中旬，这样可以有效控制植株的高度，提高观赏性。

施肥：典型的喜肥植物。生长初期要适当控制水肥，生长旺盛期则每周需要施肥1次，雨季可用饼肥，接近花期则增施磷钾肥，或者每月增施复合肥1次。

注意事项

一品红全株有毒，其茎叶分泌的白色汁液容易使皮肤红肿，引起过敏性反应，误食茎、叶会出现中毒的情况。家居种植避免折断枝叶。有孩子的家庭要慎选。

一品红的选购要点：先数花头，一般6个花头以下的为下等花，6~8个花头的为中等花，8个以上花头的为优等花。购买时把一品红捧起来，从侧面看脚叶深绿，枝干粗壮且花头平齐的为佳。最后看花，如果顶部小花大多数已经开放，侧芽上的小花也比较多，那么这样的一品红大多是"开过了"，买回家后就很难延长花朵开放的时间了。

蟹爪兰

适合土壤：疏松肥沃、排水好、富含腐殖质的微酸性或砂质土壤或泥炭土。

生长高度：30~90cm。

观赏特性：株形可爱、饱满，深受白领女性喜欢。花朵娇俏、花色鲜艳，开花又逢元旦佳节，更能衬托节日的气氛、热闹非凡

摆放位置：冬季室内的主要盆花之一，适合放置于办公桌、窗台、门庭入口和展览大厅

栽培与养护

温度：生长适温为15~32℃。在夏季高温时，应加强空气对流，当气温超过33℃时，进入休眠状态。同时忌寒冷、霜冻，越冬温度需要保持在10℃以上，当气温降到7℃以下时，会进入休眠状态，室内温度接近4℃时，则会因冻伤而死亡。

光照：全日照植物，需要照射充足的阳光。夏季应至少遮去50%的光照，此时应注意增加通风，降低环境温度。植物向光性强，在其生长过程中，如果改变它的向光位置，其长势将会受到影响。

水分和湿度：耐旱能力很强，其根系怕水渍，如果花盆内积水过多，容易引起烂根。虽然喜欢较干燥的空气环境，但是夏季高温时需要给它喷洒少量清水，每天最多2次。阴雨季节，如果空气持续潮湿，则易受病菌侵袭。惧怕淋雨，晚上必须要保持其叶片干燥，最适宜的空气相对湿度为40%~605。

修剪：无须太多修剪，及时摘除枯黄的老枝或者影响美观的斜枝即可。

施肥：春、夏两季，每10天可以施放稀薄液肥1次，盛夏停止施肥；入秋后就每周给肥1次；开花前可以适当施放稀释磷肥，以促使花芽萌发。

注意事项

家庭盆栽的蟹爪兰容易出现茎节萎缩枯黄、从基部不断脱落的情况，如果

不及时救治,容易全株死亡。出现这种情况的主要原因是浇水次数过多,导致根部积水,二是因为土壤碱性增强,尤其在北方地区,长期使用自来水浇灌,土壤渐渐偏碱性,因此应使用微酸性土壤或用2~3g的硫酸亚铁兑上200~300mL的清水,摇匀后灌入盆土内。

八仙花

适合土壤:酸性土壤以疏松、肥沃和排水良好的砂质壤土。

生长高度:100~300cm

观赏特性:初开为青白色,渐渐变为粉红色,再变为紫红色。花色美艳,富于变化,花形大方美丽,令人悦目怡神

摆放位置:常见的鲜切花卉和盆栽观赏花木,适合在庭院、书房、阳台等处摆放,还能在现代公园和风景区成片栽植

栽培与养护

温度:生长适温为18~28℃,冬季的气温不能低于5℃。花芽分化在5~7℃条件下的6~8周内完成。如果温度保持在20%左右,则可以促使其提前开花。开花后温度若能维持16℃左右,则可以延长花期。

光照:短日照植物,以60%~70%遮阴环境最为理想。夏季应将其放在半阴处养护,叶色会更加浓绿。春、秋两个季节,由于温度不是很高,可使其接受短时间的阳光照射。

水分和湿度:不耐干旱,盆土要经常保持湿润,但浇水不宜过多,特别雨季要注意排水,防止受涝而引起烂根。冬季室内盆栽以干燥为好,过于潮湿则会使叶片腐烂。因此,浇水要适时适量。

修剪:生长旺盛,耐修剪。幼苗成长至10~15cm时,可进行摘心,使下部腋芽能萌发;新枝长至8~10cm时,进行第2次摘心。一般在两年生的壮枝上开花,开花后应将老枝剪短,保留2~3个芽即可,以限制株形过高,并促生新梢。应该注意的是在秋后需要剪去新梢顶部,使枝条停止生长,以使其顺利越冬。

施肥：喜肥，生长期时，一般每15天施腐熟稀薄饼肥水1次。为保持土壤的酸性，可将1%~3%的硫酸亚铁加入肥液中施用。经常浇灌矾肥水，可使植株枝繁叶绿。孕蕾期增施磷酸二氢钾1~2次，能使花大色艳。施饼肥时应避开伏天，以免招致病虫害或伤害植株根系。

注意事项

八仙花的花色变化非常有意思。一个花序上的花前后常有变色现象，土壤pH值为4~6时，花色多呈蓝色，土壤pH值在7.5以上则呈红色。如果想让花朵变为深蓝色，可在花蕾形成期施用硫酸铝，如果想使其保持粉红色，可在土壤中施用碱性物质。

丽格海棠

适合土壤：疏松、肥沃和排水良好的砂质土壤

生长高度：20~30cm

观赏特性：花色丰富，有红、橙、黄、白等颜色，花朵硕大、色彩艳丽，香味独特，花期长

摆放位置：多放置于家庭几案、窗台、宾馆大堂、客厅、餐厅和会议厅堂等处

栽培与养护

温度：喜凉爽，忌高温和寒冷，生长适温为18~22℃。越冬温度不低于15℃，冬季还处于开花时期，必须移入室内或温室过冬，室温不低于20℃；夏季高温28℃以上需庇荫。

光照：喜光，短日照植物，避免正午阳光直射。生长旺盛期和花期尤其需要充足的光照，注意经常转动花盆方向，使植株均匀受光。花期若能保证充足的散射光，则花繁叶茂、色泽明艳。

水分和湿度：喜湿润，盆土应保持湿润，土壤不可干透和过湿。夏季需水量较大，浇水宜在早晨或傍晚进行；冬季尽量在晴天中午浇水，水温应与气温相近，以免根部受冻死亡。

修剪：不耐修剪，但是在生长期必须进行摘心，促使植株萌发侧枝，否则容易徒长枝干，影响美观。花期花蕾过多，应及时摘除多余和弱小的花蕾，保证养分集中供应。

施肥：喜肥，施肥以稀薄液肥为主。上盆初期以氮肥为主，促进幼苗发育；后期逐渐减少氮肥，并提高磷、钾肥的含量，开花前加大肥量，并配合叶面均匀施肥，浓度控制在1%~2%，遵循少量多次的原则。

注意事项

丽格海棠每年11月开始现蕾，花期可达半年之久，到每年的6月以后，由于天气炎热，大部分的植株会逐渐进入休眠或者半休眠期。家庭盆栽只需保持一定的温度和湿度，就能安全度过炎夏。立秋后，随着天气逐渐转凉，丽格海棠的枝条基部就会萌发新芽，抽出新枝，进入新一轮的生长周期。

马蹄莲

适合土壤：肥沃疏松的微酸性土壤

生长高度：50~250cm

观赏特性：花姿优雅、色彩艳丽，具有独特的魅力。春、秋两季开花，花期较长

摆放位置：多摆放于家庭几案、窗台、客厅、餐厅，也可摆放于宾馆大堂、会议厅，还可剪取花枝作艺术插花

栽培与养护

温度：喜温暖、不耐寒，生长适温为20~25℃。夜间温度保持在10℃左右，不能高于16℃，否则不利于开花。温度高于25℃或低于5℃时即进入休眠状态。

光照：喜欢阳光，但在夏、秋季节需要避开阳光直射并对植物进行部分遮阴，一般情况下以遮阴率达到25%~35%为佳，冬季需要充分照射阳光。

水分和湿度：喜欢温暖、湿润的生长环境，对水分的要求比较严格，不耐干

旱。生长初期要浇透土壤,保持湿润;夏季休眠时,应减少浇水量,保持土壤略湿以促使其开花或休眠。浇水要遵循见干见湿的原则。

修剪:生长旺盛期需要勤剪老叶以促生花苞。

施肥:上盆时应施足底肥,夏季高温时,可以适当施微量的肥料,以增加植株抵抗高温的能力,开花前可以用稀释千倍的硝酸钙溶液向叶面喷洒,以促进花苞萌发。

注意事项

马蹄莲很害怕烟雾污染,尤其是油烟和吸烟散发的烟雾,如果经常在盆边吸烟,叶面和花朵表面都会变黄枯萎。因此,要注意保持清洁的室内空气环境。

非洲菊

适合土壤:肥沃疏松、排水良好、富含腐殖质的砂质土壤

生长高度:30~50cm

观赏特性:花色丰富,花形优美,如果环境和气温都适宜,可以终年开花。黑心品种的非洲菊因色彩鲜明、产量高而备受都市白领的喜爱

摆放位置:多用于家庭几案、窗台、宾馆大堂、客厅、餐厅和会议厅堂摆放,还可剪取花枝作艺术插花花材

栽培与养护

温度:喜温暖,忌酷热,生长适温为20~25℃。夏季高温在34℃以上会出现明显的生长阻滞和发育不良的现象。秋、冬季节不耐霜寒,冬季气温保持在12~15℃比较适宜,属半耐寒花卉,可忍受短期的0℃低温,但是当温度长期低于10℃以下会停止生长,甚至死亡。

光照:喜光花卉,也喜欢凉爽、阳光充足、空气流通的生长环境。除冬季外,其余三季均需要在庇荫的环境下养护。

水分和湿度:忌积水,苗期时应保持适当湿润,生长旺盛期要保持供水充足。夏季每3~4天浇水1次,冬季约半个月浇水1次。花期浇水注意不要使叶

丛中心沾到水,防止花芽腐烂。

修剪:一般不需要进行大量修剪,叶子过密时需及时摘除枯萎的底叶和外层老叶、病叶。

施肥:上盆时应施足底肥,花期应提高磷、钾肥的施用量,可以每10天追施肥1次。施肥时切忌把肥水倒入叶丛中心,施肥过后,晚上要保持叶片、花朵的干燥。

注意事项

非洲菊最常见的病害是斑点病,产生的原因可能是环境潮湿、气流不畅、氮肥用量过多等。起初,植株下部叶片上会产生紫褐色的小斑,逐渐扩大为同心轮纹的大斑,最后花心腐料。家庭养护一般采取每7~10天喷1次杀菌剂,如75%百菌清500倍液和70%甲基托布津1000倍液等,防治效果明显,必要时需直接换土,以免植株死亡。

睡莲

适合土壤:肥沃的河泥

生长高度:30~50cm

观赏特性:水生花卉中名贵的花卉,花色艳丽,花姿楚楚动人,在一池碧水中宛如一位少女,被人们赞誉为"花中睡美人"和"水中女神"

摆放位置:多放置于家庭几案、窗饰、宾馆大堂、客厅、餐厅和会议厅堂等处,还可剪取花枝作艺术插花花材

栽培与养护

温度:喜温暖,生长适温为25~30℃。冬季需在温暖的室内越冬,或提高栽培水位助其越冬。种植在长江流域的睡莲可露地越冬。

光照:长日照植物,不惧酷热,喜光,不耐阴,生长环境必须具备良好的通风条件,正常情况下睡莲都在上午开放,午后闭合,直至次日上午。

水分和湿度:将盆栽睡莲的根部在基肥中埋好固定后,浸入大水缸或水盆

中,春季水位在 20~30cm,夏季水位在 40cm,每天观察水位,如果盛夏水分散失过快,可以适当增加水分。

修剪:不需修剪,夏季生长旺盛期,如果叶子过密,应摘除枯萎的底叶和外层老叶、病叶,以改善光照和通风条件,同时减少病虫害,有利于新叶和花芽的发育和生长。

施肥:家庭盆栽睡莲的肥料,一般选用沃土即可,如果土壤的有机质不足,可以在上盆时稍微混合一些鸡粪或者骨粉。在花期来临前可以适当增施几次以磷、钾为主的液肥,切记不可施放过多的氮肥,否则营养过剩抑制植株生长,导致植株不能开花或者花小色淡。

注意事项

一般条件下,睡莲多数要在种植后的第二年才会开花。盆栽睡莲每年春分前后,应结合分株翻盆换泥,并施适量腐熟豆饼汁作基肥重新栽种睡莲切花离水时间超过 1 小时会使其丧失吸水性,从而失去开放能力。

白鹤芋

适合土壤:疏松、排水和通气性好的腐叶土或泥炭土

生长高度:40~60cm

观赏特性:世界重要的观花植物,株形优美、花期长、花朵洁白无瑕、花茎挺拔

摆放位置:多放置于家庭几案、窗台、宾馆大堂、客厅、餐厅和会议厅堂中,还可剪取花枝作为艺术插花花材

栽培与养护

温度:典型的热带雨林植物,喜高温,最好能在温室中栽培。生长适温为 22~28℃,冬季夜间最低温度应在 14~16℃,白天应保持在 20℃左右。长期低温易引起叶片脱落或焦黄。

光照:喜光,尤其喜欢明亮的散射光处,较耐阴,在 50% 以上的散射光下即

白鹤芋

可正常生长。夏季必须庇荫,最好将其放置在凉棚下。忌强光直射,否则容易引起叶片变黄、变软,严重时全株会突然死亡。庇荫时间不宜过长,否则容易花期延后或者出现不开花的现象。

水分和湿度:喜湿润,忌积水。生长旺盛期应保持盆土湿润,但不可浇水过多,盆土长期受潮容易烂根或滋生青苔。在夏季高温和秋冬干燥季节,新生叶片会变小发黄,甚至枯萎、脱落,应经常向叶面及其周围环境喷洒清水,保持空气湿润、凉爽。冬季要严格控制浇水,以盆土微湿为宜。

修剪:一般不需要进行大量修剪,及时摘除枯萎的底叶和外层老叶、病叶,以促进新叶萌发和花芽的发育,同时改善光照通风条件,减少病虫害。

施肥:喜肥,忌浓肥和生肥,讲究薄肥勤施。上盆时必须施足底肥,可以将复合肥作为基肥。花期前增施适量稀释的磷、钾液态肥,促进花蕾萌发。施肥以液态复合肥为主,最好以稀薄的肥水代替清水浇灌,避免产生肥害,令植株生长茂盛。

注意事项

白鹤芋可以水培,但要注意,其根部需要保留一部分与空气接触。在家中栽植白鹤芋可选用透明的鱼缸作为种植器皿,并在鱼缸里养殖一些鱼类。除了定时喂鱼外,每次换水时还需要滴入一些鱼花两用的营养液,否则,有的鱼类喜欢啃食水生植物的根须,造成植物死亡。用水栽培的白鹤芋,可以透过蒸发作用调节室内的温度和湿度,有效净化空气中的挥发性有机物,尤其是针对臭氧的净化率特别高。将其摆放在厨房煤气炉旁,能去除做饭时的味道、油烟以及其他挥发物质,起到净化空气的作用。

长寿花

适合土壤:疏松、排水和通气性好的肥沃的砂质土壤

生长高度:40~60cm

观赏特性:元旦至春节期间开花旺盛,簇拥成团、花色诱人,是惹人喜爱的室内盆栽花卉

摆放位置:十分适合布置于窗台、书桌、案头或用于装饰公共场所的花槽、橱窗和大厅等处

栽培与养护

温度:喜温暖,生长的适温为15~25℃。夏季气温高于30℃时将出现生长迟缓的状况,并进入半休眠状态,冬季气温低于10℃时将出现生长停滞,气温低于8℃叶色会发红,花期将推迟,0℃以下则易冻死。冬季应将其移入温室或放在室内向阳处。

光照:喜阳光充足。除盛夏中午宜稍庇荫外,其余时间都要放在向阳处。每天至少要接受4h以上的直射光照射才能健壮生长。同时每半个月要将花盆转动180°,使植株受光均匀。

水分和湿度:长寿花叶片为肉质,体内含水丰富,较耐干旱。生长期时不可浇水过多,每2~3天浇水1次,盆土以湿润偏干为好。浇水遵循见干见湿的原则。冬季应减少浇水,以盆土微湿为宜。

修剪:一般不需要进行大量修剪,叶子过密时需及时摘除枯萎的底叶、外层老叶、病叶。修剪下的枝条又可以扦插,很容易长根成活。

施肥：生长旺季可每隔2~3周施稀薄复合液肥1次，促其花叶繁茂。11月份花芽形成后增施0.2%磷酸二氢钾或0.5%过磷酸钙液1~2次，能使花多色艳、花期长。

注意事项

对于长寿花而言，空气潮湿或土壤长期过湿会引发叶斑病，若加上通风不良更可能会受到粉介虫的侵害，但是长寿花对多种除虫剂中的二甲苯有敏感反应，因此，若植株患病，应立刻将植株放在胶袋内，以水溶性除虫剂喷洒植株，然后将袋口封密，待翌日取出植株置于明亮通风处隔离观赏，以免感染其他植物。

四季秋海棠

适合土壤：肥沃、排水良好并含有机质的微酸性土壤

生长高度：50~70cm

观赏特性：有400种以上的不同品种，而园艺品种也有近千种。其叶片晶莹翠绿，花朵娇嫩艳丽，花有白、粉、红等颜色，艳而不俗、华美端庄、清新幽雅

摆放位置：可用于点缀家庭书桌、茶几、案头和商店橱窗、会议条桌摆放。如果将四季秋海棠栽植于吊盆中，并悬挂于室内，则别具情趣

栽培与养护

温度：喜温暖，生长的适温为10~30℃。冬季气温低于5℃则生长缓慢，甚至发生冻害；夏季温度超过32℃时，茎叶生长状况变差。

光照：喜欢半阴的生长环境，最怕强光直射。从5月中旬起就应该适当遮阴。6月下旬至8月下旬，天气炎热、日照强烈，最好将花盆放置在室内通风良好、有散射光处养护，防止强光直射，但环境也不可过于阴暗，以免造成植株生长细弱，花色浅淡或开花少。

水分和湿度：喜湿润、忌积水，盆植的四季秋海棠在浇水时需遵循浇透干透的原则。如盆土长期潮湿，易引起烂根落叶，致使植株生长不良，叶色由碧绿变为黄白色，且缺乏光泽；但若浇水过少，盆土过干，也易引起叶片变黄萎蔫。

夏天浇水宜在早晨8点以前进行，每天应向叶面上喷水，并向地面洒水2~3次，可起到降温、增湿的作用。

修剪：开花之后，注意摘除残花和修剪残枝，否则容易枝干细弱，影响美观。叶片一般不需进行修剪，老叶过密时摘除枯萎的底枝即可，促进新叶萌发。修剪下来的枝条可以扦插后成活。

施肥：四季秋海棠为须根，生长旺盛期要注意施肥管理，每周追稀薄液肥1次，以复合肥料为佳。

注意事项

很多老人喜欢种植四季秋海棠，除了其容易种植之外，还因为四季秋海棠的花期长、生气勃勃。秋海棠还可入药，具有清热消肿、活血散瘀、凉血止血、调经止痛等功效，常用于治疗跌打损伤、咽喉肿痛、痈疔肿毒、吐血、咳血、鼻血、月经不调和胃溃疡等病症。

矮牵牛

适合土壤：疏松、肥沃和排水良好的微酸性砂质土壤

生长高度：15~80cm

观赏特性：播种后当年即可开花，花期长达数月，花大色艳，有红、白、粉、紫及各种带斑点、网纹、条纹等不同花色，是长势旺盛的装饰性花卉，大面积的落地栽种具有地被植物的景观效果

摆放位置：可用于点缀家庭书桌、茶几、案头、商店橱窗、会议条桌和餐厅台桌

栽培与养护

温度：喜温暖、不耐寒，生长适温为13~18℃，干热的夏季能耐35℃以上的高温，而且在高温环境下开花繁茂。但不耐霜冻，冬季如果气温低于4℃，植株将停止生长。

光照：长日照植物，尤其生长期要求阳光充足，在正常的光照条件下，从播

种至开花约需100天。冬季在低温短日照条件下,茎叶也能生长茂盛,但很难开花,一旦转入春季,进入长日照时节,就能很快从茎叶顶端分化出花蕾。

水分和湿度:喜干怕湿,根部忌积水。夏季生长旺盛期,需要充足的水分,特别是夏季高温季节,应在早、晚浇水,以保持盆土湿润。梅雨季节,由于雨量过多,因此对矮牵牛生长不利。盆土过湿,茎叶容易徒长,花朵易褪色或腐烂。盆土长期积水则会导致烂根死亡。

修剪:一般不需要进行修剪,及时摘除老叶、病叶、残花即可。如果生长期适当修剪整枝,既可控制株形,又能促进植物多开花。

施肥:不是典型的喜肥植物,注意把握施肥程度,生长季节应每15~20天施稀薄的饼肥水1次。开花期间需多施含磷钾的液肥,使其能够不断开花。

注意事项

播种繁殖的方法,矮牵牛的种子在20~22℃的温度条件下10~12天发芽。其种子细小,播种盆土要细面而平。播种后不覆土或只覆薄土,播种后要采用浸灌的浇水方式,以防止喷水造成种子堆积或溅泥覆盖过厚对发芽不利。为保持种子湿润,盆上可盖玻璃或塑料薄膜,出芽后去除覆盖物,真叶4~5片时进行移栽,苗期环境温度9~13℃为宜。

向日葵

适合土壤:疏松、肥沃和排水良好的土壤

生长高度:100~300cm

观赏特性:向日葵花朵硕大、鲜艳夺目、枝叶茂密,是新颖的盆栽观赏植物

摆放位置:可装饰客厅、阳台和卧室,也常摆放于餐厅台桌等处

栽培与养护

温度:生长适温白天为21~27℃,夜间为10~16℃。温差在8℃~10℃时对茎叶生长最为有利。如果早春温度偏低,植株会生长迟缓,影响开花时间。生长期若温度超过30℃,茎叶容易徒长,花期缩短。

光照：喜欢充足的阳光，光照充足可以使茎叶生长健壮、花色鲜艳有光泽。若长期处在半阴环境中生长，则茎干不挺拔，叶片柔软、下垂、呈黄绿色，花盘小且不整齐。

水分和湿度：根系比较发达，耐干旱。春季适当浇水即可，初夏气温升高、水分蒸发量较大时，需补充水分。生长期时要及时浇水，否则叶片容易脱水、枯萎。同时，盆土不宜过湿，湿度过大，基部叶片容易发黄。

修剪：一般不需要进行修剪，只需及时摘除老叶、病叶、残花即可。如果生长期适当修剪整枝，可以促进株形的美观，使其花大色艳。

施肥：喜肥，生长旺盛期每周喷施氮、钾平衡肥1次。要注意避免施高氮肥料。

注意事项

向日葵可净化水中的重金属污染物，生长迅速的向日葵吸收钠、铯、锶、铢等污染金属的能力优于其他植物。将这些吸收了放射性污染物的向日葵干燥处理，制成粉末状，再将粉末与水泥、沙子混合制成块状物，贮存处理设施中，能防止放射性物质的泄漏。

桃花

适合土壤：肥沃、疏松和排水良好的微酸性土壤

生长高度：100~300cm

观赏特性：近些年十分受欢迎的观赏植物，花朵姿态优美、色彩艳丽，其中粉色桃花可爱优雅，白色桃花洁白无瑕。桃花树态优美、枝叶扶疏，是早春重要的观花树种

摆放位置：可放置于客厅、阳台和卧室等处

栽培与养护

温度：耐寒冷，生长适温为3~10℃。在华东、华北地区多可露地越冬。早晚温差在8℃~10℃时对桃花茎叶的生长有利。若早春温度偏低，植株则生长

迟缓，从而影响开花时间。

光照：喜欢充足的阳光，全日照植物。盆栽桃花应该避免夏季强光直射，否则容易引起黄叶和落蕾。

水分和湿度：喜湿润、耐旱、忌积水，一定要严格遵循干透浇透的浇水原则，浇水时要注意适量，防止因积水造成烂根。如桃花受涝3~5日，轻则落叶，重则死亡。

修剪：开花后应及时对植株进行修剪，对开过花的枝条，只保留基部两三个芽，其余剪除。夏季对生长过旺的枝条，进行摘心，促使花芽形成。对于长势不好的植株，应避免修剪过多，应抑强扶弱，并注意枝条分布均匀，造就优美的株形。

施肥：对肥料要求不严，每年开花后施液肥或者氮钾复合肥各1~2次，秋季时最好追加些骨粉，其余时间可不施肥。

注意事项

桃花功用数不胜数，春季开花时采摘，晒干后可以入药，可用于治疗水肿、腹水和便秘。桃花中含有多种维生素和微量元素，这些物质能疏通经络、扩张末梢毛血管、改善血液循环、促进皮肤营养和氧供给、滋润皮肤。

文心兰

适合土壤：疏松、肥沃和排水良好的微酸性砂质土壤

生长高度：10~50cm

观赏特性：世界著名的盆花和切花，株形轻巧、潇洒，花茎轻盈下垂，花朵奇异可爱，形似飞翔的金蝶。开花时犹如一群女子舒展长袖在绿丛中翩翩起舞，极富动感、妙趣横生

摆放位置：可放置于家庭书桌、茶几、案头、商店橱窗、会议条桌、餐厅台桌等处

栽培与养护

温度：喜冷凉气候。厚叶型文心兰的生长适温为18~25℃，冬季温度不应低于12℃。薄叶型文心兰的生长适温为10~22℃，冬季温度不应低于8℃。

光照：喜阴凉。夏季遮光率以40%~50%为宜，冬季则需要充足的阳光。

水分和湿度：喜欢湿润和半阴的生长环境。夏季浇水时除了增加基质的湿度以外，还要不时向叶面和地面喷洒清水。浇水以介质的干燥程度为准，当介质表面干燥时，应立即充分浇水。在生长旺盛的季节里，应增加浇水量，最好每天早、晚各浇水1次。冬季气温较低时，应停止浇水，以助其顺利越冬。

修剪：平时摘除黄叶、病叶即可，花期过后需剪去花梗。

施肥：不喜肥，每年5~10月为文心兰的生长旺盛期，这个时节每半月施肥1次。冬季休眠期可停止施肥和浇水，但应向植株及其四周喷水，提高空气湿度即可。

注意事项

文心兰常出现病毒性花叶病，表现为叶上沿叶脉生淡黄色的不连续花叶状条斑。严重时，病斑部分的叶肉细胞坏死，形成表面下陷的褐色坏死斑。病毒性花叶病的传染途径以汁液传染为主，应及时消除病叶及残株，并注意合理通风，避免高温高湿，注意排水，适当增施磷、钾肥。

郁金香

适合土壤：腐殖质丰富、疏松肥沃、排水良好的微酸性砂质土壤

生长高度：20~60cm

观赏特性：色彩艳丽、花色繁多

摆放位置：是盆栽和布置花坛的理想花卉。矮生品种的盆栽可用作窗台、阳台美化和屋旁、阶前点缀

栽培与养护

温度：生长适温为15~20℃。怕酷暑，盛夏极其炎热时，其鳞茎将进入休眠状态。气温达到8℃以上即可正常生长，一般可耐-14℃的低温。其耐寒性很

强。

光照:喜阳光充足,光照不足将造成植株生长不良、叶色变浅、花期缩短等情况。在郁金香上盆后的半个多月的时间内,应进行适当遮阴处理,以利于种球萌发新根。花期时光照不足则不容易开花。

水分和湿度:生长期时保持盆土湿润即可,除天旱时大量浇水外,一般不需要大量浇水。冬季以长根为主,生长缓慢,可不浇或少浇水;春季是花蕾、叶的生长旺盛期,可适量浇水;花谢后以长球为主,应适当控水。

修剪:无须摘心,及时摘除腐叶、枯枝即可。

施肥:出苗后、花蕾形成期、开花后等重要的生长期,应进行追肥,麻酱渣、马掌水、硫酸亚铁等稀释液均可促其成长,追肥忌用尿素。

注意事项

郁金香有毒碱,接触其叶子可能会使人出现皮肤过敏的症状,在通风环境不佳的居室中摆放郁金香,会使人感到头晕,误食郁金香,还会引起呕吐、腹泻,严重的可导致中毒,过多地接触郁金香使人毛发脱落。因此,是否在家中栽植郁金香应慎重考虑。

一串红

适合土壤:肥沃、疏松、富含腐殖质的土壤或砂质土壤

生长高度:30~80cm

观赏特性:花期长,从夏末到深秋开花不断,且不易凋谢,色彩娇艳、气氛热烈

摆放位置:是盆栽和布置花坛的理想花卉。其矮生品种的盆栽多用于窗台、阳台美化和屋旁、阶前点缀

栽培与养护

温度:喜温暖,忌炎热,生长适温为15~25℃。对温度变化比较敏感。温度超过30℃时,植株生长发育受阻,花、叶变小。长期处于5℃的低温环境下,易

受冻害。

光照：喜欢阳光充足的环境，稍耐阴。若长时间处于阴暗的环境下，容易花色暗淡、花蕾凋落，枝干也会变得柔弱、细长。对光周期反应敏感。

水分和湿度：忌环境过湿，忌积水。若遇到连绵阴雨天，最好将花盆移至避雨处，下大雨时可将盆歪倒放置，以助其排除积水。暴雨后若遇烈日高温，叶片则易灼伤，应将淋雨后的花盆放在阴凉、通风处。

修剪：萌芽力强，耐修剪。可从3～4片真叶起开始摘心，一般10～15天摘心1次，一直摘至临花期时停止，最后一次摘心应在开花前45天进行。摘心后分枝多，植株丰满，但消耗营养亦多，要注意补充肥料。

施肥：对肥料要求不严，上盆时要施足基肥，在生长期内，每周施粪肥水1次。生长早期可在肥水中加入尿素，花前则应加入1%磷酸二氢钾。

注意事项

一串红最容易患花叶病，花叶病容易通过蚜虫，红蜘蛛等害虫传播，感染速度极快，若不及时防治，植株在一周内就会萎缩停止生长，随后即枯萎死亡。因此，治疗一串红的花叶病应以消灭害虫为主，可用40%乐果1500倍稀释溶液喷洒枝叶和根部。

三角梅

适合土壤：排水良好、含矿物质丰富的微酸性土壤

生长高度：50～200cm

观赏特性：花色鲜艳、花期长、藤蔓柔软、线条流畅，开花之际，姹紫嫣红，给人奔放、热烈的感受

摆放位置：是盆栽和布置花坛的理想花卉。矮生品种的盆栽可作为窗台、阳台美化和屋旁、阶前点缀

栽培与养护

温度：喜温暖，忌严寒，生长适温为15～30℃。夏季最高能耐35℃的高温，

冬季气温不可低于5℃,否则会停止生长,甚至死亡。在气温不低于15℃的情况下,才会开花。

光照:阳性花卉,喜光,忌暴晒。生长季节光线不足会导致植株长势衰弱,影响孕蕾和开花,应将其放置于阳光充足处。冬季应将植株摆放于南向窗台处养护,光照时间不少于6h,否则容易造成叶片脱落。

水分和湿度:喜湿润的环境,忌积水。浇水遵循见干见湿的原则。要想使植株开花时花大色艳,可在开花前进行控水处理。控水处理是指从9月开始,浇水应在盆土干燥、枝叶软垂后进行,连续以这种方式控水半个月后恢复正常浇水方式。控水期间切忌施肥,以免肥料烧伤根系。

修剪:极耐修剪。由于生长迅速,生长期应注重整形修剪,以促进侧枝生长,多生花枝,但修剪次数不宜超过3次,否则会减少开花质量和次数。开花后及时摘除残花和枯枝,并剪除弱势枝条,以保持株形美观。

施肥:上盆时,应在盆土中施足基肥,生长旺季应适时适量追肥,可在盆土中施入适量饼肥,并10~15天追施稀薄液肥1次,促进花芽分化。现蕾后改施浓度稍大的磷、钾肥,以促使花叶繁茂。

注意事项

三角梅在长期浇水、施肥和雨水冲刷后,盆土很容易板结,必须定期松土。同时应消除盆中杂草,否则容易造成根系腐烂或发育不良。另外,由于其生长速度较快、根系发达、须根很多,每年需换盆一次。

鸡冠花

适合土壤:肥沃、排水良好的砂质土壤

生长高度:50~200cm

观赏特性:是园林植物中著名的露地草本花卉之一,花期长,花色鲜艳、明快,有较高的观赏价值。花色有白、淡黄、金黄、淡红、火红、紫红、棕红、橙红等多种颜色

摆放位置：是盆栽和布置花坛的理想花卉。多作为窗台、阳台美化和屋旁、阶前点缀

栽培与养护

温度：生长适温为20%~30%，发芽适温为20%~30%。夏季最高能耐35℃的高温，冬季气温不可低于5℃。

光照：阳性花卉，喜光。生长季节光线不足会导致植株长势弱，影响孕蕾及开花，生长期内要保证充足的光照，每天至少要保证照射4h的阳光。

水分和湿度：喜温暖、干燥的气候，忌环境过湿和积水，应遵循干透浇透的浇水原则。生长期内必须适当浇水，盆土不宜过湿，以潮润、偏干为宜，阴雨天要及时排水。

修剪：一般情况下无须修剪，只需从苗期开始摘除全部腋芽。在植株生长旺盛期应及时除去腐烂和变黄的叶片，以促进新生叶片生长、花大色艳。

施肥：上盆时应在盆土中施足基肥。生长旺季应进行追肥，平时可用肥沃壤土和熟厩肥各一半混合而成的肥料。生长后期加施磷肥，并使植株多见阳光，使其生长健壮、花序硕大。花蕾形成后应每隔10天施放稀薄的复合液肥1次。在种子成熟阶段宜少浇肥水，以利种子成熟，并使植株长时间保持花色浓艳。

注意事项

如果想使鸡冠花植株粗壮，花冠肥大、厚实、色彩艳丽，可在花亭形成后换成大盆栽培，但要注意移植时最好能带着原来的土坨一起移植，因为鸡冠花根部很脆弱，根断以后很难成活。

万寿菊

适合土壤：疏松肥沃的砂质土壤

生长高度：60~100cm

观赏特性：花色鲜艳，花期长，花多株密，生长整齐

万寿菊

摆放位置：是盆栽和布置花坛的理想花卉。无论作为盆花观赏还是种植于早春园林中，都是不可多得的花材，还可与绿草、奇石搭配。

栽培与养护

温度：生长适温为15~25℃。夏季最高能耐30℃的高温，当温度达到30℃以上时会造成植株徒长，茎叶松散。冬季室温低于10℃时，则会造成生长速度减慢。

光照：喜阳光充足的生长环境，生长期内光线不足会导致植株长势缓慢，影响孕蕾及开花。一直放在庇荫处植株几乎不开花，还会出现衰弱或茎叶细嫩徒长的情况。万寿菊对日照长短反应较敏感，可以通过短日照处理促使其提早开花。

水分和湿度：喜欢干燥的生长环境，忌环境过湿和积水。在多湿或者空气湿度大的环境下很难生长良好，浇水必须遵循干透浇透的原则。

修剪：分枝性强，几乎不需要摘心，只需在花期时注意及时除去腐叶、枯枝，保持植株健康、美观即可。

施肥：在整个生育期都可进行叶面追肥，同时，基肥必须施足。花期较长，需要追施肥料供给养分，但不能过度施肥，否则，枝叶会旺长而不开花。一般每月施腐熟稀薄有机液肥或氮、磷、钾复合液肥1次。

注意事项

万寿菊含有丰富的叶黄素,天然叶黄素是一种性能优异的抗氧化剂,对老年人的心血管硬化、冠心病和失明症有明显疗效,1g叶黄素的价格与1g黄金的价格相当。

醉蝶花

适合土壤:排水良好、含矿物质丰富的微酸性土壤

生长高度:50~200cm

观赏特性:花如其名,由于蜜腺较发达,因此常引得飞蝶环绕,同时,花朵像翩翩飞舞的蝴蝶,非常美丽

摆放位置:是盆栽和布置花坛的理想花卉。矮生品种的盆栽适用于窗台、阳台美化和屋旁、阶前点缀

栽培与养护

温度:生长适温为20~32℃。夏季最高能耐35℃的高温。秋冬季节不耐霜寒,温度低于5℃容易导致植株停止生长甚至死亡,因此,应在入冬前将其移入室内向阳处,同时,室内温度需维持在20℃左右。

光照:喜阳光充足,略耐半阴,在半阴条件下虽也能生长,但为使其矮化,要尽可能地使其照射阳光,以每天4h以上为佳。

水分和湿度:喜欢温润的空气环境,空气湿度过低会加快花的凋谢速度,但应当避免淋雨,尤其在晚上需要保持叶片的干燥。最适其生长的空气相对湿度为65%~75%。

修剪:开花之前一般要进行两次摘心,以促使萌发更多的开花枝条。具体做法是上盆1~2周后,或者当苗高6~10cm并有6片以上的叶片后,把顶梢摘掉,保留下部的3~4片叶,促使其分枝。在第一次摘心的3~5周后,或当侧枝长到6~8cm时,进行第二次摘心,把侧枝的顶梢摘掉,保留侧枝下面的4片叶。进行两次摘心后,株形会更加理想,开花数量也更多。

施肥：喜肥，对肥水需求较多，但要求遵循淡肥勤施、量少次多、营养齐全的施肥原则，并且在施肥过后的晚上要保持叶片和花朵表面的干燥。

注意事项

醉蝶花可以自播繁殖，3~4月播种，在保持一定温度的情况下，10~14天即可发芽。这种花在夏天的傍晚开放，第二天白天就凋谢，因此又叫夏夜之花，美丽却短暂的生命给人珍惜时光的启示。醉蝶花还是极好的蜜源植物，能提取优质精油。

新几内亚凤仙

适合土壤：疏松、肥沃、排水良好的土壤

生长高度：25~35cm

观赏特性：花色丰富、株形娇美，用来装饰案头茶几，别有一番韵味

摆放位置：可作为园林摆花，也是花坛、花境的优良素材

栽培与养护

温度：喜温暖，忌严寒。夏季要求凉爽，秋冬季节最怕霜冻，要求冬季气温不低于12℃，生长适温为16~24℃。生长的环境温度如果低于15℃或高于32℃，都将影响植株正常生长。若温度适合，可常年开花。

光照：喜光，但是忌烈日暴晒，中午应该将其移入阴凉的环境中。光照强时会提前开花，但是花蕾相对较小。

水分和湿度：喜欢稍微干燥的环境，浇水应遵循见干见湿的原则，忌积水。

修剪：在开花之前一般要进行两次摘心，以促使其萌发更多的开花枝条。要经常摘心积累营养，以促发侧枝，使株形更加丰满，开花数量也会增多。

施肥：对土壤要求不高，生长期时每隔7~10天喷叶肥1次，或每隔半月施沤制的稀薄肥水1次，其长势会更加旺盛。上盆2~3周后，当小苗高度达到10~15cm时，可以施放复合肥，少量多次。

注意事项

新几内亚凤仙只要是在适宜的环境中就能健壮地生长,其抗病虫能力较强,至今尚未发现有大的流行性病虫害,只是扦插时偶有茎腐病发生,定期喷布杀菌剂即可起到预防作用。加强通风管理也可减少蚜虫和红蜘蛛等的虫害。

牡丹

适合土壤:排水良好、疏松肥沃,土层深厚的中性或中性微碱土壤

生长高度:50~200cm

观赏特性:世界名贵花卉,花大、形美、色艳、香浓,有"花中之王"的美称,雍容华贵,象征繁荣兴旺

摆放位置:适合做花境的背景材料,也可栽植于篱边、崖坡、树坛或宅旁,一般会被作为盆花放存室内欣赏

栽培与养护

温度:喜凉爽,不耐高温,耐寒。生长适温为16~20℃,开花适温为17~20℃,但在开花前2~3个月内必须经过1~10℃的低温处理。华东及中部地区均可露地越冬,当气温降低到4℃时花芽会开始逐渐膨大,如果温度低于16℃则不容易开花。夏季温度在25℃以上时,植株就会呈半休眠状态。

光照:充足的阳光对其生长较为有利,但不耐夏季烈日暴晒,周围环境应保持通风、透光,使空气流通加快。

水分和湿度:俗语说:"牡丹宜干不宜湿。"牡丹是深根性肉质根,忌积水,平时浇水不宜多,要使盆土适当偏干。南方高温、高湿的天气对牡丹的生长非常不利,因此在南方栽培牡丹较为困难。

修剪:应及时剪除过密的枝条、侧芽及土芽,留壮去弱。3月中旬至5月上旬,摘掉花蕾和部分开花牡丹的残花,减少养分的消耗;秋末可以剪掉弱枝、病枝、枯枝、残叶,减少病虫害的发生。

施肥:基肥一定要施足,可用堆肥、饼肥或粪肥。通常以1年施肥3次为佳。即在开花前半个月喷洒以磷肥为主的肥水1次,可让花大色艳。开花后半

个月施复合肥1次。入冬之前施堆肥1次,以保证来年能再次开花。

注意事项

牡丹具有很高的药用价值。牡丹的根可加工制成名贵的中草药。其性微寒,味辛,无毒,入心、肝、肾,有散淤血、清血、和血、止痛、通经的作用,还有降低血压、抗菌消炎之功效,久服可益身延寿。

波斯菊

适合土壤:排水良好、含矿物质丰富的砂质土壤

生长高度:30~120cm

观赏特性:花色繁多、花姿优美

摆放位置:适合做花境的背景材料,也可栽植于篱边、山石、崖坡、树坛或宅旁

栽培与养护

温度:喜温暖,忌严寒,生长适温为18~24℃,略耐早霜,一入冬就必须马上移至温暖的室内,使其顺利越冬。

光照:阳性花卉,喜光照,生长期内光照不足会导致植株长势衰弱,影响孕蕾及开花。短日照植物,不耐阴。

水分和湿度:耐干旱,对土壤要求不严,但不能积水,过量的浇水会造成波斯菊出现疯长的现象—植株的高度增加而开花少——甚至出现倒伏的情况。

修剪:生长期需进行多次摘心,一方面可以抑制顶芽生长,使整个植株矮化,有效防止植株成熟后倒伏,另一方面还可以促使萌发分枝,增加花朵数。

施肥:耐瘠薄、不喜肥,上盆时盆土中施足基肥即可,过多的肥水容易引起植株的徒长而出现倒伏和开花稀少的现象。

注意事项

波斯菊的学名有美好、和谐之意。在我国南方,由于气候原因,波斯菊常患白粉病,发病时植株叶片、嫩茎、花芽及花蕾等部分会被灰白色粉状霉层覆盖,

可在发病初期喷洒75%百菌清600~800倍液,并适当增施磷、钾肥,尤其要注意通风和透光。最好将重病部位及时剪除、深埋或烧毁,以杜绝菌源。

玉兰

适合土壤:排水良好、含矿物质丰富的微酸性土壤

生长高度:100~500cm

观赏特性:中国著名的花木,是北方早春重要的观花树种。花朵大方雅致、洁白无瑕,树体壮实,枝干遒劲

摆放位置:多栽植于亭、台、楼、阁前,或作为道路两侧的行道树,现也被作为桩景盆栽供家庭观赏

栽培与养护

温度:喜温暖,但是极耐严寒。在-20℃的低温环境下依然可以安全越冬,早春0~10℃即开始孕蕾。

光照:喜欢阳光充足的生长环境,也可在半阴的环境下生长。

水分和湿度:肉质根,忌积水,浇水遵循见干见湿的原则。生长旺盛期应保持土壤湿润,干燥天气应注意增加浇水量和浇水次数。雨季要注意及时排水,防止烂根。

修剪:一般不需要修剪,及时剪除枯枝、病虫枝即可。如果为了美化树形,可在开花以后和萌芽展叶之前对乱枝和侧枝进行修剪,注意剪口要平滑。

施肥:喜肥,忌浓肥。施肥遵循淡肥勤施、量少次多、营养齐全的原则,施肥应以充分腐熟的有机肥为主。每年早春和伏天可适当追肥,以促进开花和花芽分化。花前应施充足的肥料,以促使花叶繁茂,香味浓郁。

注意事项

小型的玉兰盆景适宜居家养护,但是大型的玉兰可以在室内摆放,但不适合在室内栽植,因为玉兰是深根系植物,久居普通花盆中容易长势衰弱,如果希望在家中观赏大型玉兰,可先落地培植,花前再上盆观赏,这样才能让植株花叶

繁茂。

樱花

适合土壤：疏松肥沃、排水良好的砂质土壤

生长高度：100~300cm

观赏特性：花朵娇艳浪漫、高尚典雅，是世界最著名的观赏植物之一

摆放位置：可作为木架、书房、客厅、办公桌等处的点缀装饰

栽培与养护

温度：喜温暖，忌严寒，生长适温为20~28℃。如果温度在15℃以上，就能常绿不落叶。其抗寒力较差，冬季越冬温度都需要在0℃以上，如果温度低至-10℃，应用稻草略加包扎做保护，避免冻死。

光照：喜阳光充足，略耐半阴。向光性强，夏日需遮阳，保持通风。

水分和湿度：喜湿润的空气环境，有一定耐旱能力。生长期时8~10天浇水1次，需保持土壤潮湿、无积水即可。

修剪：花前整形修剪，指对生长过密的枝条进行适当疏剪，剪去内斜枝、直立枝、细弱枝、病虫枝；花后修剪按照"由茎到梢，由内到外"的顺序进行，对主枝的茎部自内向外地逐渐向上修剪，对徒长枝、枯枝、病枝等均加以抑制或剪除，并注意保持树冠的匀称。修剪后的枝条要及时用药物消毒伤口，防止雨淋后病菌侵入，导致腐烂。

施肥：每年施肥两次，以酸性肥料为佳。一次是冬肥，在冬季或早春施用豆饼、鸡粪和腐熟肥料等有机肥；另一次在落花后，施用硫酸铵、硫酸亚铁、过磷酸钙等速效肥料。

注意事项

樱花在夏季容易爆发叶枯病，叶片上会出现黄绿色的圆形斑点，之后慢慢变成深褐色，斑点周围还会生出很多黑色小点。如果病叶枯死但并不脱落，就应该首先摘除并焚烧病叶。如果此病发作于发芽前，则可喷洒一定浓度的波尔

多液,杀菌消毒。生过枯叶病的植株其实很难彻底消除病菌,应该在来年的5、6月份再次向植株和盆土中喷65%浓度的代森锌可湿性粉剂500倍液,每隔7~10天喷洒1次,连喷2~3次即可,以保证病菌被彻底消除。

蝴蝶兰

适合土壤:盆栽不宜用泥土,必须用水苔、树皮、蛇木屑、碎砖块等材料

生长高度:50~80cm

观赏特性:株形奇美,在新春佳节时美丽绽放,花色繁多、鲜艳,仿佛一群飞舞的蝴蝶

摆放位置:客厅或者正式庄严的场合都很适合

栽培与养护

温度:生长适温为18~30℃。夏季高温时,叶片上不可凝聚水分,以免造成叶片灼伤。秋冬季温度低于15℃时即进入休眠状态,低于10℃时容易造成植株死亡。

光照:喜阳光,但忌暴晒,否则会灼伤叶片;不耐阴,太阴暗的环境容易导致其生长缓慢,不利于养分的存储。最好能将其放于朝北或朝东的阳台或窗台旁,使之接受散射光的照射,这样才能健康生长、病害少。

水分和湿度:不耐干旱更害怕潮涝,喜欢高湿的空气环境。夏季高温时必须时常保持基质的湿润,冬季则要控制浇水量,保持基质微湿即可。

修剪:及时将开过花的花茎切除,保留基部以上的3~4节,从而促使腋芽萌发。

施肥:坚持薄肥勤施,在花市购买花肥时,尽量购买蝴蝶兰专用花肥,并严格按照说明书使用。注意开花期和休眠期不能施肥,否则容易烧根,导致植株死亡。

注意事项

蝴蝶兰的气根颇多,其根尖翠绿,相当敏感,要细心养护,切不可造成根尖

损伤，否则此根会停止生长。

植物的家居摆放与搭配

1. 植物间的相生相克

有些植物，由于种类不同、习性各异，在其生长过程中，为了争夺营养空间，常会与周围的植物发生"争斗"，有的甚至会从叶面或根系分泌出对其他植物有杀伤力的有毒物质，致使邻近的植物死亡。这种现象在自然界屡见不鲜，比如胡桃的根系能分泌出一种叫胡桃醌的物质，在土壤中水解氧化后，会产生极大的毒性，易造成松树、苹果树、桦木等及多种草本植物受害或死亡。

事实上，植物之间的相互作用在自然的或人工的生态系统中都很常见，有些植物能够"和平相处、共存共荣"，有些植物则"以强凌弱、水火不容"。在日常的栽培和养护过程中，我们必须对不同植物种类相生相克的问题予以重视。在此，列举一些常见植物之间相生相克的例子。

2. 植物与风水学

植物风水学是风水学中不可或缺的一部分，其宗旨是让人们了解自然环境，利用和改造自然，从而创造出美好宜居的居室空间，达到人与自然和谐统一的境界。

植物的种类极其丰富，风水学说常以五行来对植物进行划分。根据植物的整体色彩和开花的颜色，植物可分成金、木、水、火、土五类。白色系的植物属金，如白网纹草、九里香等；绿色系植物属木，如金钱树、巴西木、鸟巢蕨等；蓝色系植物属水，如薰衣草、鼠尾草等；开花红色或结果红色的植物属火，如龙血树、凤梨等；黄色系的植物属土，如金边龙舌兰、金边虎尾兰、黄金葛等。

在风水学上，绝大部分的植物都是吉相物件，在恰当的环境和位置摆放植物对人和家庭的运程来说都有不同的妙用。风水学认为植物是生命力的象征，当中蕴含着充沛的自然能量，可以提升人的运势。植物的形状特征以及摆放方位、摆放时机不同，其功能和能量会产生一定的差异。比如，叶形较大的植物几乎适合所有场所，在家宅室外摆放大叶植物，如巴西木、发财树、龟背竹、榕树、橡皮树等，其宽大的叶片可以更多地聚集自然的能量，在玄关摆放此类植物，寓意"挡煞免灾"，起到聚集好运和人气的作用；在客厅摆放则寓意"胸襟广阔"，有利于家人健康和睦，也可以给客人一种宽阔、舒畅的空间感。如果在公司和办公室摆放叶形较大尤其是叶片接近船形的植物，如孔雀竹芋、白鹤芋、君子兰、万年青等，寓意"平稳起步、承载百川"，起到增助事业稳定和上升的作用。叶形较小的植物则非常适合摆放在卧室、书桌、书架等空间相对较小的地方。在卧室可以摆放叶片集中、叶形圆润的小叶植物，如米兰、仙客来、豆瓣绿等，寓意"幸福和睦"，起到协调夫妻关系、使家人彼此团结的作用；在室外窗台或者阳台可以选择摆放叶片尖细、叶面狭窄的小叶植物，如仙人掌科的植物，寓意"自我防御"，起到保护家人的作用。另外，植物叶片的生长方向也有不同的风水作用。一般来说，向上生长、叶子尖而突出的植物属阳性，给人坚强有力、积极向上的感觉，这类植物适合摆放在南向或角落里，增加角落的生气。而圆形叶子、向上生长的植物则属阴性，其柔美的线条可以缓解生活压力，使内心平静，应将其放在卧室或客厅的北向。

在此，简单列举了一些家庭观赏植物适宜摆放的位置，供园艺爱好者参考。

施肥是植物种植技术中人工最难掌握好的一部分。施肥有很多忌讳，居家植物植株相对较小，承受肥料的能力参差不齐。因此，要系统地了解花盆、花肥的具体情况，从而采取相应的施肥措施，以促进植物更好地生长。比如一些有机肥料，如动物内脏、鸡蛋、茶叶渣、中药渣等不可直接放入盆内，需经过充分发酵腐熟才能施放。不要施浓肥，在施放有机肥时，肥料不但要充分腐熟，还应该加水稀释，薄肥勤施才能对植物生长起到持续的作用。不要施热肥，高温时，即夏季和正午时不宜施肥，以免灼伤植物。不要坐肥，盆底部施放基肥后应铺放一层土壤，将肥料与植物的根部隔开，以免灼伤根部系统。

　　施放肥料应当以适时、适量和适当为原则，要清楚植物是否缺肥。植物通常会以明显的表象症状来表达自身的状况，比如缺铁时，植株新叶会变黄，老叶和叶柄不变色，俗称"缺绿症"；缺钙时，植物的根系会发育不良，植株矮小，生长缓慢，顶芽容易枯死脱落，新叶卷曲，叶缘变黄，逐渐枯萎；缺锌时，叶片变成淡绿色，枝头尖端出现小叶簇生，俗称"小叶症"；缺氮时，花木会发育不良，植株瘦弱，叶形变细，颜色暗淡，老叶淡黄，叶枯后不脱落，果实小而干瘪；缺磷时，根系不发达，侧根数量减少，植株变暗绿色，生长缓慢，叶柄变细，叶片出现紫、红、青铜等异常颜色，老叶的叶脉间叶肉变黄，一碰就脱落，花期推迟，果实晚熟，抗寒能力变差；缺钾时，植株逐渐变得柔弱，抗病能力变差，易倒伏，症状从植株底部向上蔓延，叶片尖端和边缘变黄；缺镁时，老叶叶面变黄，叶柄仍然为绿色，叶脉也为绿色，但是叶肉变黄，花朵小，偏白色。

第九章 净化空气的环境植物

一、花草与室内环境

花草的存在价值

佛家说:"一花一世界,一草一天堂。"每朵花都有自己的世界,每棵草都有自己的绿意。世界万物都有其存在的意义和价值。花草长于天地间,与大自然亲密接触,每天接受阳光雨露的滋养,自然而然地散发出能量,借由形态、气味、色彩等刺激人的大脑。人的感官接收到刺激后,传至中枢神经,进一步与环境和谐互动,这种互动会影响人的情绪及环境的氛围。

花草让人心情好

植物的外形、色彩和气味,都能通过我们的感官接受、转化而影响我们的心理和情绪。如心情浮躁的时候,看看鹅掌柴、常春藤、山苏、巴西铁树等绿色观叶植物，心情就会平静下来。红色的花卉，则能让人心中自然而然充满了热情、喜气和无穷的希望。粉红色充满浪漫的气息，让人有一种如同初恋般的甜甜的感觉。黄色的花朵能让人产生眼前一亮的感觉，它还是象征财运的首选颜色！同样的道理，如果能在家中种植玉兰花、薄荷、玫瑰等植物，感觉累的时候，静下心来闻闻自然的香气，顿时感觉头脑清醒、神清气爽，这不就是最原始、最天然的芳香疗法吗？

充满玄机的植物

室内植物看起来很平常，很多人买来就是为了增添点绿色，装饰一下自己的家，让家更美丽、温馨。植物除了具有装饰作用外，还有没有其他功能呢？其实植物充满了玄机，它们体内蕴含着惊人的保健功能。那些碧绿的叶子不仅能稳定我们的情绪，给我们美的感受，还能调节室内空气的温度，吸收有毒气体。它们绚丽多姿的花朵能陶冶我们的情操，带给我们美的享受，还能消灭室内细菌，缓解我们身体的疲劳。

不断发展的科学技术极大地改变了我们的生活方式。过去人们大多数时间都在户外工作，而现在，随着电脑网络、无线通信的飞速发展，人们大多数工作都能在办公桌前轻松地完成，因此，人们待在室内的时间越来越长。室内空气质量的好坏对我们的身体产生了重要影响，且受到了人们越来越多的关注。

现代家居房屋和办公楼的豪华装修，办公设备和家用电器的大量使用，在给我们带来了快捷和方便的同时，非天然的合成材料的大量使用，家用电器和办公设备工作时所产生的电磁污染，室内通风不足等因素使室内环境污染越来越严重，严重危害了我们的身体健康。

为了消除种种不良影响，人们绞尽脑汁，安装加湿器、空气净化器、除菌器等，但是昂贵的价格、麻烦的维护、明显的副作用让人们感到沮丧。

其实,不用这样费劲,只要在居室内科学地摆放一些植物,就能消除危害我们身体健康的"不良因素"。植物能吸收有毒气体,分解有害物质,消灭细菌,在居室内营造一种蓬勃向上、生机盎然的氛围。

自然的空气加湿器

室内绿化可以根据个人的情趣、条件、爱好等因素去选择。室内的绿化植物能够净化室内空气,花草的光合作用能释放出水蒸气和氧气,减少空气中的尘埃,是自然的空气加湿器和净化器。特别是在冬季,开窗比较少,室内花草对空气的净化作用显得更加重要。在新装修的居室中,花草还能吸附有害物质和辐射。

天南星

在室内摆放一些抗污染的花草,能够净化室内的空气。如天南星的苞叶能吸收50%的三氯乙烯、80%的苯。如果在8~10平方米的居室内摆放一种抗污染的植物,就能起到"负离子发生器"的作用,大大有利于空气的净化。

最自然的"空气滤净机"

植物在白天吸收二氧化碳,释放出我们需要的氧气、芬多精、阴离子及水汽等各种有益人体健康的物质,不仅可以净化室内空气,也营造出了好的气场。植物所散发的芬多精,具有杀死空气中真菌、细菌的功能。阴离子则有改善自律神经失调、改善睡眠、增强体质、促进新陈代谢等好处。此外,植物还可以净化热气、噪音、灰尘及氨、甲苯、二氧化硫等有毒气体,是最自然的"空气滤净机"。

所以,除了要多到公园、乡村、海边、山林等自然环境中享受绿意,呼吸新鲜空气外,平日的生活里也要多种植花草树木,或者摆放一些盆栽,一样能舒缓心情、释放压力,还能起到净化空气的作用。

释放水分的室内植物

世界上的很多东西都能找到它的替代品,但是到现在为止,却没有一种物质可以代替水。水是万物之源,没有水,就没有生命。

人体需要补充水分,因为没有了水分,生命就无法进行。其实我们每天出入的居室也需要补充水分,这样才能保证室内合适的湿度,人体才能保持健康。怎样做才能让室内湿度合适呢?很多人用空气加湿器来解决湿度问题。加湿器虽然能缓解秋冬空气干燥的问题,但是用的时间长了,它的内部就会滋生很多细菌,反而会危害身体健康。

有没有一种办法,既能让室内空气变得湿润,又不会危害身体健康,让人感觉很舒服呢?有,而且还很简单,只要在室内放几盆植物就可以了。植物能调节室内湿度,改善空气质量。

植物是如何做到释放出水分,调节室内湿度的呢?原来,植物通过根部吸收水分,其中只用1%来维持自己的生命,剩下的99%都通过蒸腾作用释放到空气中。更让人惊奇的是,不管它吸收的是什么水,蒸发出去的都是100%的纯净水。

绿色植物可调节室温

人们常说:"大树底下好乘凉。"同样的道理,炎热的夏季,如果在室内摆放植物,也可以像空调一样制冷。不过在日常生活中,植物调节室内温度的功能,却往往被人们所忽视。

植物真的能像空调一一样调节温度吗?有人曾做过这样一个实验,在一公顷的土地上全部种上绿树,这块绿地一昼夜蒸发水分的调温效果,相当于500台空调连续工作20小时的效果。一个城市如果有很多林荫大道,那么,它就像一条条保温性能良好的"湿气输送管道",会使整个城市的温度趋于均衡。

现在,人们为了贪图一时的惬意,随手按下空调遥控器,以为这样就可以完全掌握室内温度,殊不知,空调对人体的危害已经超出了它带给人的舒适感觉。

研究表明,空调过多地吸附阴离子,室内阳离子越来越多,阴、阳离子失调,会导致人的大脑神经系统紊乱失衡。空气中的阴离子能缓解大脑疲劳,空调消耗大量阴离子,破坏了这一保健功能。而阳离子对人体有百害而无一利,可以称得上是人体的致命"杀手"。而空调却源源不断地制造它。

另外,空调所产生的冷气虽然能降低室内温度,但会刺激人体血管急剧收缩,血液流通不畅,导致关节受冷、受损、疼痛,出现像后背和脖子僵硬、四肢和腰疼痛、手脚冰凉麻木等病症。空调的冷气还会让空气干燥、湿度降低,这无疑会对人们鼻、眼的黏膜造成不利影响,从而导致呼吸道疾病的发生,严重损害人体健康。

因此,完全靠空调改变室内温度并不是最好的办法。绿色植物在吸收养分的同时,会在蒸腾作用和光合作用的过程中释放出大量的水分,可以增加空气湿度,起到调节室内温度的作用,可以用室内植物来代替空调。即使房间里安了空调,也要摆放几盆室内植物,这样不仅可以缓解干燥,还能让室内环境变得更自然、更和谐。

绿色植物吸收二氧化碳

在人的一生中,80%以上的时间都是在室内度过的。可想而知,在人员比较多的家庭或单位,室内的二氧化碳含量该有多高。

虽然二氧化碳本身没有毒,但是当空气中的二氧化碳超过正常含量时,就会对人体造成巨大的伤害。它会刺激人的呼吸中枢,导致呼吸急促。随着吸入量的增加,还会引起头晕、头痛、神志不清等症状。

那该如何解决室内二氧化碳过量的问题呢?解决这个问题的方法有很多,只是不同的方法会带来不同的效果。有的方法很简便,有的却很复杂;有的方法见效快,而有的却很慢;有的方法很健康,有的却会带来副作用……那有没有一种既简单、快捷又不会带来副作用的方法呢?有,那就是在室内种植植物。

植物为了汲取养分,会利用阳光、土壤中的水分和矿物质以及空气中的二氧化碳来为自己制造"食物",整个过程就是所谓的"光合作用"。在光合作用过程中,被称为"绿色工厂"的植物叶片,能吸收空气中的二氧化碳,使它和水分化合,形成植物供给营养的物质,比如淀粉、葡萄糖等,同时还能释放出人体呼吸所必需的氧气。

更让人吃惊的是,绿色植物"吞吃"二氧化碳的胃口大得惊人。每形成1克葡萄糖,就要消耗2500升空气中所含的二氧化碳。因此,对绿色植物来说,二氧化碳简直就是炙手可热的"超级营养物"。研究表明，在8～10平方米的房间里，只要摆放两盆绿色植物，如芦荟、凤梨、仙人掌等，就能吸尽一个人排出的全部二氧化碳。

既然知道了绿色植物的特别功能，那就要充分利用。但是需要注意，植物叶子的气孔闭合受多种因素的制约，因此，不同的植物进行光合作用的模式也不同。

大部分植物会在白天打开气孔进行光合作用，吸收二氧化碳，释放出氧气，但到了晚上就会停止，因此，这些植物不能在卧室里过多地摆放，夜晚的时候它们不但不会为人提供氧气，反而还会跟人"争夺"氧气。而仙人掌类植物就能在晚上吸收二氧化碳，释放出氧气。因此，可以在卧室内放置几盆，以供应夜间的氧气需求量。

选择适合自己的植物

长期在电脑前工作的设计师，可以在室内摆放葱郁的柏树，在享受一片绿色带来的活力的同时，还能减少噪音对工作的干扰。

置身于繁忙都市的年轻白领，可以在窗前摆放素雅的吊兰，不但可以去除室内85%以上的甲醛和90%以上的一氧化碳，还可以缓解工作紧张造成的压力。

对于生病的人来说，在室内摆放一盆美丽的茉莉，它散发出的淡淡清香，既能缓解郁闷的心情，让心情变得舒畅，还能抑制病菌的滋生。

一株万年青，不但可以让居室生机盎然，还能改善室内的空气，让家人神清气爽，心情舒畅。一盆君子兰，不但可以让居室显得高雅，还能消除烟雾给家人带来的危害。由此可以看出，健康惬意的生活离不开室内植物的帮助。植物不再是居室中可有可无的点缀，它不仅满足了我们对大自然的向往与亲近，带给我们自然的美感与风韵,也在保护着我们的健康,保证了我们优良的生活品质。我们可以通过科学的养护和合理的摆放,来充分激发室内植物的健康潜力,营造出一个清新自然、绚丽多彩的室内环境。

正确认识植物的作用

很多人以为绿色植物能把室内所有的有害气体全部吸收并转化,其实这种观点是错误的。大多数植物对室内的有害气体有一定的抗性和吸收能力,植物将污染物吸收后可分解为无害的物质,然后通过根排出体外或被自身利用。但是,如果室内污染物浓度过高,超过了植物吸收、分解的能力,植物就会受到伤害,甚至可能会因吸入大量的有害物质而死亡。

还有些植物对有害气体相当敏感,如木棉、泡桐等对二氧化硫敏感,唐菖蒲对硫化氢敏感,在污染物浓度不是太高时,它们可以作为净化污染物的植物。但是如果污染物浓度严重超标时,这些植物也会被伤害致死。

绿色植物还会与人争氧。大部分植物在新陈代谢的过程中,白天进行光合作用吸进二氧化碳,呼出氧气,晚上进行呼吸作用,吸入氧气,呼出二氧化碳。因此,在不经常通风的室内,如果摆放太多的植物,会造成室内缺氧,而严重影响人的正常呼吸。但也有少数植物会在夜间吸入二氧化碳,呼出氧气,如仙人掌类植物。而在养护绿色植物时,也可能造成新的污染,如杀虫、施肥,农事操作等,因此,使用绿色植物净化空气时,有时也会带来一些负面影响。

解决室内污染,除了摆放植物,还有没有别的办法呢?据试验,一个80平方米的房间,在室内外温差为20℃时,打开窗户9分钟就能把室内外空气置换,自然通风是排出空气污染物的重要方法。所以,开窗通风也是解决室内污染最简单、最重要的方法。

二、客厅的健康植物

客厅的采光和通风条件都很好,这使我们在选择花草上有了更大的空间,不管是喜阴植物,还是喜阳植物,都能在这里找到适合自己的位置。一般情况下,客厅的空间较其他房间大,是一些高大花草的"安乐窝"。

客厅花草的摆放

客厅是家人团聚、接待客人的地方,这里的花卉不要摆放太多,三盆以内就可以了,主要是要营造出大方、温馨、热情好客的气氛。

摆放花草时应尽量靠边,还要注意大、中、小的搭配。如果客厅的空间比较大,可以摆放挺拔舒展、造型生动的植株,如发财树、散尾葵、橡皮树、大株龟背竹等;如果客厅空间小,可以摆放蔓藤类植物或小型植物,如万年青、鸭跖草、常青藤等。茶几上可以放置一些小型植物盆栽或鲜艳的盆花。

大型花草可以摆放在沙发旁边或墙角;中型花草可以摆放在窗台上或制作较高的花架上;蔓藤类的花卉可以采用壁挂式或悬挂于顶面。

客厅常见污染

◎装修带来的有毒气体;

◎厨房的油烟;

◎灰尘;

◎电视、电脑的辐射;

◎衣物、鞋子带来的异味；

◎噪音。

万年青

万年青喜欢温暖潮湿和半阴的环境，夏天天气炎热、日照强烈的时候，要避免强光照射，否则，会造成叶子干尖焦边，严重时会枯黄。但光线也不能太暗，如果光线太暗，就会导致叶片褪色，一样会影响观赏效果。它的生长期为3~8月，在生长期的每个月都要施肥，还要多浇水。夏天的时候要常常洒水，以增加空气湿度。

中国栽培万年青的历史悠久，其名称和红色的果实常作为吉祥、富有、平安、健康、长寿的象征，深受人们的喜爱。

万年青具有独特的空气净化能力，可以去除尼古丁、甲醛等，空气中污染物的浓度越高，它的净化能力就越强。

万年青叶姿秀丽高雅，秋冬时节，结出红色的果实，更能为居室增添色彩。小盆栽常放在书房、厅堂的条案上或窗台、案头，用来观赏；中型盆栽，放在客厅的墙角或沙发的旁边作为装饰，可以令室内顿时生机盎然！

发财树

发财树又叫马拉巴栗、瓜栗、中美木棉。喜欢高温湿润的环境，喜欢阳光照射，不能长时间的荫蔽，因此，要放在室内阳光充足的地方。摆放的时候，要让叶面朝向阳光，不然会使整个枝叶扭曲。3~5天用喷壶喷一次水。

发财树对肥料的需求高于其他花草，在它的生长期5~9月，每隔半个月就要施用一次混合型育花肥。

广东的很多私家庭院都种有发财树,它有财源滚滚、发财之意。在节庆、公司开张的日子里,人们喜欢用它的盆栽作为礼仪植物赠送友人。

发财树对一氧化碳和二氧化碳有很强的净化作用,清除甲醛、氨气、氟化氢等有害气体的能力也很强。发财树能使空气中负离子的浓度增加,提高空气湿度,降低温度,是联合国推荐的国际环保树种之一。据测定,每平方米的发财树植物叶面积,在24小时内可以清除2.37毫克的氨、0.48毫克的甲醛。

滴水观音

滴水观音又叫滴水莲、佛手莲。喜欢半阴的环境,应放在能遮阴、通风的地方,不能在烈日下暴晒,否则植株会出现大面积灼伤。夏季高温的时候,要把它放在一个相对湿润、凉爽的环境中,在保证盆土湿润的同时,还要不时给叶面喷水。冬季的时候,一周喷一次水就能保证其叶色翠绿。

滴水观音长得很快,因此,要经常施肥,每月施1~2次含氮素比例高一些的复合肥。当温度降低时,可减少施肥或不施肥。如果饲养不当,叶片会出现发黄甚至干枯的状况,这个时候,要将发黄叶片连同茎部一起用刀削掉,这样就不会影响其他叶片生长。

如果你不想让养在室内的滴水观音长得太高,想让它保持小巧玲珑的株型,这很简单,只要在它的幼苗长到适合摆放的时候,用2%的多效唑溶液喷洒全株即可。喷洒以后再长出的茎叶都不会高过40厘米,而且叶片肥厚,观赏性很强。半年左右喷一次就能起到控高的效果。

滴水观音在温暖潮湿、土壤水分充足的条件下,就会从叶子的边缘或叶尖向下滴水,而且开的花很像观音,故名"滴水观音"。

滴水观音叶色翠绿,株型优美,有很好的净化空气的功效,是大堂、客厅、办公室、会议室的上好装饰植物。

平安树

平安树耐阴,喜散光。不同的生长阶段,对光有不同的要求。3~5年的耐阴,要有遮挡,6~10年的要充分光照。对土壤的要求不高,只要疏松肥沃、排水良好、偏酸性即可。一般不用浇水,每隔2~3天给叶子喷一次水,一周左右浇透一次水。特别是入秋以后,更要少浇水,多喷水。积水会导致叶片脱落、植株枯黄,严重的还会烂根。

平安树有平安、吉祥、合家幸福、万事如意的寓意,因此,人们多用它来表达祝福。它能释放一种清新的气体,去除异味,净化空气,让人精神愉悦、心情放松。大型的平安树可以摆放在客厅、卧室、办公室等的角落处。小型的可以摆放在案几、办公桌、餐桌等处。

酒瓶兰

酒瓶兰喜温暖干燥、阳光充足的环境,在室内要放在光线明亮的地方,每隔几天就要搬到室外晒晒太阳,即使夏季也一样,它不怕强光直射,不用担心叶尖会被灼伤。生长的适宜温度为18℃~26℃,不耐寒,冬季温度要保持在3℃以上,否则会受到冻害。有较强的耐旱能力,浇水要坚持"宁干勿湿"的原则,生长期要增加浇水次数,保持盆土湿润,但不能积水,否则易烂根。每7~10天施肥一次,冬季停止施肥。对土壤的要求不严,以肥沃的沙质壤土为佳。要经常修剪老叶,以促进植株长高。

酒瓶兰茎秆苍劲,基部膨大,酷似酒瓶,叶片婆娑而优雅,是良好的观茎赏叶花卉。

酒瓶兰能在夜间吸收二氧化碳,释放出氧气,净化空气的能力较强,对人体健康非常有益。

小型盆栽置于台面、案头,显得清秀典雅。中型盆栽点缀客厅、书房,新颖别致。大型盆栽装饰宾馆、会场、商场等公共场所,气派非凡,而且极富热带风情。

铁树

铁树喜欢温暖湿润的环境,盆土要保持湿润,但是不能积水。夏天天气炎热,每天要浇一次水,秋天要减少浇水量,冬天的时候,可以5~6天浇一次水。夏季要施稀释的液体肥,如果加入硫酸亚铁溶液,叶色就会更加浓绿。铁树的生长速度比较慢,但是寿命很长,一般可达200年以上。

有诗人曾经这样描写铁树开花:"花是一把剑,剑是一朵花。"花是娇弱的,剑是锋利的,好像二者没什么关系,其实细想一下就会明白铁树有英雄的品格,像剑一样的花和具有铮铮铁骨的铁树搭配是再适合不过的了。

新装修的房屋、新买的家具,甚至连吸烟产生的烟雾中都含有苯,铁树可以有效地吸收苯和苯的有机物。在新装修的房子里或办公大厅里摆放铁树,可以有效净化空气、美化环境。据测定,铁树一天可以去除人造纤维、香烟中释放的80%的苯。如果家中有人吸烟,一定要摆上铁树,这对健康有好处。此外,铁树还是一种吉祥植物,有很多美好的寓意。

蝴蝶兰

蝴蝶兰喜欢半阴和潮湿的环境,但是不能浇太多的水。长期处于潮湿状态,它的根会腐烂,叶子会慢慢变黄,严重的还会死亡。可以用喷雾器喷洒叶面,但不能将水雾喷到花朵上。夏秋季节要避免阳光直射,为了让它接受光照,可以放在室内的窗台上,用纱窗遮光。越冬的温度不能低于18℃。盆栽的土壤不要用泥土,可以采用水苔、木炭碎末等。蝴蝶兰除了需要磷、钾、氮外,还需要其他元素,因此,要选用养分全面的肥料,如兰花专用肥料、复合肥、鱼肥等。

它大多采用细胞组织培养进行繁殖,试管育成幼苗然后移栽,大约两年的时间就能开花。有些母株在花期过后,花梗上的腋芽也会生长发育为子株,当它长出根时,再从花梗上切下进行分株繁殖。

蝴蝶兰颜色华丽,花姿优美,有"兰中皇后"的美誉,象征着丰盛、长久、幸福。一般以单数摆放,两单便成双,隐喻好事成双。在国外象征着纯洁、爱情、美丽等吉祥之意。

它的学名按希腊文的原意为"好像蝴蝶般的兰花"。植株十分奇特,没有匍匐茎,也没有假球茎。每棵只长出像汤匙般的阔叶,交互叠列在基部之上。花色鲜艳夺目,有鹅黄、纯白、橙赤、淡紫和蔚蓝等色。一般每枝开花7~8朵,花期较长,可以连续观赏60~70天。等到花全部开放的时候,就像一群蝴蝶列队飞翔,那飘逸的姿态,让人产生一种如诗如画般的感觉。

蝴蝶兰具有极高的观赏价值,还能吸收室内有害气体,是净化空气、美化环境的上好花卉。家里放上两盆蝴蝶兰,既美丽又健康。

垂叶榕

垂叶榕对光线要求不高,喜温暖湿润,忌低温干燥,耐贫瘠、耐湿、抗风耐潮。在夏季,盆栽要遮阴,并及时浇水。25℃~30℃时生长较快,空气湿度80%以上时容易长出气生根。经常向叶面喷水,增加叶片光泽度,可促进生长。干燥会造成落叶及顶芽发黑干枯。冬季的时候要控制浇水,过湿会烂根。垂叶榕病虫害少,耐修剪,易塑形,尤以耐空调、耐阴著称。

在热带雨林里,垂叶榕常常以寄生并绞死其他植物的方式获得空间。在西双版纳,人们常可看到垂叶榕绞死油棕树的情景。被绞死的油棕树腐朽以后,就成了一件天然的艺术品。外部奇形怪状,内部完全中空。锯下树干,经过打磨后,可以直接放在客厅作装饰,也可以作圆桌架或花盆架。

垂叶榕是非常有效的空气净化器,可以提高房间的湿度,有益于我们的皮肤和呼吸。它还可以吸收甲醛、甲苯、二甲苯及氨气等,叶面较宽,能大量吸收二氧化碳,净化混浊的空气。

垂叶榕美丽的小型叶片,可成为房间里的漂亮装饰,室内设计师常用它来营造欢快的氛围。放在室内的垂叶榕最好不要来回搬动,否则容易掉叶子。

鹅掌柴

鹅掌柴叶色浓绿,外形似鹅掌,故而得名。喜温暖、湿润及半阴的环境。日照不同,叶子的颜色也不同,如果日照太强,叶子无法呈现有光泽的浓绿色,而

鹅掌柴

半阴和半日照,叶子则亮绿有光泽。在明亮通风的室内,可以长时间的观赏。

16℃~26℃的环境,最适合鹅掌柴生长。它的越冬温度为12℃,最低不低于5℃,否则会落叶。空气湿度高、土壤水分充足,有利于鹅掌柴的生长。鹅掌柴不能缺水,夏天每天要浇一次水,春秋每隔3~4天浇一次水。冬季在低温条件下要适当控水。每年春季要换一次盆,盆土要用腐叶土、泥炭土、珍珠岩加少量基肥配制。也可以用细沙土栽培。鹅掌柴的生长速度比较慢,又容易萌发徒长枝,因此,平时要进行适当修剪。

鹅掌柴可以从烟雾弥漫的空气中吸收尼古丁和其他有害物质,并通过光合作用转换为无害的物质,给那些有烟民的家庭带来新鲜的空气。此外,鹅掌柴还能吸收甲醛,每小时大约能吸收9毫克。

鹅掌柴株型优美、丰满,而且适应能力强,是优良的盆栽植物。适宜摆放在客厅的角落。春秋季节也可以放在楼房阳台和庭院的蔽阴处观赏,还可以种植在庭院中,是南方冬季的蜜源植物。

千年木

千年木对光照的适应性比较强,在半阴或阳光充足的情况下,叶、茎均能正常发育。喜潮湿,也耐旱,生长期要保持盆土湿润,但是不能积水,否则会造成根烂叶落。生长的适宜温度为20℃~30℃。对土壤要求不高,以肥沃、疏松和排水良好的沙质土为佳。盆土以培养土、腐叶土和粗沙的混合土最好。长到一定程度后,要进行截顶,以促进分枝,让株型茂盛。

千年木一般采用扦插法繁殖。将茎切成3~4厘米的段,带少量的切片,然后插在已经消毒的介质中,夏、秋均可扦插。

千年木的花语是清新悦目、青春永驻,适合送给公司和个,恭祝对方事业长青。

千年木拥有魅力的外形,而且对昏暗干燥的环境有很强的适应性,只要稍加照料,它就能长时间生长。最重要的是它还能带来优质的空气,它的根部和叶片能吸收甲苯、二甲苯、苯、三氯乙烯和甲醛,并将其分解为无毒的物质。

千年木外观时尚,是桌案、室内、窗台上陈设的观叶佳品。盆栽时最好选择长形较高的花盆,这样与千年木的整体形态更搭配了。

橡皮树

橡皮树喜高温湿润、阳光充足的环境,炎热的夏季,每天都要浇水,并经常向叶面上洒水,保持叶面湿润。冬季浇水的次数要减少,5天左右浇一次水。盆土干一点有利于安全过冬。橡皮树对光线的适应性较强,每周要放在阳光下晒1~2天,同时注意通风。它生长的适宜温度为15℃~25℃,越冬温度不低于5℃。橡皮树喜肥沃的沙壤土。每半个月要施一次低浓度的液体肥,施肥最好选择盆土较干时进行,这样有利于吸收。

当植株长到1米左右时,要进行截顶,以促进分枝萌发。侧枝长成以后,每半年修剪一次,2~3年后,你就可以看到拥有完美外形的橡皮树了。

橡皮树象征招财添喜,常用做商务礼仪花卉。

橡皮树对氟化氢、一氧化碳、二氧化碳等有害气体有一定的抗性,可清除室内可吸入颗粒物,有良好的吸附滞尘作用,使室内空气清新自然。

橡皮树叶片绮丽而肥厚,宽大美观而且有光泽,红色的顶芽状似浮云,托叶裂开后恰似红缨倒垂,观赏价值很高。

中小植株常放在客厅的窗边,可以抵挡有害粉尘的侵袭,净化空气。中大型的植株适合布置在大型建筑物的门厅两侧及大堂中央,既显得雄伟壮观,又能体现热带风情。

七里香

七里香喜充足的阳光,不怕阳光直射,也耐半阴或全阴,但不能长期放在全

七里香

阴的环境中,否则会生长不良。春、夏要保持盆土湿润,夏季气候干燥时,还要向叶面喷水,增加湿度。冬季盆土要稍干,控制浇水量。春季要及时修剪整形,夏季要摘心,否则会徒长。

七里香的种子发芽能力强,因此,多采用播种法繁殖。每年10月采种,种子外面有黏液,因此,要用草木炭拌种脱粒后播种,播种后盖上草,第二年春天即可发芽。

七里香四季常青,而且具有光泽,花、叶、果均具有较高的观赏性。春季叶色淡绿,夏季开花清雅秀丽,花香袭人,秋季硕果累累,果实开裂露出鲜红的种子,晶莹可爱。冬季它的叶凌寒抗霜、经久不凋。因此,它被看作梅花的兄弟,深受人们的喜爱。

七里香对氯气、氟化氢、二氧化硫有较强的抗性,对汞蒸气有较强的抗毒性和吸收富集能力。此外,还有吸收粉尘和隔音的功能。它有一种特殊的清香气味,能调节神经系统,使人精神愉悦、心情舒畅。

选择深盆浅栽七里香，逐渐提根，随着它的不断生长，会出现悬根露爪、苍古奇特的造型，看起来非常有艺术感。

花叶芋

花叶芋喜欢阳光，但是不能暴晒，否则会灼伤叶片，但是如果阳光不足，叶片就会变暗，细长而软弱，失去绚丽的色彩，因此，要在早晚让它接受阳光的照射。春、夏季节要大量浇水，保持盆土湿润，如果干燥会使叶子枯萎。夏季还要向叶片喷水。入秋以后，花叶芋的叶子慢慢开始枯萎，进入休眠期，这时要减少浇水量。花叶芋要求土壤肥沃、疏松、排水良好。

花叶芋多采用分株繁殖。秋天，它的叶子枯萎以后，保留其块茎，到第二年的春天块茎开始发芽长叶的时候，用刀切割带芽块茎，等到切面干燥愈合就可以入盆栽植。

花叶芋叶形美丽，叶片色彩斑斓、绚丽，就像由高明的画师彩绘而成，给家居带来了灿烂斑斓的感觉，意寓着家庭兴旺，事业红火。

花叶芋是天然的空气加湿器，能增加室内的空气温度，还能通过叶面纤毛吸附空气中飘浮的微粒和灰尘。此外，它还是一种很好的装饰品，让你在享受清新、湿润空气的同时，还能感受蓬勃的生机和美感。花叶芋为新近流行的室内观叶植物，小型盆栽可以摆放在桌面、案头、窗台上，配以白瓷套盆或白色塑料套盆更显高雅。

龙血树

龙血树喜高温多湿的环境，光照充足，叶片色彩艳丽。夏季要保持土壤湿润,每月施1~2次复合肥。经常往叶面上喷水,可以提高空气的湿度,叶色会更加亮丽,叶质也会更加肥厚。冬季要注意防寒,温度要保持在15℃左右。如果低于8℃,根吸水不足,叶缘及叶尖会出现黄褐色的斑块,影响观赏效果。冬季要减少往叶面喷水,但是要经常往地板上洒水,这样可以增加湿度,有利于保持叶片色彩,防止出现干尖现象。龙血树喜排水良好、疏松、腐殖质丰富的土壤。

龙血树可采用播种和扦插法繁殖,园艺品种通常采用扦插法。插穗可以选用嫩枝,也可以是多年生茎秆,将插穗插在以粗沙为介质的插床上,插床的适宜温度为21℃~24℃。嫩枝在2~4周内就能生根发芽,茎秆生根比较慢,需要2~3个月。生根后移入盆中。

龙血树受伤后会流出暗红色的"血液",当地人传说是巨龙的血,故名龙血树。这种红色的汁液是非常有名的防腐剂,是古代人用它来保存人类尸体的高级材料,现在人们用它作为油漆的原料。

龙血树能吸收苯、甲苯、二甲苯、三氯乙烯和甲醛,在抑制有害物质方面,其他植物很难与龙血树相提并论。

龙血树的株型优美,叶色、叶形多姿多彩,是室内装饰的优良观赏植物,中小盆可以放置在客厅和卧室,大中型植株可以布置厅堂。

非洲菊

非洲菊在生长期需水量大,应保持供水充足,夏季每3~4天浇一次水,冬天约15天浇一次水。花期浇水需要注意的是,不能让叶丛中心沾水,否则花芽会腐烂。浇水时可结合施肥,非洲菊的需肥量比较大,可根据长势施用以磷、钾为主的复合肥,并施用两次镁、钙肥。

非洲菊属喜光植物,冬季需全光照,但夏季要适当庇荫,还要加强通风,防止高温引起休眠。它对土壤要求不高,以肥沃、疏松、土层深厚、富含腐殖质、排水良好、微酸性的沙质壤土为佳。如果其叶丛下部有黄色的叶片,要及时清除,否则会影响新叶及花的萌发。花凋谢以后也要及时地剪除,防止消耗养分。

非洲菊又称扶郎花,象征互敬互爱。有些地方喜欢用扶郎花扎成花束布置新房,取其寓意,体现新婚夫妇互敬互爱之意。同时,它也代表着兴奋、神秘、清雅、高洁、隐逸、不畏艰难、有毅力。它的花语是永远快乐。

非洲菊可有效地吸收甲醛、氯气等有毒气体,能通过新陈代谢把致癌的甲醛转化成天然的物质。还能吸收打印机、复印机排放的苯,并将其分解为无害的物质,让室内空气洁净,令人心情舒畅。非洲菊花枝挺拔,花色艳丽,水插时间长,可达15~20天,为世界著名切花之一。花形呈放射状,常作为插花主体,多与文竹、肾蕨相配。

万寿菊

万寿菊生命力极强,喜湿又耐干旱,但是夏季不能浇太多的水,因为水分过多,茎叶生长旺盛,会影响株型和开花。对土壤要求很低,几乎所有的土壤都可栽培。简单地说,万寿菊很好养,非常适合养花新手。只要保证盆土不太潮湿,多给它点阳光,它就会开出金灿灿的菊花。

万寿菊容易栽种,生命力顽强,常代表长寿延年的意思。每年6~10月开花,花期很长,达5个月之久。花盛开的时候,金黄、鲜黄缤纷灿烂,被认为是能带来"满盆金"的吉祥花。

万寿菊能充分吸收空气中的氯气、氟化氢、二氧化硫等有害气体,给我们带来清新宜人的空气,提高空气的质量。其散发的味道还有驱除蚊虫的功效。很适合摆放在室内,既能欣赏又有利于健康。

万寿菊分枝性强,花多株密,生长整齐,非常美观,适合摆放在客厅、书桌、案几等处。另外,还可以把花连带茎剪下来,插在花瓶里,令室内充满朝气。

大花蕙兰

　　大花蕙兰怕干不怕湿,而且对水质要求比较高,喜酸性水,对水中的镁、钙离子比较敏感,以雨水灌溉最佳。在生长期需较高的空气湿度,如果湿度不够,会影响植株生长发育,导致根系生长缓慢而细小,叶色偏黄,叶片变得厚而窄。

　　在兰科植物中,大花蕙兰属于喜光的一类,光照充足有利于叶片生长,形成花茎并开花。如果光照不足,叶片会变得细长而薄,假鳞茎变小,影响开花,还容易生病。炎热的夏季,要遮光50%~60%,秋季要多见阳光,这样有利于花芽的形成与分化。冬季的时候,增加辅助光,对开花非常有利。肥沃、疏松和和透气的腐叶土,比较适宜栽种大花蕙兰。

　　古语有云:"一茎一花者为兰,一茎五花者为蕙。"大花蕙兰可以说是兰与蕙最完美的结合。它花朵艳丽,叶片舒展飘逸,幽香典雅,丰富多彩。大花蕙兰的寓意是福泰安康。

　　大花蕙兰花香浓郁、身姿挺拔,作为盆栽来装饰居室环境非常雅洁。还能吸收空气中的甲醛和一氧化碳,起到净化室内空气的作用。在家中放一盆大花蕙兰,在享受美的同时,还能获得新鲜空气,真是一举两得。

　　大花蕙兰花大,花多,花形规整丰满,花茎直立,色泽艳丽,花期长,小型植株常做盆栽,大型植株常做切花。

山茶花

　　山茶花喜半阴环境,夏、秋季节要遮阴,避免烈日直射,否则会灼伤叶片。

但也不能过阴,过阴会使叶片变薄,开花少。山茶花对光线比较敏感,夏、秋季节不要挪动花盆的位置,以免造成光线紊乱。忌干,春、夏、秋季都要向叶面喷水,夏季高温时,还要向花周围洒水,以提高空气湿度。每周都要用清水洗叶片。山茶花喜欢温暖,太冷和太热它都会停止生长。不用每年都换盆,2~3年换一次就可以,6月换盆比较合适。如果春节换盆,一定要小心,不要伤根。花蕾多时要及时疏除一部分,不要保留太多,以使营养集中。

山茶花的花期很长,在红梅之前开放,在桃李之后凋零,历经冰雪风霜之季,依然繁花朵朵,寓意持久、坚贞。在古代,山茶花还被人们用来表达爱国之情。

山茶花对氟化氢、二氧化硫、硫化氢、氯气等有害气体有很好的吸收作用,能起到净化空气的作用,花朵散发的味道,还能驱蚊虫。

地栽可散植、丛植在庭院,盆栽可以放在窗台、阳台等阳光充足之处。

一叶兰

一叶兰有极强的耐阴性,即使在阴暗的室内也能观赏很长时间,但是长期放在暗室会阻碍叶的萌发和生长。夏季要避免阳光直射,否则会灼伤叶片。春末可放在荫棚下的通风处,秋末的时候再搬回室内。喜湿润的环境,盆土要保持湿润,可经常向叶面洒水。对土壤要求不高,耐贫瘠,喜疏松、肥沃、排水良好的沙质土壤。对肥料要求也不严格,15天施一次肥,冬季不需要施肥。生长的适宜温度为15℃左右,不耐寒。

通常采用分株法繁殖,在春天的时候将地下的根茎连同叶片分成数丛,每丛带3~5片叶子,然后栽到盆中,放在半阴的环境中就可以了,成活率非常高。

一叶兰象征不老的青春。年轻人如果在室内摆放一盆一叶兰,更能烘托出蓬勃奋发的朝气。

一叶兰叶形漂亮,摆放在客厅显得大气、美观。还能清除甲醛污染,吸收氟化氢、二氧化碳,让你拥有清新的空气。

一叶兰还是理想的水培植物,可以花鱼共养,真是一举多得。也可以作为插花的配叶材料,装扮居室。

棕竹

棕竹是比较好养的植物,只要稍微呵护,就能茂盛的生长。耐阴,适合放在散光下或半阴处,夏季高温时要遮阴,但也要保持60%的透光率,还要注意通风。喜欢温暖潮湿的环境,要保持盆土湿润,定期浇水,空气干燥时,要经常喷水,增加空气湿度。同时要用软布蘸清水擦拭叶面,保持清洁。

棕竹不耐寒,春天的时候有的叶梢变黄,是因为冬天受冻。如果有黄色的叶片,要及时剪去,避免影响其他部分。生长期时每月施氮肥1~2次。一般采用分株法繁殖,分出的株丛不少于10秆,栽入盆中要放在半阴处,不能浇太多的水,等到萌发新枝后进行正常养护。

棕竹又称观音竹,显得有仙气和灵气,波认为能给养花的人带来福气和运气。

棕竹具有良好的空气净化作用,放在室内能吸收二氧化碳并制造氧气,对二氧化硫的污染有一定的抵抗作用。

棕竹长成一大片时,很有热带风味,有较高的观赏价值,适合放在客厅。棕竹也可以水培,但是生长速度较慢,需要耐心护理。

蔷薇

蔷薇为喜光花木,需要充足的阳光。喜湿,要保持盆土湿润,但是忌积水,蔷薇怕水涝，水涝会烂根。它的根系比较发达，抗病能力和生命力都很强，能在贫瘠的土壤中生长。植株蔓生的越长，开花越多，需要的养分也越多，每年冬季的时候，施一次肥，可以保持花芽繁茂，花色艳丽。因产花量大，产花季需要更多的养分，每周应施肥1~2次。还要注意剪去弱枝上的花蕾，培育采花母枝。

蔷薇多采用当年的嫩枝扦插育苗，成活率高。有些名贵品种，很难扦插，可用嫁接或压条的方法繁殖。盆花蔷薇科的月季一般都是采用压条法育苗。

修剪是蔷薇整形中不可缺少的工序，如果修剪得不好，蔷薇长成刺蓬一堆，参差不齐，不仅外形不雅观，还容易生病虫害。蔷薇一般都是每年修剪一次，在春季萌芽前进行。主枝保留在1.5米以内，其余部分剪除。每个侧枝保留基部3~5个芽即可。同时，将细弱枝、枯枝及病虫枝疏除，促进新枝萌发。

蔷薇可以吸收苯、乙醚、苯酚、硫化氢等有害气体，还可以清除锑剂中毒，非常适合放在刚刚装修好的房子里。花朵还能产生挥发油，具有明显的杀菌效果。

在欧美国家，蔷薇总是和爱情联系在一起，白蔷薇代表纯洁的爱情，黑蔷薇代表绝望的爱，红蔷薇代表热恋，粉蔷薇代表爱的誓言，粉红蔷薇代表一生相随，深红蔷薇代表只想和你在一起，黄蔷薇代表永恒的微笑，蓝蔷薇代表梦幻美丽。而在我国古代，人们常常把蔷薇比喻成美女。

蔷薇花还可以布置成花格、花架，夏天枝繁叶茂，有"密叶翠幄重，浓花红锦张"的景色。不过需要注意的是，它身上有刺，不要被扎到。

百合

百合喜光，如果光照不足，会影响开花。百合较耐寒，生长的适宜温度为12℃~18℃，冬天即使气温降到3℃~5℃也不会冻死。一般不需要太多的水，保持盆土潮润即可，但是在天气干旱和百合生长期时，要适当勤浇水，并在花盆周围洒水,以提高空气湿度。但不能积水,否则鳞茎易腐烂。百合对钾、氮肥的需求量相对大一些,生长期每 10~15 天施一次,要限制磷肥的供给,因为磷肥过量,叶子会变黄。百合花期可以适当增施 1~2 次磷肥。百合喜肥沃、疏松的沙质壤土。

百合开花后要及时将残花剪掉,以减少养分消耗。每年换一次盆,换上新的培养土和基肥。此外,在其生长期每 7 天左右转动一次花盆,否则植株会偏长,影响美观。

百合有"百事合意、百年好合"的寓意,是婚礼必不可少的吉祥花卉。由于外表纯洁高雅,有"云裳仙子"之称。天主教以百合为圣母玛丽亚的象征,梵蒂冈把百合作为国花。

百合能吸收空气中的一氧化碳和二氧化硫,净化空气的效果明显。其花期很长,花朵大而美丽,花瓣有向外翻卷的,有平展的,能散发出淡淡的幽香。剪下带茎的花朵,插在绿色的花瓶中,摆放在客厅里,看上去非常端庄、优雅。

蜀葵

蜀葵耐半阴,喜欢凉爽的气候、充足的阳光,但是忌强光直射。生长期最好放在日照充足及通风良好的地方。蜀葵喜湿润,较耐干旱。早春老根发芽时,要及时浇水,但是要控制水量,不能浇太多。叶片水分的蒸发量比较大,因此,在生长期要及时补充水分,保持土壤湿润。如果太干,花苞会过早开裂。冬季的时候要少浇水。蜀葵喜欢肥沃、土层深厚、排水良好的土壤。盆栽可选用腐叶土,在开花前,要施肥 1~2 次。

蜀葵一般采用播种法繁殖,北方春种,当年就开花,南方则到第二年开花。也可以采用扦插和分株法繁殖,优良品种一般采用分株、扦插法繁殖。

自古以来,基督教在纪念圣人时,都会选择用盛开的花朵来点缀祭坛,这样圣人就与特定的花联系在一起了。圣斯塔法诺在耶稣受钉十字架后,在巴勒斯坦发表演说,向众人讲解耶稣遭杀害的经过,结果不幸被犹太人以乱石击死。人们选择蜀葵来祭祀圣斯塔法诺。后来圣斯塔法诺托梦给主教,人们才在公元415年找到他的遗骸。因此,蜀葵的花语就是"梦"。凡是在找到圣斯塔法诺遗骸这天出生的孩子,都是爱做梦的孩子。

蜀葵花大色艳,对二氧化硫、三氧化硫、硫化氢及氯化氢有较强的抗性。叶片宽大,能吸收部分有害气体,是良好的室内绿化植物。

三、卧室的健康植物

卧室是睡眠、休息的地方,要经常打开门窗,使房间通风,排队屋内的污浊空气。还要适当放些植物,让卧室充满田园气息,并且净化空气。

卧室植物的摆放应该创造安逸、舒畅、清净的环境,让人一天的疲劳在这里消失得无影无踪。最好选用冷色调的花卉来点缀,以小型植物为主,可以摆放仙人掌、仙人球等。但不宜摆放过多,也不要摆放香气浓烈的植物,因为它们不利于夜间睡眠。

卧室花草的摆放

卧室花草要根据花草的形状、大小的不同来摆放。如卧室的写字台、书桌、床头柜和穿衣柜等,应该摆放小型花草,可以在床头柜上摆放一盆文竹,在穿衣柜上摆吊兰。窗台上可以摆放一些中小型花草。

卧室的常见污染

◎装修带来的有毒气体;

◎室内不通风,造成有害气体集聚;
◎灰尘;
◎电视辐射。

文竹

文竹喜欢半阴的环境,要避免阳光直射,受散光即可。夏、秋季可放在阴凉处,冬季放在向阳处。喜湿润,不耐干旱,要经常保持盆土湿润,如果浇水太少,叶尖会发黄,叶片会脱落。夏、秋可以偏湿一点,但是要注意不能积水。炎热的夏天除了要经常浇水外,还要往叶面上喷水,提高空气湿度,让文竹更加新鲜翠绿。对土壤的要求严格,排水良好、富含腐殖质的沙质土壤为佳。

一般在春季对文竹进行分株繁殖,将丛生的根和茎分成2~3丛,每丛含有3~5枝芽,然后分别栽入盆中,要注意遮阴和保湿。

修剪文竹主要是剪去老茎,这样就能从上面发出新枝,有层次感。在文竹的生长期,还要将枯枝、过密枝、弱枝剪去,这样能使文竹更好地生长。

文竹的意思是"文雅之竹",其实它不是竹,但是枝干有节似竹,常年翠绿,且姿态文雅潇洒,不乏竹的青翠劲拔,更彰显文雅风采,常能激起人们淡定自若的心态。

文竹象征永恒,在婚礼用花中,它代表爱情地久天长、婚姻幸福甜蜜。

文竹在夜间可以吸收二氧化硫、二氧化碳等有害物质。此外,它还是人们躲避病毒和细菌的保护伞,它的植物芳香能分泌杀灭细菌的气体,清除空气中的病毒和细菌,减少伤寒、感冒的发生,降低室内二次污染的发生率。如果家里养了宠物,难免会滋生细菌,可以养两盆文竹,既可以杀菌、杀毒,还能美化环境。

文竹也适合放在书房,其文静气息和书卷气息相得益彰。文竹还可以水培,水培文竹比土培容易,夏季的时候每周换一次水,冬季半个月左右,换水的时候记得加入文竹营养液就可以了。

吊兰

吊兰是极易栽养的植物品种之一,适应能力强,生性强韧。随便摘下一个分杈插在水里或潮湿的土里就能成活。平时也不需要太多的照顾,只要保持盆土湿润,它就能茂盛地生长。如果你没有养花经验,可以试试吊兰。

吊兰

吊兰的叶尖容易枯萎,会影响观赏效果,因此,要根据情况进行养护。吊兰需要适量的光照,但是要避免阳光直射。吊兰的叶片比较多,因此,需水量大,要经常浇水、喷水。冬季和春季4~5天浇一次水,冬季少量浇,春季量要稍大。夏季和秋季每天早晚各浇一次,还要向叶面和盆周围喷水,这样才能保持盆土湿润、空气潮湿。同时要及时清洗吊兰叶片上的灰尘,这样可以增强其观赏性。

栽培吊兰最好是盆大株小,株数多,需水量也多,如果盆小,土壤含水量供应不足,会使叶片枯萎。每年春季或秋季换盆时,要结合株数将小盆换为大盆,同时还要剪掉枯萎的败叶。

吊兰四季常青,自然下垂的枝叶非常美观,形似展翅跳跃的仙鹤,古有"折鹤兰"之称,给人优雅淡泊、宁静致远的感觉。

俗话说"家种吊兰,污鬼胆寒"。吊兰是净化室内空气最好的植物之一,有"绿色净化器"之称。它能吸收空气中的甲醛、苯乙烯、二氧化碳,分解打印机、复印机所排放的苯,还能"吞噬"尼古丁等,因此,在8~10平方米的房间里放一盆吊兰,就相当于设置了一台空气净化器,在24小时内,可以祛除房间里80%的有害物质。吊兰还能吸收空气中95%的一氧化碳。能将塑料制品、电器散发的一氧化碳、过氧化氮吸收殆尽。

吊兰既别致美观,又能净化空气,非常适合放在刚装修好的房间里。一般放在高处的隔架上或是狭窄的空间,悬挂起来更有立体的美感。

富贵竹

富贵竹是非常好养的植物之一,不需要过多的照顾,只要有充足的水分,就能旺盛地生长。属于耐阴植物,即使在弱光的条件下,也能生长良好,可以长期摆在室内观叶。如果光照过强,叶片会变黄,生长速度会变慢。炎热的夏季,要经常向叶面喷水,不能过于干燥,否则会使叶尖、叶片干枯。水培也非常容易,把富贵竹的茎秆剪成10~20厘米的小段,插入水中,要露出一部分,有1/3能浸入水中就可以了。在25℃的环境下,15天左右就可生根成活。水培的富贵竹更加清新翠绿、生机盎然,3~4天换一次水。

送富贵竹给亲朋好友或店家、商家开业,表示开运聚财和竹报平安。

富贵竹能提高室内空气的湿度,具有消毒功能,可以有效吸收废气,制造氧气,改善空气质量,非常适合放在卧室或者不经常开窗通风的房间里。

把富贵竹切成10~15厘米的小段,然后去除叶片,组成塔的形状,放在浅水盆中,就是富贵宝塔。它高贵典雅,有旺上加旺、节节高升的寓意,摆在家中,看着它心情会格外舒畅。

金鱼草

　　金鱼草喜光,也耐半阴。较耐寒,能抵抗-5℃以上的低温,如果低于-5℃,容易冻死。生长、开花的适宜温度为15℃~16℃,温度过高,不利于金鱼草的生长发育。金鱼草对水很敏感,盆土必须保持湿润。浇水要均匀,不能过干或过湿,过湿会导致根系腐烂,茎叶枯黄凋落。在定植前20天施基肥,常用富含磷、钾、氮的粉料。

　　金鱼草主要采用播种法繁殖,不过一些优良品种常采用扦插繁殖,扦插一般在6~7月进行。

　　金鱼草的花形很美丽、可爱,看起来像是金鱼在水里一扭一扭的游动,故名"金鱼草",在自己的卧室里,放置一盆金鱼草,整个房间的气氛就会变得生动起来。

　　金鱼草对氟化氢有很强的抗性,能起到净化空气、保护环境的作用。

　　金鱼草花期长,花形奇特,花色浓艳丰富,非常适合作室内插花,而且观赏期长。

仙人掌

　　仙人掌是喜光植物,阳光充足有利于其生长,尤其是冬季,更要保证充足的阳光。一般呈高大柱形及扁平状的仙人掌不怕强烈的光照,因此,夏季的时候可以放在室外,不用避阳。耐干旱,适应能力强,新栽植的仙人掌不要浇水,每天喷雾几次即可。15天以后可以浇少量的水,一个月后,仙人掌的新根已经长出来了,可以正常浇水。不干不要浇水,浇水要浇透,浇水量以花盆内不存水,都渗透到土壤里为佳。如果浇水过多，容易引起烂根。冬季气温变低，仙人掌开始进入休眠期，要控制浇水。开春以后，浇水量可逐渐增加。仙人掌对肥料的需求量较少，在春节和秋季，2~3个月施一次肥就可以，冬季不用施肥。

仙人掌很容易成活，把老株旁边的幼株掰下，适当修剪根系，栽入土中即可成活。

传说在造物之初，世界上最柔软的东西就是仙人掌，它像水一样娇嫩，稍微一碰就会失去生命。上帝不忍心它这样死去，于是在它的心上加了一套盔甲，上面还带有能够伤人的刺。从此以后，没有人能够看到仙人掌的心了，谁要是接近它就会鲜血淋漓。一天，一位勇士决定铲除这伤人的恶物，把仙人掌劈成了两半，却没有看到仙人掌的心，只有绿色的液体从中流出。原来被盔甲封存的仙人掌之心，由于没有人了解它的寂寞，早已化成了滴滴泪水。因此，仙人掌的花语是坚强。

仙人掌以它顽强的生命力，奇妙的结构以及对空气的净化作用，深受人们的喜爱。其肉质茎上的气孔白天是关闭的，夜间的时候会打开，吸收二氧化碳，释放氧气使空气中负离子浓度增加。因此，仙人掌类植物有"夜间氧吧"的美称，非常适合摆放在卧室。仙人掌还可以吸收乙醚、甲醛和电脑辐射，并对空气中的细菌有良好的抑制作用。

仙人掌在辐射源附近可以很好地生长，能减少电磁辐射给人体带来的伤害，因此，在电脑显示器附近，特别是键盘附近放上一盆仙人掌，既能防辐射，还有助于消除疲劳，带给人美的享受。

虽然仙人掌的形状很怪，还带有尖刺，让人望而生畏。但是它的花朵非常娇艳，花色丰富多彩，以花取胜是人们喜爱它的一个重要原因。而它的颜色、形状各不相同的绒毛与刺丛也受到人们的宠爱，特别是一些金黄、鲜红的刺丛与雪白的绒毛品种，更是千姿百态。

常春藤

常春藤生命力强,耐寒,是非常好养的植物。属于阴性植物,适合放在弱光下,不能受强光直射。夏季应保持盆土湿润,要经常向叶面喷水,冬季3~4天浇一次水。对土壤的要求不严,在湿润、肥沃的沙质土壤中生长良好。

常春藤生长迅速,栽培很容易成活,只要切下一根枝条,插在湿润的土里,2~3周就能成活。总之,只要放在阴凉的地方,保持通风,浇足够的水,常春藤就会茂盛地生长。

常春藤寓意情意长存,青春永驻,象征爱情坚贞和信守不渝。送给亲友或恋人,非常得体。

常春藤是吸收甲醛的冠军,据测定,在24小时的照明下,每平方米的叶片能够吸收1.48毫克的甲醛。常春藤能吸收苯,在8~10平方米的房间里放一盆常春藤,能消灭90%的苯。它还能有效抑制尼古丁中的致癌物质。它的气味有抑菌、杀菌功效,不仅能对付细菌,还能吸收灰尘。据测定,在10平方米的房间里放1~2盆常春藤就能起到净化空气的作用。常春藤能通过叶片上的微小气孔,吸收有害物质,并将之转化为无害的氨基酸和糖分。

常春藤终年常绿,枫叶形状的叶片和不断伸长的枝蔓都别具特色,利于造型。适合放在书柜、阳台等处,还可以悬挂摆放。平衡感、立体感强,是装饰室内环境的最佳植物。

薰衣草

薰衣草喜充足的阳光,如果光照不足,会开花少。但它也无法忍受炎热,因此，夏季要适当遮阴，避免强光直射。薰衣草喜冬暖夏凉的环境，生长的适宜温度为15℃~25℃，在5℃~30℃均可生长。但是不能高于35℃，长期处在38℃~40℃的高温中，顶部的茎叶会变黄。温度低于0℃就会停止生长。薰衣草喜潮湿，但不能长期潮湿，否则会使根部没有足够的空气呼吸而生长不良，严重的会导致植株突然死亡。

一次浇水后，要等到土壤表面干燥了，内部还湿润，叶子轻微萎蔫了再浇水。一般在早晨浇水，避开阳光，水不能溅到叶子和花上，否则叶和花容易腐烂，从而导致抵抗力下降，滋生病虫害。喜肥沃、疏松、排水良好的微碱性或中性沙质土。薰衣草的花语是等待爱情。传说，在很久以前，天使爱上了凡间一个叫薰衣的女孩。为了她，天使流下了第一滴眼泪，为了她，天使的翅膀脱落了。虽然天使每天都忍受着剧痛，但他认为只要能和女孩在一起，不管多痛苦都是快乐的。幸福总是短暂的，天使被抓回了天国，删除了他和女孩在一起的那段美好记忆，并被贬下凡间。在贬下凡间前他又流下一滴泪，泪水化作一只蝴蝶飞到了女孩的身边。痴情的薰衣日日夜夜待在天使离开的地方，等待天使归来，最后，化作一株植物。这株植物每年都会开出淡紫色的花，人们称它为"薰衣草"。

薰衣草具有杀虫的功效，能除蚁、蟑、螨等，它散发出的略带甜味的香气能祛除异味、净化空气。此外，它还有提神醒脑、增强记忆、怡情养性、促进睡眠等功效。

将薰衣草的花穗做成干燥花，然后放入洁白、光滑的瓷器中，光亮照人，摆在古色古香的桌子上，既高贵典雅，又显祝运之势。

芦荟

芦荟浑身都是宝，居家生活不能少。它不仅实用价值高，而且生命力顽强，很好养。芦荟喜光照,光照充足,叶子就会生长得很美,但是夏季不能放在阳光下暴晒。也不能过阴,过阴叶片会腐烂。芦荟耐干旱,叶片具有贮水功能,夏天每隔1~2天浇一次水;但忌积水,若盆土过湿,根叶会腐烂。秋后要减少浇水,盆稍干即可。对土壤要求不高,盆栽基质可用腐叶土、塘泥、泥炭土等加部分粗沙土及有机肥混合而成。每年施2~3次复合肥即可。

家庭盆栽的芦荟多用分株法繁育,用利刀把分蘖苗带根切下,然后涂上草木灰移植养护。而生产用的芦荟,多采用组织法繁育。

芦荟有朴实无华、洁身自爱的寓意。

芦荟能吸收甲醛、一氧化碳、二氧化硫、二氧化碳,尤其对甲醛的吸收能力较强,在24小时照明的条件下,可以消除1立方米空气中所含的90%的甲醛。如果芦荟的叶片出现褐色的斑点,说明这些气体超标了。芦荟还能吸收三氯乙烯、氟化氢、硫化氢、苯、乙醚和苯酚等有害物质,并把这些有害物质分解为无害物质。另外,芦荟还能吸附灰尘、除异味、吸收电脑辐射、杀灭细菌等功效。

芦荟适合摆放在卧室、餐厅、客厅、书房等光线明亮而无强光直射的地方。

姬凤梨

姬凤梨喜半阴的环境,可以摆放在室内有散射光的地方,怕阳光直射,如果直射太厉害,会生长缓慢,甚至停止生长。生长期要经常浇水,还要向地面喷水,增加湿度,不能向叶簇喷水,否则会烂叶。生长的适宜温度为20℃~30℃,越冬温度不能低于12℃。喜深厚、肥沃、排水良好的腐叶土或煤烟灰、河沙、锯末、园土的混合土。

常采用分株法繁殖,也可采用扦插法和播种法。分株在春季换盆时进行,将开花母株叶间的萌蘖分离,带根茎切割后栽植,放在阴凉的环境下,非常容易成活。扦插是将母株旁生的叶轴自基部剪下,然后插入沙质土壤中,遮阴养护,在30℃左右的温度下,20天左右就能生根,40~50天左右就可以栽植。播种在春季进行。温度保持在25℃左右,7~15天就能发芽,但是播种苗长得非常慢,3年后才能成株。

姬凤梨被认为能给人带来财运。

姬凤梨能吸收二氧化碳,释放出氧气,还能有效增加负离子,使室内空气清新。

姬凤梨株形美丽,色彩绚丽,是优良的室内观赏植物,可以摆放在窗台、桌面等处,也可以吊挂在室内。

驱蚊草

驱蚊草喜光,除夏季需要适当避荫外,春、秋、冬三季都需要充足的光照,如果光照不足,会在短期内突然落叶。喜温暖的环境,生长适宜温度为10℃~25℃,稍耐寒,在-3℃以上能生存,但是气温在7℃以下、32℃以上对生长不利。3~6天浇一次水,但不能积水,否则叶片会变黄,不久后就会脱落。但是也不能过于干燥,否则会导致干尖或叶片边缘枯焦。

一般15~20天施一次肥。喜偏酸性的土壤。在养护过程中,要及时将黄叶去掉。

驱蚊草有个特点:温度越高,挥发的香分子就越多。夏季蚊虫大量繁殖,温度也高,这时候驱蚊草挥发的香分子也多,蚊虫在很远的地方就能闻到它的味道,会立刻躲到更远的地方。在驱蚊草的生长期,可以随意改变它的枝叶造型,具有较高的观赏价值。

驱蚊草散发的浓郁的柠檬香味,具有驱赶蚊虫的作用。驱蚊草在30厘米高40片叶时,驱蚊效果最好,有效驱蚊范围可达15~20平方米。此外,它还能净化空气,环保特点非常突出。

仙人球

仙人球是耐寒、喜干的植物,但是不能在烈日下暴晒。夏季是仙人球的生长期,也是盛花期,要适量浇水,冬天的时候仙人球处于休眠期,盆土要相对干一些,少浇水,或者不浇水,否则会烂根。浇水时水温要与土温接近,掌握"干透浇透,不干不浇"的原则。春、夏季节,最好每隔15天施一次氮、磷、钾混合肥。

如果能给仙人球创造一个高湿、适温的局部环境,它会生长得更好,可以在窗台上用塑料膜做个封闭棚,将仙人球放在里面养护,这样不仅生长得快,而且色泽会变得更鲜艳,比较容易开花。

仙人球多在夜晚空气比较凉爽、潮湿时进行呼吸,呼吸时会吸收二氧化碳,释放出氧气。在室内放一盆仙人球就如同增添了一个空气清新器,能净化室内空气,是夜间放在室内的理想植物。仙人球还能吸收乙醚、甲醛等装修产生的有毒、有害气体,刚装修完的房子,放几盆仙人球是再好不过的了。此外,仙人球还能吸附灰尘,在室内放置仙人球能起到净化环境的作用。

仙人球成活率高、适应性强,是良好的盆景材料。如果在盆景里放一些大小不等的卵石,看起来会更有美感,而且比较有真实感。

合果芋

合果芋生性强健,对光的适应性强,能适应不同的光照环境,强光处叶片较大,茎叶略成淡紫色;弱光处叶片狭小,色浓而暗;在明亮的散光处生长得最好。阳光太强会灼伤叶片,光线太暗,叶片会变小且无光。夏季遮光50%,冬季不遮光,因为长期光照不足,会导致叶片疯长,叶色变淡,花纹也会慢慢褪去。夏季要多浇水,保持盆土湿润,这样茎叶能更快地生长,冬季合果芋进入冬眠期,要少浇水,盆土不能太湿,否则在低温环境下很容易叶枯根烂。最适宜合果芋生长的温度为22℃~30℃,低于16℃则生长缓慢,越冬温度不低于10℃。主要采用扦插法繁殖。

合果芋株态优美,色彩清雅,叶形多变,给人悠闲素雅、恬静宜人的感觉。

常见栽培品种有箭头叶合果芋、白纹合果芋、白蝴蝶合果芋、翠玉合果芋、银叶合果芋和粉蝶合果芋等。

合果芋与蔓绿绒、绿萝被誉为天南星科的代表性室内观叶植物。它用漂亮宽大的叶片提高空气湿度,并吸收大量的甲醛和氨气、苯、二甲苯等气体。叶片越多,净化空气和保湿功能就越强。

合果芋适合盆栽于卧室、客厅、书房等处,还可以壁挂栽种,挂在墙上或吊于窗前。

龙舌兰

龙舌兰喜光线充足的环境,夏季要稍遮阴。比较耐旱,干透浇透,每隔1~3周浇一次水即可。夏季要增加浇水量,还要多向叶面喷水,以保持叶片鲜绿柔嫩。秋后,龙舌兰生长缓慢,应控制浇水量,力求干燥,浇水时要注意不能积水,否则会烂根。生长期每月施肥一次,秋后停止施肥。在疏松、透气、排水良好、肥沃的土壤中生长良好,盆栽常用腐叶土、粗沙的混合土。在早春3~4月换盆时,采用分株法繁殖,将母株托出,把母株旁的脚芽剥下另行栽植即可。也可采用播种法,只是这种方法难度较大,不适合家庭使用。注意及时修剪,去除旁生的蘖芽,以使株型美观。

在中国,由于龙舌兰这名字中有"龙"字,因此,有不畏逆境的含义。印第安人非常喜欢龙舌兰,因为在印第安传说中它是神赐之物。

龙舌兰非常适合家庭栽养,因为它能吸收甲醛、苯和三氯乙烯,在夜间能净化空气,过滤空气中的尘埃和污染,带来一片清新和洁净。据测定,在24小时照明的条件下,在8~10平方米的房间里,一盆龙舌兰能消灭70%的苯、50%的甲醛和24%的三氯乙烯。

龙舌兰花色黄绿相间,叶片青翠挺拔,盆栽有较高的观赏价值,放在窗台、阳台或客厅能增添许多别样的景色。花朵膨大,种在粗陶器或彩度低的器皿中会更好看。

落地生根

落地生根喜阳光充足的环境,但是盛夏要遮阴,避免强光直射,以免叶缘的色彩消失。比较耐干旱,土壤不干不浇,不用担心会干死。夏季浇水稍多,保持盆土湿润,但不能积水。秋季气温开始下降,要减少浇水量。冬季开花要少浇水。生长期每月施肥1~2次,不能过勤,否则会旺长,甚至造成植株腐烂。越冬温度不能低于0℃。对土壤的要求很低,以富含腐殖质、排水良好的土壤为佳。当茎叶生长过高时,要及时摘心压低株型,促其多生枝。落地生根的繁殖力很强,因此,要注意拔除多余的小芽,以保证大株的生长。

落地生根常采用不定芽、扦插和播种法繁殖。不定芽繁殖非常简便,直接将叶缘生长的不定芽剥下来,栽植在盆中就可以了。扦插在5~6月进行,将叶片平放在沙床上,紧贴着沙,保持湿度。插后7天左右就能长出小植株;长出后切割移入盆中;它的种子比较小,播后不覆土,15天左右就能发芽,而且发芽率很高。

落地生根生命力顽强,象征着家庭繁衍不息,能给人生生不息的感觉。
落地生根能在夜间释放出氧气,净化空气。

散尾葵

散尾葵喜光，也耐阴，置于室内散光处最有利于其生长。冬季要有充足的阳光，夏季要避免强光直射，否则会使叶尖干枯。生长期需要充足的水分，盆土要保持湿润。夏季要及时补水，一天要浇两次水，还要经常向叶片喷水。春、夏、秋三季用加有白糖或啤酒的水喷洒叶片，会使叶片更亮。盆栽土壤常用泥炭土、腐叶土、塘泥加少量有机肥及河沙配制。在生长期要每隔15天施一次肥。越冬温度不能低于5℃，否则叶片容易枯黄。如果散尾葵的叶片发黄，可将植株从花盆中脱出，观察是否有腐烂的部分，如果有，要用剪刀剪掉，然后再用营养土重新栽培。在生产上，散尾葵多采用播种繁殖，家庭多采用分株法繁殖。

散尾葵的外形很像椰子树，因此，又被称为"黄椰子"。它的枝叶细长下垂，株型婆娑优美，姿态潇洒自如，富有挺拔的气势和异国情趣，有"绿衣美男子"之称。

散尾葵终年常绿，是我国重要的室内盆栽观叶植物。散尾葵每天可以蒸发一升水，是室内最好的天然"增湿器"，能清除甲醛、氨等有害气体。据测算，每平方米叶面积在24小时内，能清除1.57毫克的氨、0.38毫克的甲醛。此外，散尾葵对二甲苯有吸收净化作用。

龟背竹

龟背竹耐阴，适宜半阴的环境，要避免阳光直射。喜欢湿润的环境，春、秋季每隔2~3天浇一次水，夏天每天都要浇水，还要经常喷水，以保持较高的空气湿度。对土壤的要求是疏松肥沃、吸水量大、保水性好的微酸性土壤，如泥炭

龟背竹

土或腐叶土。生长期每15天施一次稀释的薄肥。一般采用扦插法繁殖,清明过后,剪取带有两个节的茎,约10厘米,下部留一个或一段气根,横卧在盆土中,露出茎段上的芽眼,放在半阴、温暖处,保持湿润即可。这种方法用时短,而且成活率很高。

龟背竹象征健康长寿(多针对男性而言),有"神龟天寿"之语,此外,典雅大方的风度也令人欣赏。

花谚说:"龟背竹本领强,二氧化碳一扫光。"它在夜间有很强的吸收二氧化碳的能力,比其他花卉高6倍以上。白天、晚上都会释放氧气,可以有效提高室内空气中氧气的含量,改善空气质量。此外,龟背竹清除空气中甲醛的效果也十分明显。

龟背竹常以中小盆种植,放在卧室、客厅或书房的一角。其实也可用大盆栽培,放在饭店大厅及室内花园的水池边,颇具热带风光。

孔雀竹芋

孔雀竹芋喜半阴的生长环境,放在室内明光、散光充分的地方生长最好。

要避免阳光直射，否则会引起叶缘枯焦。但也不能长期光线暗淡，否则叶片会失去光泽。孔雀竹芋适宜在温暖、湿润的环境中生长，盆土要保持湿润，不能发干，但也不能使盆内积水，可经常进行喷雾。对土壤的要求不严格，以疏松、肥沃的土壤为佳，不要用黏重的园土。多采用分根的方法繁殖，一般在初夏进行，也可以采用扦插的方法。

孔雀竹芋终年常绿，又具有独特的金属光泽，褐色斑块犹如开屏的孔雀，因此得名。它的花语是"美的光辉"，既寓意环境的美，也意味着爱花人、养花人的美。

孔雀竹芋能有效清除空气中的有害物质，据测定，每平方米植物叶面积24小时可以清除2.91毫克的氨和0.86毫克的甲醛。

孔雀竹芋色彩清新、柔和、华丽，具有较高的观赏价值。如果能提供良好的背景加以衬托，会更加美丽动人。

四、书房的健康植物

书房是人们工作、学习的地方，在这里长时间的阅读容易造成眼睛疲劳。因此，在书房里摆放几盆花草，既能缓解疲劳，提高工作、学习的效率，还能使书房充满生机，让人在伏案时也能感受到自然之美。

另外，书房还是文化品位的象征，摆放的花草最好也是脱俗、文雅的，从而营造出一种优雅而宁静的气氛。

书房花草的摆放

书房里一般不摆放大型的花卉，可以在书桌上摆放中小型的花草，如君子兰、红掌等。也可以在窗台边摆放时令花卉，如冬季水仙、春季春兰等。还可以在书架顶部摆放悬垂式或半悬垂式花草,如常春藤、吊兰等。

需要注意的是不要摆放香味过浓的花卉,如夜来香、郁金香等,因为人与它们接触久了会头晕,影响看书效果。

书房常见污染

◎装修带来的有害气体;

◎室内不通风,造成有害气体的积聚;

◎灰尘;

◎电脑的辐射;

◎打印机、复印机排出的有害气体。

君子兰

君子兰喜半阴的生长环境,要避免阳光直射。没有光也不行,因为光线不足,叶片会徒长,花色暗淡,甚至不开花。叶子伸展方向要与光照方向平行,每周都要转换一次花盆的方向,转动180度。使叶片均匀受光,可保持植株匀称丰满,叶片排列整齐美观,侧视一条线,正视如开扇。

君子兰喜温暖、湿润、怕炎热、干燥。浇水要适量,太少会影响其生长,太多会导致烂根。夏季要经常喷水,既除尘又降温,还能增加空气湿度。在15℃~25℃的温度条件下生长良好,超过30℃植株就会处于半休眠状态,生长缓慢。在疏松肥沃、富含腐殖质的土壤中生长良好。选用80%的腐叶土加20%左右的河沙配成疏松透气、渗水陛能好的培养土,利于养根。一般采用播种法繁殖,也可采用分株法。

君子兰的拉丁文名字含有美好、高尚、富贵、壮丽的意思。我国《辞源》称"有才德的人为君子"。君子兰的命名,代表着它君子般的品质和风采。它丰满的花朵、艳丽的色彩,象征着繁荣昌盛、富贵吉祥和幸福美满。光滑、厚实的叶片直立似剑,象征着威武不屈、坚强刚毅的高贵品质。

君子兰宽大肥厚的叶片,有很多绒毛和气孔,能分泌许多黏液,经过空气流通,能吸收大量的灰尘、粉尘和一氧化碳、二氧化碳、硫化氢等有害气体,过滤室内混浊的空气,使空气洁净。因而君子兰被誉为理想的"除尘器"和"吸收机"。

君子兰还被人们誉为"金钱花""有生命的艺术品",用它来美化居室是物质富有和精神文明的美好象征。

将君子兰陈设在书房,摆放在茶几、书案之上,阳台、窗台之前,它的叶片在灯光或阳光的照射下,闪闪发光,让人油然生情。好花要配好盆才行。君子兰是肉质根,喜欢通透性好的土陶瓦盆,但是瓦盆比较粗糙,不够美观。可用紫砂盆或瓷质盆,选择通透性好的泥炭土或腐叶土,君子兰也能很好地生长。在君子兰盆旁适当放一些观赏价值较高的工艺品,可以为你的居室增添一份自然和艺术的美感。

玫瑰

玫瑰喜光,应该放在阳光充足的地方。全日照或每日6小时以上,有利于生长、开花。耐旱,可两天浇一次水,春旱和盛夏时,一天浇一次。浇到土壤湿透,水从盆底流出。对土壤要求不高,喜肥沃、排水良好的沙质土。在生长期每隔10~15天施一次稀薄肥水。生长的适宜温度为12℃~28℃,耐寒,在-20℃的低温下能安全过冬。一般采用分株法繁殖,非常容易成活,因此,有"离娘草"之称。也可以采用播种、扦插等方法繁殖。

玫瑰是爱情的象征,是情侣的最爱,具有成熟而不艳俗、自信兼具娇柔的气质。

不同颜色的玫瑰代表不同的花语:白玫瑰代表纯洁天真;红玫瑰代表热情

真爱;黄玫瑰代表歉意;粉玫瑰有青春亮丽,蓝玫瑰代表善良忧郁,紫玫瑰代表浪漫真情;黑玫瑰代表温柔真心。

玫瑰的叶子能吸收氟化氢、氯气等有害气体。玫瑰花产生的挥发性油类具有显著的杀菌功效。

花开了七八分可剪下插在花瓶中,摘除水下叶片,往水中滴入1~2滴白醋,既能杀菌,还有利于保存。放在通风处,避免阳光直射,每天换一次水,观赏期可达7天。

罗汉松

罗汉松在半阴的环境下生长良好,夏季要避免强光直射。耐寒性差,冬季要注意防寒。生长期要保持盆土湿润,冬季减少浇水。每两个月施一次肥。喜肥沃、排水良好的沙壤土。

罗汉松常用扦插法和播种法繁殖。扦插在春、秋两季进行,春季要选择休眠枝,秋季选择半木质化嫩枝,剪下12~15厘米插入沙土中,两个月左右即可生根。如果播种的话,应在8月采种后即播,10天左右发芽。

相传在明朝,一位自幼在少林寺习武的僧人为了精进武艺,便云游四海。一天他来到紫云山,看到崖边有一棵松树,它孤绝而立、云气缥缈,于是便就地苦思,十年过去了,僧人终有所成,造诣更上一层楼,再次回到少林寺被尊为"护寺罗汉",后来人们就将那棵松树称为"罗汉松"。

罗汉松寿命很长,生长极慢,"路遥知马力"是它的最佳写照。因此,有净心修炼、刻苦精进的寓意。求学的道路上难免会遇到瓶颈,如果急于成功而心浮气躁、性情紊乱,容易误入歧途。沉着稳健的罗汉松,会适时地提醒你静下心来,注重点滴累积。

罗汉松能净化空气、精心养神。

小棵罗汉松直挺有劲,配以简单素雅的花盆摆放在书桌上,工作、学习感到累了,需要喘口气歇息时,罗汉松会随时给你清新的空气,让你顿时感觉特别清爽,再次投入工作、学习效率会更高。

蟹爪兰

蟹爪兰是典型的短日照植物,喜半阴环境,夏季要避免强光直射,以免灼伤叶片,使茎叶枯黄。夜间不适合放在灯光下,否则会影响孕蕾。生长期要保持盆土湿润,如果环境比较干燥,可每天早晨向叶面喷水。冬季每月浇水一次即可,但是要浇透。喜肥沃、排水良好的土壤,适宜生长在泥炭土和腐叶土中,怕煤灰、生煤土。坚持"薄肥勤施"的原则。蟹爪兰不耐寒,越冬温度不低于10℃。开花后放在凉爽的环境中,能延长花期。

蟹爪兰向光性很强,在养护过程中,不要频繁改变它的向光位置,否则会影响其长势,特别是在孕蕾期间,如果改变了向光位置,容易引起哑蕾和落蕾现象。

蟹爪兰常采用扦插和嫁接法培植,全年均可进行扦插,以春、秋季为佳。嫁接最好在5~6月和9~10月进行。砧木用虎刺或量天尺,嫁接后放在阴凉的地方,如果嫁接后10天接穗仍然保持新鲜,说明已愈合成活。嫁接后的蟹爪兰有株型大、寿命长、抗病能力强的特点。当年嫁接新枝,能开20~30朵花,培养2~3年,一株能开上百朵。

蟹爪兰姿态高雅,因节径连接形状很像螃蟹的副爪,故而得名。被人们赋予坚强、刚毅、运转乾坤,鸿运当头等含义。摆在室内显得热烈、喜庆,开花正值冬末初春,又给人们增加了节日的欢快气氛。在欧洲等国正值圣诞开花,故又被称为"圣诞仙人掌"。

蟹爪兰对氯化氢、二氧化硫等气体有较强的抗性,在夜间能吸收二氧化碳,并释放出氧气,净化空气,提高空气质量,带给人清新的感觉。此外,蟹爪兰还能吸收大理石释放出的汞。

蟹爪兰株型垂挂,花色鲜艳可爱,花期较长,造型容易,可制作成吊兰悬挂在门廊入口处,热闹非凡,顿时满室生辉。

水仙

水仙多为水养。将经催芽处理后的水仙直立放入浅盆中,加入清水,水淹没鳞茎1/3即可。为了防止鳞茎移动,可以用鹅卵石、石英砂等将其固定。需要充足的光照,白天要放在向阳的地方,夜间要放在灯光下。为防止叶片徒长,晚上要将盆内的水倒掉,第二天早晨再加入清水,不要随便移动鳞茎的方向。刚上盆的时候,每天都要换一次水,以后可2~3天换一次。花苞形成后,7天换一次。生长适宜温度为12℃~15℃,一个半月左右即可开花,花期可保持一个月之久。不需要任何花肥,只用清水即可。

水仙根如银丝,纤尘不染;叶姿秀美,碧绿葱翠;花朵秀丽,花香浓郁,清秀典雅,婀娜多姿,格外动人。亭亭玉立于清波之上,宛如仙子踏水而来,故有"凌波仙子"的雅号。

水仙对氯气、氯化氢、二氧化硫等有害气体有较强抗性。能在夜间吸收二氧化碳,释放出新鲜的氧气。

水仙所求的很少,只有清水一盆,它不害怕严寒,始终生机盎然。新年的时候,在室内摆上一盆,不仅能为节日增添光彩,还能给人带来一份绿意和温馨。

绯牡丹

绯牡丹喜阳光充足的环境。光照充足,则球体鲜红,但夏季要注意适当遮阴,避免强光直射。不耐寒,生长的适宜温度为15℃~26℃,冬季温度不能低于15℃。耐干旱,即使在生长期间也不能浇太多水,但长期缺水或供水不足也会影响其生长,一般情况下,每1~2天往球体喷水一次,这样可使球体更加鲜艳、清新。每15天左右施肥一次,冬季不用施肥。对土壤的要求不严,在富含腐殖质、排水良好的土壤中生长良好。

绯牡丹又名红球,为仙人掌科多年生肉质植物。因其球体鲜红,鲜艳夺目,形似牡丹而得名。

绯牡丹球体上的气孔白天是闭合的,夜间打开,能吸收二氧化碳,制造出氧气,净化空气的能力强,使室内空气中的负离子浓度增加,对人体健康非常有利。

绯牡丹球体美观,光彩夺目,非常诱人,夏季开出粉红色花朵,美不胜收。可以用来点缀阳台、书桌、书柜、案头。

薄荷

薄荷适应性强,不需要太多的呵护就能很好地生长,非常适合养花新手栽培。喜阳光充足的环境,生长适宜温度为20℃~30℃,耐寒能力强。需要丰润的水分,要保持盆土湿润,尤其在生长期的水分对其影响比较大,需要的水分相对多一些,开花期不需要太多的水分,土壤要干燥些。喜疏松、肥沃、排水良好的沙质土壤。可采用扦插法和分株法繁殖。

在希腊神话中,冥王爱上了美丽、善良的精灵曼茜,冥王的妻子知道后非常生气,就将曼茜变成了一株长在路边的小草,这株小草非常不起眼,经常受人踩踏。可是坚强的曼茜自从变成小草后,身上就拥有了一股迷人的芬芳,越是被摧折踩踏,香味就越浓烈,因此,受到了人们的尊重和喜爱。这种草就是薄荷。

薄荷带有清凉的香味,低调而不张扬,却充满希望。在人的一生中,难免会错过一些人，但遗憾的是，一旦错过，就很难再次相遇、相爱，越得不到就越是思念，让人痛苦不堪。薄荷虽然看起来很平淡，但是它的香味沁人心脾，清爽从每个毛孔渗入肌肤，让人有一种淡淡的幸福感，曾经失去的变得不重要，心灵得到了一丝安慰。因此，薄荷的花语为"愿与你再次相遇"。

薄荷有极强的抗菌、杀菌作用，还能缓解疲劳，在累的时候闻闻薄荷的香味，顿时就能感觉头脑清醒，神清气爽，心情愉快。

吊竹梅

吊竹梅喜半阴的环境，要避免强光，受散光即可。喜温暖湿润，生长期要保持盆土湿润，每天都要浇水一次，还要经常往叶面喷水。冬季减少浇水量。对土壤要求不高，生长期每月施一次肥即可。为了使植株的造型更加美观，要经常修剪过长的枝条。茎长到20~30厘米时，要进行摘心，以促使分枝。一般采用扦插法繁殖，摘取粗壮的茎插在湿沙中，成活率很高。

吊竹梅叶色美丽，叶面斑纹明快，显得美丽、大方，深受人们喜爱。吊竹梅的花语是"舒服"，非常适合送给亲朋好友。

吊竹梅能在6小时内，吸收掉室内地板、天花板和家具散发出的甲醛，还有较强的抗污染能力，吸附室内的灰尘，保持空气清新，让你生活的环境清爽宜人。

吊竹梅叶片小巧玲珑，非常可爱，可以悬挂摆放，占用的空间很小，非常适合美化书房、卧室、客厅。养一盆吊竹梅，能给你的生活增添很多情趣。

吊竹梅也可以水培，操作简单，容易成活，一年左右就可以长成一大盆，如果及时修剪，则会成为一道独特的风景。

石莲花

　　石莲花喜温暖干燥、阳光充足的环境,光照不足,会出现植株徒长,叶片稀疏的现象,影响观赏价值。夏季高温时,要适当遮阴,避免强光直射。浇水坚持"不干不浇"的原则,夏季高温时,也不要多浇水,可以向植株四周洒水,以降低温度,增加湿度。但不要往叶丛中心洒水,否则会烂心。冬季更要少浇水,要保持盆土干燥,如果盆土过湿,根部易腐烂。生长期每月施肥一次。对土壤的适应性强,在疏松、肥沃、排水良好的沙质壤土中生长良好。

　　石莲花的叶片肥厚,色彩粉蓝略带红色,温润晶莹,莲座状排列,酷似池中盛开的一朵莲花,因此得名。又因莲花为佛教界之莲台佛座,又被称为"神明草"。石莲花还被誉为"永不凋谢的花朵"。

　　石莲花的气孔白天关闭,夜晚打开,能吸收二氧化碳,并释放出氧气,有净化空气的作用,在室内摆放1~2盆,对身体健康非常有益。

　　石莲花终年碧绿,形状典雅别致,深受人们的喜爱,而且它不需要太多的呵护,就能旺盛地生长,非常适合家庭栽培。用它来点缀阳台、书桌、茶几,清新悦目,充满趣味。

马蹄莲

　　马蹄莲喜阳光充足的环境,稍耐阴。如果光线不足则开花少。在养护期间,为了避免叶片过多而影响采光,可适当去除一些叶片,这样也有利于花梗伸出。夏季阳光过于强烈时,要适当遮阴。马蹄莲不耐寒也不耐高温,生长适宜温度为20℃左右,冬季室温应保持在10℃以上。如果温度低于0℃,根茎就会死亡。

马蹄莲喜水分充足的生长环境，不耐干旱，稍有积水也不太影响生长。生长期要经常浇水，保持盆土湿润。还要往叶面、地面洒水，以增加空气湿度、降低温度。开花后逐渐停止浇水。每15天左右施肥一次，开花前最好施以磷肥为主的肥料，能控制茎叶生长，促进花芽分化。还要注意的是，不要让肥水沾到叶面或流入叶柄内，以免引起腐烂。为了防止意外发生，施肥后最好马上用清水冲洗。喜肥沃、疏松、富含腐殖质的黏壤土。主要采用分球法繁殖，也可播种繁殖。

马蹄莲清雅美丽，花苞片洁白硕大，而且形状很奇特，很像马蹄，故而得名。它的花语是纯洁、永恒，象征着高贵、高洁、忠贞不渝、永结同心、吉祥如意。

马蹄莲对烟比较敏感，油烟、煤烟都会使它生长不良，会使叶子变黄，严重的还会落花，因此，可以用它来检测空气的质量。

马蹄莲春、秋两季开花，花朵美丽，是装饰书房、客厅的良好盆栽花卉。也可以用作切花，插入瓶中，经久不衰，放在书桌上，看上去非常高雅。

扶桑花

扶桑花喜光，如果光照不足，花蕾容易脱落，花朵变小，花色变得暗淡。喜温暖，越冬的适宜温度为8℃~10℃，不耐寒，即使是短期的低温，也容易受冻。喜水分充足的湿润环境，特别是夏季要经常向叶面喷水。扶桑花对土壤的要求不严格，在排水良好和肥沃的土壤中生长旺盛。生长期每月施一次肥，花期增施2~3次磷钾肥。每年春季都要换盆，换盆时要进行修剪整形。

不要听到"扶桑"这个名字，就认为它产自日本，其实它是马来西亚的国花，也是夏威夷的州花。看到扶桑花就会令人想到腰挂草裙的美女和碧海蓝天的沙滩，它象征着新鲜的恋情、微妙的美。据说，如果土著女郎把扶桑花插在右耳上方，表示"我已经有爱人了"，在左耳上方表示"我希望有爱人"，有人会迫不及待地问，如果有人两边都插了呢？那大概表示"我已经有爱人了，但是希望再多一个"吧！

扶桑花的外表看起来非常热情豪放，但是花心却很独特，是由多数小蕊连结起来，包在大蕊外面所形成的，结构非常细致，有"热情的外表下隐藏了一颗纤细的心"之意。

扶桑花能够吸收空气中有毒的苯和氯气，非常适合放置在有打印机和复印机的房间里。

雏菊

雏菊生性强健，喜阳光充足的环境，不耐阴。喜冷凉环境，耐寒，可耐-4℃的低温。但不耐高温，天气炎热时开花不良，易枯死。浇水不必过勤，每7~10天浇一次水，生长期要适当增加浇水量。一个月左右施一次薄肥，开花后停止施肥。用播种法繁殖。一般在秋季播种，一周左右出苗。

雏菊又称"玛格丽特"，在16世纪时，挪威的公主玛格丽特非常喜欢这种清新脱俗的小白花，就用自己的名字为此花命名。玛格丽特也因此有了"少女花"的别称，象征着少女情窦初开般的梦幻恋情，深受少女喜爱。

玛格丽特花期长，花朵数量多，有青春年华活力充沛之意。

花谚说："雏菊万年青，除污染打先锋。"雏菊能吸收家电、塑料等散发出来的有害气体，还能有效去除干洗机所散发出来的三氟乙烯。

将多种花色的雏菊以组合盆栽的方式种植，可表现整片缤纷的原野风情。将带茎剪下的花朵，插在花瓶中，能为你的居室带来舒爽可人的梦幻气息。

红掌

红掌耐阴,但是也需要阳光。调查显示,如果光照增加1%,红掌的产花量也随着增加1%。阳光充足有利于它生长和开花,但是要避免阳光直射。夏天,如果将红掌放在室内,要放在房间的阴面,或者是有反射光的地方。如果是放在室外,则要放在阳光直射不到的地方,如树荫下或阴凉的地方。冬天可以放在房间的阳面。要保持盆土湿润,干燥季节要经常往叶面喷水。红掌对温度比较敏感,喜温暖,最适宜的生长温度为19℃~25℃。如果温度高于35℃,叶面会出现灼伤。如果低于13℃,植株就会停止生长。一般采用分株法繁殖。

在希腊文中,红掌名为"安世莲",译为"有尾的花"。它像一只伸开的手掌,而且是红色的,故名红掌。更奇特的是它的掌心有一条金黄色的肉穗,专业叫法为"佛焰苞",非常美丽。红掌颜色鲜红,给人红红火火的感觉,非常吉利,人们认为它会给养花人带来好运。

红掌对甲苯、二甲苯、甲醛等有较强的吸收能力,对氨有一定的吸收能力。用低浅的花瓶,把红掌和紫色或白色的小花一起插养,放在居室里,会使你的居室尽现雍容华贵的气派,为人们的生活增添魅力和光彩。

长寿花

长寿花对光照的要求不高,在全日照、半日照和散射光的条件下都能正常生长,以阳光充足为佳,但夏季中午要适当遮阴,避免强光直射,否则会导致叶色发黄。但也不能过阴,因为光照不足,不仅枝条细弱,叶面薄,而且开花少,花色不鲜艳,还会引起叶片脱落,影响观赏价值。长寿花具有向光性,因此,在生长期要经常调换花盆的方向,调整光照,使植株均匀受光。长寿花不耐寒,生长的适宜温度为15℃~25℃。夏季温度超过30℃,会阻碍生长;冬季温度低于5℃,叶片容易发红,导致花期推迟。

长寿花为肉质植物,体内含有大量水分,耐干旱,因此,不需要大量浇水,春季每3~4天浇水一次,保持盆土湿润即可。如果过湿,容易烂根。夏季每天浇水两次,冬季低温时要控制浇水,等土壤干燥后再浇,浇到水从盆里流出为止。生长期每15天左右施一次富含磷的稀薄液肥,冬季停止施肥。长寿花对土壤的要求不高,以肥沃的沙壤土为佳。生长期要及时摘心,促使分枝。花谢以后及时摘掉残花,以免浪费养料。

常采用扦插法繁殖,扦插在每年的5~6月或9~10月进行。选择成熟的肉质茎,剪下5~6厘米长,插在沙壤土中,浇水后用塑料薄膜覆盖,温度保持在15℃~20℃,15天左右就能生根,30天后即可进行盆栽。

长寿花极具观赏价值,是冬季理想的室内盆栽花卉。顾名思义,有长寿、福气、大吉大利和保佑家庭平安的意思,在节日里送给亲朋好友,尤其是老年人,非常合适。

长寿花植株小巧玲珑,小花繁密、素雅,叶片翠绿,惹人怜爱。花期正值圣诞、元旦和春节,非常适合布置在书桌、案头,和外面荒凉的冬季形成对比,能给室内增添几分春色和温馨。

杜鹃

杜鹃喜半阴的环境,在散光下生长良好,要避免强光直射,否则嫩叶易被灼伤,新叶和老叶会焦边,严重的还会导致植株死亡。杜鹃生长的适宜温度为12℃~25℃,既不耐热也不耐寒,夏季如果气温超过35℃,叶子就会生长缓慢,处于半休眠状态。冬季如果温度低于5℃,就会停止生长,低于0℃,就容易发

杜鹃

生冻害。

从 3 月份开始,要逐渐增加浇水的次数,尤其是夏季,更不能缺水,要保持盆土湿润,但是不能积水,否则会影响植株的正常生长。9 月以后减少浇水。能否养好杜鹃,关键要看施肥是否合理。它喜肥,但是不喜浓肥。在生长期每 10 天左右施一次薄肥。喜肥沃、疏松,富含腐殖质的酸性沙质壤土。

蕾期要及时摘蕾,这样能使养分集中供应。在春、秋季要修剪枝条,将过密枝、交叉枝、重叠枝、病弱枝剪掉,及时摘除残花。多采用扦插法繁殖。这种方法具有操作简单、成活率高、生长迅速等优点。

杜鹃花很美丽,有淡红、深红、玫瑰、白、紫等多种颜色。五彩缤纷的杜鹃花,象征着国家的繁荣富强和人民的幸福生活,也唤起了人们对美好生活的向往,深受人们喜爱。

杜鹃的叶片长满了绒毛,能吸附灰尘,它还是天然的加湿器,能使室内的湿度以自然的方式增加。

红背桂

红背桂喜湿润,不耐干旱,要保持盆土湿润,生长期要经常浇水,还要往花盆周围喷水,以增加空气的湿度而使温度降低。冬季要减少浇水的次数,7~10天浇一次即可,以偏干一些为好,过湿会烂根。但也不能过干,否则叶子会变黄,严重的会导致植株死亡。生长期每月施1~2次含氮磷钾的复合肥,花期可加喷两次0.2%的磷酸二氢钾溶液。冬季不需要施肥。喜半阴的生长环境,放在散射光下可保持叶色浓绿,夏季要避免强光直射。生长的适宜温度为15℃~25℃,不耐寒,越冬温度要保持在0℃以上。

红背桂主要采用扦插法繁殖,在春、秋两季进行,剪取10厘米左右的一年生健壮枝条,然后除去一些叶片,插入粗沙中,保持湿润,一个月左右即可生根,成活率很高。两年换一次盆,根据植株的大小来选择盆,千万不要用大盆种小苗,这样不仅长不好,还容易烂根。

红背桂的叶子非常奇特,表面为绿色,背面为紫红色,观赏价值很高。

红背桂是天然的除尘器,其植株上的纤毛能截留并吸附空气中飘浮的微粒及烟尘。如果在房间里摆放两盆,那么,房间中的细菌和浮尘的含量会大大减少。

红背桂植株矮小,枝条非常柔软,自然的弯曲成一弧度,配以瓷盆,看上去清新自然,非常美观。

紫罗兰

紫罗兰稍耐阴,阳光要充足,否则易生虫害,但要避免强光照射。较抗旱,不要往叶面喷水,特别是在傍晚。花期需水量相对大些,长出花苞后不要缺水,否则会影响开花。耐寒,冬季能耐短暂的-5℃低温。喜欢凉爽、通风良好的环境。需疏松肥沃、排水良好的土壤,施肥不能太多,否则开花少。一般采用播种法繁殖,不过需要注意的是栽植或移植时要带土,少伤根,这样有利于成活。

紫罗兰是欧洲名花,象征永恒的美丽。法国人外出旅行前要送亲人一束紫罗兰,意思是"我会回来"或"请等我"。在希腊神话中,紫罗兰是"爱情花"。传说女神维纳斯因爱人远行而落泪,在第二年,泪珠散落的地方长出了美丽芬芳的花,那就是紫罗兰。

紫罗兰能吸收二氧化碳,对硫化氢、二氧化硫等有害气体有较强的抗性。对氯气敏感,可作监测植物。花朵散发的挥发性油类具有显著的杀菌作用能保护呼吸系统。

紫罗兰的香气可使人身心放松,给人愉快的感觉,有利于提高睡眠质量和工作效率。

紫罗兰在5~6月间盛开,花朵茂盛,花色艳丽。它香气芬芳,把它种植在窗台下,芬芳的香气就会飘到屋子里。

虎尾兰

虎尾兰有很强的适应性,既喜欢阳光,又耐阴,但夏季要避免阳光直射,也不能长时间置于暗处,否则叶子会变得暗淡。耐旱,不用总浇水,否则叶子会变白,干透后浇水为佳。春、夏、秋三季生长旺盛,要充分浇水。冬季要控制浇水,保持土壤干燥,但一定不要积水,否则叶片会腐烂。

一般使用分株法繁殖,在每年春季换盆时,将过密的叶丛分成若干丛,每丛除带叶片外,还要有一段根状茎和吸芽,然后分别栽种。也可以采用扦插法,将老熟的叶片剪成10厘米左右的小段,然后插于沙土中,一个月后可长出不定根及不定芽,但注意金边虎尾兰不能用扦插法,以免金边消失。

虎尾兰叶形似箭,叶片浅绿,正反叶面上有白色和深绿相间的"虎尾"状横向斑纹,表面有很厚的蜡质层,故名"虎尾兰"。虎尾兰是最抗辐射的植物,培育虎尾兰的人在和它接触的过程中,常常能感受到一种振奋的精神。喜欢在办公室摆放虎尾兰的人,通常也是一个热情、敢于迎接挑战的人。

虎尾兰被称为"居室治污能手",一盆虎尾兰能吸收8~10平方米房间内80%以上的有害气体,在15平方米的房间里放两盆虎尾兰,就能有效地吸收房间里释放的甲醛气体。开启电脑和电视机时,室内的负离子会快速减少,如果室内有虎尾兰,它会吸收二氧化碳,释放大量的氧气,使室内氧气中的负离子浓度增加。它还能吸收大量的铀等放射性元素,清除硫化氢、三氯乙烯、苯酚、苯、乙醚、氟化氢和重金属微粒等。

虎尾兰外形非常优美,放在卧室的桌子上,造型感强。还可以在会议室或办公室里摆放几盆虎尾兰,会显得高贵典雅,尤其是金边虎尾兰,有较高的观赏价值。

五、厨房的健康植物

一般来说,中国人比较喜欢炸、煎、炒的食物,所以厨房油烟比较大,再加上厨房里温度、湿度的变化比较大,因此,不适合栽种较贵的花草,应选择一些耐油烟、对环境要求比较简单的花草,以及一些小型环保花草,如冷水花、鸭跖草。需要特别注意的是,不要将花粉太多的花放在厨房。

厨房花草的摆放

厨房里的花草可以摆放在食品柜、冰箱、碗柜等上面,也可以采用壁挂式、悬垂式摆放花草的方法。除了摆放花草,也可以利用厨房内一些小型蔬菜,如西红柿、辣椒、绿叶蔬菜等,拼成简单图形,以增加生气。

厨房常见污染

◎油烟;

◎煤气、液化石油气产生的有害气体。

◎家庭用火炉产生的有害气体。

铃兰

铃兰喜半阴的生长环境,适宜放在散射光下,要避免强光直射。耐寒性强,在温度较低的条件下,生长良好,生长的适宜温度为18℃~20℃,怕炎热干燥,如果气温超过30℃,植株叶片会过早的枯黄。平时要保持盆土湿润,天气干旱时要增加浇水量,每15天施肥一次。花茎抽出后停止施肥。铃兰喜肥沃、富含腐殖质、排水良好的沙质壤土。每年换一次盆,花凋谢后要及时剪去花梗,避免消耗养分。铃兰多采用分株法繁殖。

传说,在森林守护神圣雷欧纳德死亡的地方,长出了一株植物,它那白色的小花绽放在冰凉的土地上,人们认为它就是圣雷欧纳德的化身,这种植物就是铃兰。

在法国的婚礼上,常常可以看到带有香味的小花——铃兰。把它送给新娘,表达对新娘的美好祝福。为什么会有这层寓意呢?也许是因为这种小花的形状像小钟,能让人联想到唤响幸福的小铃铛。浪漫的法国人还会在5月过"铃兰节",在节日这天,他们互相赠送铃兰花,象征着好运和吉祥。

铃兰散发的香味对葡萄球菌、肺炎球菌、结核杆菌的生长繁殖具有明显的抑制作用。

袖珍椰子

袖珍椰子喜欢半阴的环境,夏季高温时,要避免强光直射。在烈日照射下,叶片的颜色会变淡或发黄,严重时会产生焦叶及黑斑。袖珍椰子喜湿润,吸水能力很强，但要等干透以后再浇。夏季浇水要充足，还要经常往叶面喷水，来提高环境空气的湿度，以保持叶面深绿，有光泽。冬季时要控制浇水。生长的适宜温度为20℃～30℃，越冬气温最好不要低于10℃。喜欢肥沃、湿润、排水良好的土壤。对肥料的要求不高，通常情况下，在4～9月的生长期，每月施1～2次液肥，秋末及冬季可以不施肥。播种繁殖，种子需要3～6个月才出苗。

袖珍椰子形态小巧别致，很像热带的椰子树，放在室内颇具热带风韵。

袖珍椰子是植物中的"高效空气净化器"，能同时吸收空气中的甲醛、苯和三氯乙烯。非常适合摆放在新装修的居室内。

鸭跖草

鸭跖草喜半阴的生长环境，春、秋、冬季可置于阳光充足、通风良好的地方。夏季应避免阳光直射，否则会灼伤叶片。但也不能长期放在阴暗处，否则茎叶会变得细弱瘦小，叶色会变浅。

鸭跖草喜湿润，但冬季要控制浇水，常喷洒即可。要经常擦洗叶片，以免灰尘弄脏叶面，影响观赏价值。鸭跖草对土壤要求不严格，以疏松肥沃、排水良好的土壤为佳。在生长期，每隔15天施一次以氮肥为主的复合化肥。常采用分株、压条、扦插的方法繁殖。

鸭跖草开蓝色的花，上面两瓣下面一瓣，犹如飞舞的蝴蝶。花的寿命很短，只有一天，但它却依然开得美丽大方，有敢爱敢恨之意。

鸭跖草是良好的室内观叶植物，一般摆放在阴凉的窗台或茶几上，能为居室起到很好的点缀作用。它还是吸收甲醛的好手，能有效清除有害气体，起到净化空气的作用。

鸭跖草非常适应水培，能在水中迅速生根。在居室放上几株，会显得更加干净清爽。

冷水花

冷水花比较耐阴,喜欢散射光,怕阳光直射。阳光太强叶边会枯焦,叶面上的白色斑纹也不明显。光线太暗,叶片会失去光泽,影响观赏效果。喜欢湿润的环境,盆土要保持湿润。夏天的时候,除了浇水,还要经常往叶面上喷水。冬季不要给叶面喷水,否则会出现黑色的斑点。冷水花比较耐寒,只要温度不低于6℃,就不会受冻,14℃以上冷水花开始生长,最适宜的生长温度为15℃~25℃。对土壤要求不严格,喜欢疏松肥沃、排水良好的土壤,可以用壤土、腐叶土、河沙混合配制。4~9月份,每隔15天施一次肥。

一般采用扦插法繁殖,在春季,剪取带有叶子的茎5厘米左右,扦插在盆土中,放在半阴处,土壤干燥的时候,用喷壶喷水,一两个月后就可以移植了。

冷水花株丛小巧,看起来非常优雅,是时尚的小型观叶植物。绿色的叶片上有银白色的条纹,像片片雪花,所以又叫"白雪草"。

烹饪时散发出的油烟可引起肺癌,特别是对于吸烟的女性,致癌概率更高,冷水花能吸收油烟。并对有害气体有一定的抵抗能力,还能吸收室内的二氧化硫、甲醛等有害气体,并转化为无害的盐类。

冷水花叶子颜色绿白分明、纹样美丽,给人一种素雅的感觉。摆放在厨房、餐厅、卧室,清雅宜人。如果配上白色的浅盆,更显雅致。也可以悬吊在窗前,绿色的叶子垂下来,显得很妩媚。

六、卫生间的健康植物

卫生间是洗浴的地方,花草布置要干净、清洁且舒适。由于卫生间通风性能不好，加上采光也不好，里面有大量的水蒸气，适合干性的花草，容易引起花草腐烂。即便是耐阴湿的花草，也要每隔两三天把它拿出去"透透气"。

卫生间花草的摆放

卫生间的面积比较小，花草不宜多放，可以摆放绿萝、蕨类等耐潮湿的植物。如在洗漱台上摆放一小盆花卉。

卫生间常见污染

◎异味；
◎潮湿的空气。

绿萝

绿萝非常好照料，比较耐阴，即使在阴暗的环境中也能生长得很好。能适应室内温和的光线，但不能接受强烈的直射阳光。炎热的夏季是绿萝的生长高峰期，每天都要浇水，保持盆土湿润，同时还要向叶面和气根喷水，既可以提高空气湿度，又能清洗叶片，使叶色碧绿青翠。温度较低的冬季，要控制浇水。对土壤的要求不高，宜选择疏松、肥沃、排水性好的腐叶土。

主要采用扦插法繁殖，在春末夏初的时候，剪下绿萝的枝条，以15～30厘米为宜，将基部1～2节的叶片去掉，直接栽种，浇透水，放在阴凉通风的地方，一个月左右就会生根发芽。或者是剪下绿萝顶端的嫩芽，把节放在水里就能长出根,而且长得很快,不久后,一株新的绿萝就会诞生了。

绿萝叶片娇秀,呈心形,翠绿有光泽,夹杂有黄色斑块,蔓茎细软有气根,人们常将它做成壁挂、绿萝柱、悬吊,或者水养、装饰假山石等,被誉为"海陆空植物"。

绿萝可以祛除苯、氨、甲醛、一氧化碳、尼古丁,其中祛除氨和甲醛的能力比较强,每平方米植物叶面积24小时可以清除2.48毫克的氨、0.59毫克的甲醛。可以把墙面、织物和烟雾中释放的有毒物质分解为自有的物质。还可以有效地调节室内空气的湿度,使室内环境清新自然。

绿萝是优良的室内装饰植物,在家具的顶部摆放一盆,任柔软的蔓茎自然下垂,如果蔓茎垂吊得比较长,可以圈吊成圆环,宛如翠色浮雕。这样既充分利用了空间,又为家具增添了色彩明快、线条活泼的装饰,让居室生机盎然。

白鹤芋

白鹤芋喜半阴和高温多湿的环境,夏季高温和秋季干燥时,要多喷水,保证空气湿度超过50%,否则会导致叶片变小,甚至枯萎脱落。白鹤芋害怕强光照射,夏季的时候要遮阴60%~70%,但是也不能不让它见阳光,如果光照不足,则很难开花。其生长的适宜温度为22℃~28℃,越冬温度不能低于14℃,否则植株的生长就会受阻,叶片会被冻坏。盆栽白鹤芋在贮运的过程中,若温度控制在13℃~16℃,相对湿度在80%~90%,能在黑暗环境中坚持30天之久。

白鹤芋有"一帆风顺"的吉祥寓意,常作为节日、开业等活动的商务礼仪用花。20世纪80年代在欧洲已非常流行,被视为"清白之花",具有祥和安泰、春节平静之意。

白鹤芋能够清除室内的甲醛和氨,据测定,每平方米植物叶面积在24小时内能清除 3.53 毫克的氨和 1.09 毫克的甲醛。

白鹤芋花茎秀美，赏心悦目。盆栽点缀书房、客厅非常别致。在南方，配置池畔、小庭院、墙角处，别具一格。

波士顿蕨

波士顿蕨有较强的耐阴性，在光照不良的地方依然能够茂盛地生长。波士顿蕨喜欢明亮的散射光，但怕直射的阳光，阳光直射时叶片会变黄，叶缘产生枯焦。但也不能长时间的过阴，过阴会造成叶片大量脱落。波士顿蕨喜湿润的生长环境，夏天每隔 1~2 天浇一次水，秋季要减少浇水量，等泥土半干时再浇水。如果植株因缺水而凋萎了，可以将整盆放入水中浸泡，让根充分吸收水分。如果浸泡 24 小时后植株仍然没有挺立，那就将所有的叶片剪除，以促进新叶生长。

波士顿蕨的根比较敏感，因此，不能施浓度太高的肥，否则容易伤根。但是它又喜欢肥沃的土壤，因此，最好在装盆时先加入腐熟的厩肥，然后再用稀薄的肥料追肥。

早在 4 亿年前，地球上就已经出现了蕨类。蕨类遍布世界各地，种类繁多，约有 1.2 万种。中国是世界上蕨类植物分布最多的国家之一。

波士顿蕨能抑制电脑显示器、打印机和复印机中释放的甲苯和二甲苯，同时还能增加空气的湿度，保护人的呼吸系统。经常与涂料、油漆打交道，或者身边有吸烟的人，最好在工作的地方放一盆波士顿蕨，这样非常有利于身体健康。

波士顿蕨等蕨类非常容易栽培和管理，不需要太多的呵护就能茁壮成长。阴温的环境是它们最好的选择，可放在厨房、卫生间等利于它们生长的环境中。

七、庭院的健康植物

棕榈

棕榈是我国栽培历史最早、分布最广的棕榈类植物之一，属常绿乔木，高10~15米。树干圆柱形，表面粗糙。开黄色的小花，没有开花的花苞可以作为蔬菜食用。核果蓝褐色，肾状球形，在11月成熟。棕榈的生命力顽强，树干挺拔，叶片终年常绿，富有热带浪漫气息。

棕榈对光照的要求不高，在全光照下能良好地生长，也有耐阴力，尤其是幼树，耐阴能力很强。喜温暖湿润的气候，生长的适宜温度为20℃~30℃。耐寒性非常强，成年树可忍受-14℃的低温。耐旱能力很强，也具有一定的耐水湿能力。每1~2个月施一次氮磷钾复合肥，氮磷钾的混合比例为2∶1∶1，冬季停止施肥。

棕榈对二氧化硫、氟化氢、氯气有较好的吸收作用，并且对汞蒸气等多种有害气体有一定的抗性。除作为庭院树外，还可作为行道树和园景观树。棕榈有护财、生财之意。

榆树

榆树属落叶乔木，高可达25米，树干直立，树枝开展，树冠卵圆形或球形，

树皮很粗糙,呈深灰色。早春先开花,后长叶,也有的是花叶同放。榆树的适应

榆树

性强,生长快。姿态洒脱,树形优美,叶子嫩绿可人,具有较高的观赏价值。

榆树属于阳性植物,只有在阳光充足的地方才能茂盛地生长。如果光照不足,就会出现叶色变黄的现象,严重的还会落叶。适应性强,在寒温带、温带及亚热带地区都能正常生长,生长的适宜温度为22℃~30℃。耐旱不耐涝,一般不需要浇水。每月施一次氮磷钾混合肥,氮磷钾的混合比例为2∶1∶1,冬季不用施肥。对土壤要求不高,以肥沃、深厚、湿润、排水良好的轻壤土、沙壤土为佳。常采用播种繁殖,也可选择扦插、分蘖法繁殖。

榆树能吸收二氧化硫、氯气等有害气体,对氟化氢有较强的抗性。叶子表面滞尘能力强,是优质的"天然吸尘器"。在庭院丛植、孤植,与山石、亭榭配植观赏价值更高,也是良好的盆景植物。

榆树钱是榆树的种子,形状如同古代的铜钱,寓意钱多,招财进宝。我国民间有食用榆树钱的习惯。

传说,在很久以前,有一对夫妇,他们的日子过得很苦,但是他们很善良,只要看到别人有困难,都会尽自己最大的努力来帮助。一天,丈夫出去砍柴,看到路上躺着一位老者,老者衣衫褴褛,快要饿死了,丈夫于是就把老者背回了家,老伴赶紧把家里仅有的一碗米煮给老者吃,老者吃完后有了精神,把屋子打量了一遍说:"你们日子这么苦,还要帮助我,也不知该怎么感谢你们。我这里有

一粒榆树的种子,种下它,等它长大后,如果需要钱,晃一下树就会掉下钱,但是要记住,千万不能贪心。"

这对夫妇种下这粒种子,几年后树上还真的结出了串串铜钱。在别人有困难的时候,夫妇二人就晃几个铜钱帮助他们。后来这棵大树被一个地主霸占了,他从早晨晃到了下午,最后竟被越积越多的铜钱压死了,从此榆树再也不结铜钱了。

几年后,天气大旱,寸草不生,人们都快饿死了,他们突然发现榆树又结出了一串串像铜钱一样的绿东西,人们摘下来吃,有一种甜甜的味道。很多人靠它度过了饥荒。人们为了表示感谢,给它起了个好听的名字"榆钱树"。

幌伞枫

幌伞枫属常绿乔木,树高达30米。树皮呈淡褐色,树冠近球形。在10月份开黄色的小花,果扁球形。可观叶、观茎、观姿,是良好的观赏树种。

幌伞枫对光线的适应能力强,喜阳光充足,也有一定的耐阴力。喜温暖湿润的气候,不耐寒,如果冬季温度低于8℃,就会停止生长,低于0℃就会被冻死。较耐干旱,但不能过干,否则下部叶片会变黄、脱落,上部叶片也会失去光泽。每月施一次氮磷钾复合肥,氮磷钾的混合比例为2:1:1,冬季不用施肥。

以播种繁殖为主,也可采用扦插法繁殖。种子没有休眠期,可以随采随播。

幌伞枫对二氧化硫和氟化物有良好的吸收能力,对其他一些有害气体有一定的抗性,可以用来绿化大气污染严重的地区。

大树可作庭院树及行道树,幼年植株可以作为盆栽,摆放在大厅,能显示出热带风情。

幌伞枫树形奇特,巨大的叶集中在茎干顶部,树冠圆整,很像古代皇帝出游时用的罗伞,因此,有吉祥、富贵、辟邪之意,人们还称它为招财树、富贵树,在广东私家庭院中很常见。

刺桐

刺桐树身挺拔,枝叶繁茂。每年3月份开鲜红色的花,花形奇特别致,像辣椒,花序长达50厘米,远看,每一只花序都像是一串熟透了的红辣椒。

刺桐喜阳光充足的环境,不耐阴,阴处会开花不良。喜温暖湿润的气候,耐热,不过它的耐旱性也比较强。春季至秋季是其生长旺盛期,每个月施1次氮磷钾复合肥,复合肥的比例为2∶1∶1。对土壤的要求不高,以肥沃、排水良好的沙壤土为佳。

刺桐抗污染的能力较强,能很好地净化空气。使空气中的负离子浓度增加,提高空气湿度,降低环境温度。此外,它还有滞留灰尘、减弱噪音的功能。在庭院适合单植于草地或建筑物旁的向阳处。

刺桐象征着吉瑞。我国一些地方的人们,常以刺桐开花的情况来预测来年的收成。若刺桐的花期偏晚,而且花开得繁盛,那么,来年一定是五谷丰登、六畜兴旺。如果花期较早,花开得不繁盛,人们就认为来年收成一定不好。阿根廷人很喜欢刺桐,把它看作是神的化身,广为栽培,并将其推举为国花。

龙吐珠

龙吐珠为多年生常绿藤本植物,株高2~5米,叶为深绿色,长6~10厘米,呈长圆形。春、夏开花,红色的花冠从白色的萼片中伸出,宛如游龙吐珠,非常优美。结蓝色的球形果实。

龙吐珠喜阳光充足的环境,如果光线不足,会蔓生很多徒长枝,不开花。但盛夏要适当遮阴,避免烈日直射,否则叶子会变黄。喜高温,耐热性强,30℃以上的高温,只要供水充足,仍能正常生长。生长的适宜温度为18℃～30℃,不耐寒,越冬温度不能低于8℃,否则会出现落叶现象。

龙吐珠对水分比较敏感,要保持土壤湿润,但是不能过量浇水,水量过大会造成只长蔓不开花的现象,甚至叶子变黄,根部腐烂。夏季温度较高,要适当增加浇水量。冬季要控制浇水。生长期每月施肥一次,冬季停止施肥。喜深厚、肥沃、疏松的沙质壤土。常采用分株、扦插和播种法繁殖。

龙吐珠能吸收氯气、二氧化硫等有害气体;能使空气中的负离子浓度增加,提高空气湿度,降低温度,调节小气候。此外,还有很好的滞尘能力。在庭院适合作为花架、花墙、花廊、绿篱等栽培,也可以丛植于绿地中。

传说中的龙很神奇,长着鹿一样的角,骆驼一样的头,鬼一样的眼睛,蛇一样的颈,鲤鱼一样的鳞,鹰一样的爪,老虎一样的爪子,牛一样的耳朵。传说宝珠是从龙的口中吐出的,因此,龙吐珠寓意吉祥如意、财源滚滚、幸福安康、事事顺心。

垂柳

垂柳为落叶乔木,高可达18米,胸径1米。种子外披白色柳絮,成熟后随风飞散。通常是先开花,后长叶,也有花叶齐发的情况。叶子披针形,长8～15厘米,具细锯齿。枝条细长,柔软下垂,春天"翠条金穗舞娉婷";夏天"柳渐成阴万缕斜";秋天"叶叶含烟树树垂"。

垂柳萌芽力强,根系发达,生长迅速,15年就能长13米高,而且适应性非常强,不需要太多的照料。喜光,不耐阴。喜温暖湿润的气候,耐寒、耐水湿。除冬季不需要施肥外,其他季节每月施一次复合肥。

垂柳有"勤劳的大气清洁工"的美誉,对空气污染及尘埃的抵抗力强,可以吸收二氧化硫、氟化氢等有害气体。能使空气中的负离子浓度增加,提高空气湿度,降低环境温度,调节小气候。此外,它还有减弱噪音的功能。

垂柳枝条随风飘舞,姿态优美潇洒,置于庭院中池边,点缀园景,柔条依依拂水,倒映叠叠,别具情趣。

垂柳是吉祥富贵的象征,在古代的青瓷上,曾经出现过鹤、云、莲花池和垂柳在一起的图案。一些地方的民间,会在清明节时将柳条插在门户上,人们认为柳能驱邪。

秋枫

秋枫为常绿或半常绿乔木,高达40米,树冠伞形。初春时会换叶,老叶掉落以后,会开黄绿色的花并长出新叶,因此,又称"重阳木"。树皮呈灰褐色;叶为长椭圆形,绿色,两面光滑无毛,叶缘有明显的锯齿状;成熟的果实为深褐色,能食用,但是具有涩味,是小鸟喜爱啄食的果子;种子为黑褐色。

秋枫为阳性植物,喜阳光充足的环境,也耐阴。秋枫耐高温,生长的适宜温度为20℃~32℃。耐旱性较差。比较耐水湿,幼株需要水相对多一些。对土壤的要求不高,以肥沃的沙质壤土为宜。根系发达,抗风力强。采用播种法繁殖,播种最好在春、秋季节进行。

秋枫树冠圆整,树姿优美,春天叶子嫩绿,秋天变为红色,枝叶繁茂,遮阴性好,是优良的庭院树和行道树。

秋枫的枝干受伤后会流出像"血"一样的红色汁液,而且寿命长,有的秋枫已经在地球上生存了1000多年,一些地方的人们认为它是神树,因此,常被当神一样供奉。在广东很多别墅里,尤其是台湾人购买的别墅,常常会种有秋枫,作为守护神以辟邪。

八、观叶植物的养护

栽培养护的基本常识

一、植物与人

人类身边有成千上万种益于身心健康的植物,它们有的开花结果、有的四季常青。自古以来,植物就是人类生存不可或缺的物质,难以想象没有植物的人类世界是否还能继续发展。因为有了植物,我们的生活充满希望、妙趣横生。

1.你身边的污染

空气污染(或大气污染)指一些危害人体健康和周边环境的物质对大气层所造成的污染,这些物质可能是气体、固体或液体悬浮物等。人需要呼吸空气来维持生命,一个成年人每天呼吸的次数为 2 万多次,吸入空气达 $15 \sim 20 m^3$。可见,被污染的空气对人类健康有着直接的影响。空气污染物对人体的危害是多方面的,主要表现是呼吸道疾病与生理机能障碍,以及因眼鼻等黏膜组织受到刺激而引发的疾病。

我们身边有各式各样的污染,与我们息息相关的就是因家庭装修而产生的室内污染。家庭装修污染的问题已经成为严重危害人类健康安全的"隐形杀手",是继"煤烟污染"和"光化学污染"之后的全球第三大空气污染问题。装修污染的主要污染物是甲醛、氨、苯系物及总挥发性有机物。

甲醛是一种无色、具有刺激性气味且易溶于水的气体,其污染物的主要来源是建筑装饰材料、大芯板、复合木地板以及家用化学用品等。长期接触甲醛会增加人们患癌的概率。

氨是无色气体,当环境空气中的氨达到一定浓度时,就会出现刺激性气味。

室内空气中的氨往往来自室内装饰材料,比如家具涂刷饰面时常用的添加剂和增白剂。吸入低浓度的氨会使人恶心、头痛,吸入高浓度的氨则会使人呼吸困难并呕吐。

苯系物主要是指苯、甲苯、二甲苯。在这三种物质当中苯的毒性最大。苯是一种无色、具有特殊芳香气味的液体,能与醇、醚、丙酮和四氯化碳互溶,并微溶于水。

总挥发性有机化合物(TVOC)的组成极其复杂,其中除醛类外,常见的还有苯、甲苯、二甲苯、三氯乙烯、三氯甲烷、萘、二异氰酸酯类等。TVOC主要来源于各种涂料、黏合剂以及各种人造材料等。TVOC能引起人体免疫系统失调,影响中枢神经,使人出现头晕、乏力、胸闷等症状。

"污染"不得不说是现代人每天接触最多的词汇之一,在人们的日常生活和工作中,身体无一不正在遭受污染,但是世界就是那么奇妙,人类身边总会有很多好朋友能帮助人类抵御有害物质的侵袭。植物就是这类朋友中最天然、最重要的一个。

2.绿色植物对人体有哪些益处

世界卫生组织(WHO)将人类的健康定义为"人在生理、心理、社会活动三个方面都能保持良好状态,而不仅仅是无疾病无障碍"。绿色植物对人类健康起到了举足轻重的作用。

(1)天然净化器

植物对空气的净化效果是非常显著的,据检测,一盆吊兰能够吸收 $1m^3$ 空气中96%的一氧化碳和86%的甲醛,如果在1间 $10m^2$ 的居室内摆放两盆吊兰,基本上就能吸收掉空气中的一氧化碳、过氧化物等有害气体,还能分解由复印机等排放的苯。值得一提的是,吊兰在微弱的光线下也能进行光合作用,吸收有毒物质,这是其他植物不具有的特性。在24h的照明条件下,一盆芦荟可以吸收 $1m^3$ 空气中90%的甲醛,$1m^2$ 的常春藤叶片可以吸收甲醛1.48mg,苯0.91mg,其吸收三氯乙烯和二氧化碳的能力也很强;一盆虎尾兰平均24h可以吸收甲醛约30mg,此外虎尾兰还能分泌杀菌素,减少感冒的发生。类似这样的植物净化空气的例子数不胜数。

(2)天然消噪器

噪声污染也是都市生活中日趋严重的一种环境污染。花卉、树木表面的气孔和粗糙的纤毛能有效地吸收各种噪声,因此,它们自身就能有效地吸收和抵挡噪声的反射。

(3)天然灭菌器

植物能滞留大量的灰尘,可以减少空气中细菌的数量。比如铁十字秋海棠、菊花等叶面粗糙的植物具有很强的吸附粉尘的能力。而茉莉花、丁香、金银花、矮牵牛花等花卉分泌出来的杀菌素能够有效地杀死空气中的某些细菌,抑制结核、痢疾病原体和伤寒病菌的生长,使室内空气清洁。

(4)天然空调器

炎炎夏日,人们难免心绪烦躁,这容易影响人们的生活和工作。植物可以通过叶片蒸发水分来降低自身和周围环境的温度,同时提高空气的湿度,使人们身心畅快。

(5)天然氧工厂

很多人曾经有过这样的担心:植物白天进行光合作用,吸收二氧化碳,释放氧气。夜间却要进行呼吸作用,吸收氧气,释放二氧化碳,这样会不会出现人和植物争夺氧气的情况呢？其实这种担心大可不必,因为植物在白天进行光合作用所释放的氧气数量远远大于呼吸作用所排放的二氧化碳数量。还有些植物非常有趣,它们会在白天释放二氧化碳,而在夜间吸收二氧化碳并释放氧气,这类植物十分常见,其中包括仙人掌、凤梨、龙舌兰等,在居室内摆放此类植物就可以在夜间补充氧气,提高室内空气质量,更好地促进人们的睡眠,并使人们放松精神。

(6)天然净味器

有些植物本身就可以散发香气,如香草植物薰衣草、迷迭香、栀子花、茉莉花、荷花等;有些植物本身不散发气味,却能吸收空气中的有害气体和异味,如洋梨、金橘、香瓜、柠檬等。将这些植物放在室内,既能散发迷人的芳香,又能迅速消除室内的异味,有益人们的身心健康。

二、植物种植常识

热爱园艺的人不仅仅关心植物本身给人类生活带来的益处,更看重的是在种植养护植物过程中享受到的乐趣——这是一个快乐的、充满收获的过程。

1.花盆

选择花盆不是简单地使其外观装饰与植物搭配,而是为植物选择合适的成长环境,花盆是植物与外界的隔断,但更是一种联系。按照花盆的制作材料来分类,现在市场上常见的花盆有以下几种:塑料盆、瓦盆、瓷盆、陶盆和麦秆压缩盆。

塑料盆 目前花卉市场的植物大多采用塑料盆种植植物,但是塑料盆会限制植物根部呼吸,从而导致植株生长不良甚至死亡。塑料盆长期在阳光暴晒下会变脆进而炸裂,再加上塑料容易散发有毒物质,危害植物和人体健康,不利于环保。因此,在购买植物之后,不宜将植物长期放置在塑料盆中,而是应该将植物重新移栽到其他合适材质的花盆中,以利于植物的发育和生长。

瓦盆 瓦盆是传统的养护家居植物常用的花盆。瓦盆透气性好、渗水能力强,但是由于这种材质不易于塑形,因此瓦盆外形笨拙、颜色灰暗,从而使植物的观赏性大打折扣。瓦盆质感粗糙,容易沾染泥土,很难清洗,违背了现代人的审美要求,因此,瓦盆已经逐渐不被园艺爱好者使用了。

瓷盆 瓷盆是最具有中国风格的花盆,美观大方,具有极高的观赏价值。瓷盆外面的釉面阻隔了空气的进出,因此,瓷盆的透气性能不太理想。但这一缺点是可以被弥补的,可以在瓷盆底部铺上一些小石块或者铺上大颗的陶粒(水培材料,花卉市场上有售)等透气性好的材料,形成一个简单的排水层。盆壁周围也需要做一个特殊的排水层,具体方法是:先用一定厚度的纸(卡纸或是牛皮纸等)卷成一个比花盆直径稍小的圆筒放入花盆中,在圆筒与花盆内壁之间的缝隙里面填入蛭石或者粗粒河沙,在圆筒里面填入种植所需土壤之后,抽出圆纸筒,这样就能保证盆的底部和四壁都具有良好的透气性了。

陶盆 陶盆是美观性、透气性都较理想的花盆,并具有中国古典风韵,最适合种植兰花和一些株形苍劲、古朴的植物。陶盆需用水养。如果陶盆长期处于干燥的环境则会暗淡无光。同时陶盆对水质比较挑剔,如果水质不够纯净,那么陶盆外表就会出现白色的斑纹,从而影响植物的观赏性。

麦秆压缩盆 麦秆压缩盆是近两年来市场上出现的一种新型花盆,具有盆壁轻薄、材质环保的优点。因为,这种花盆是用麦秆压缩制成的,所以透气性非常好。由于压缩的麦秆不易塑形,因此,目前这种花盆的形状还比较单一。由于麦秆之间的缝隙较大,因此在浇水的时候很容易渗出水分,甚至托盘下面也会渗出水珠,影响花盆外部的整洁。由于这种花盆价格低廉,因此它是很多年轻人不错的选择。

2.土壤

土壤是植物赖以生存的主要环境,按照地质指标来分类,土壤可以分为:壤土、砂土、黏土三大类。

壤土 壤土表面上看是松散的粉尘结合状,摸起来手感细滑、均匀,将壤土碾碎后手上会留有粉尘。壤土土团比较松散、表面粗糙,与水混合后成浆,澄清后有沉淀、水面有悬浮物。

砂土 砂土表面呈散粒状,有明显的不均匀的沙粒感,很难成团。砂土与水混合后类似流沙,其表层变得均匀、光滑。

黏土 黏土表面呈坚硬土块状,摸起来有均匀感,又滑又黏。土团紧致、表面光滑,与水混合后变成泥浆,澄清后有沉淀,表面无悬浮物。

所有植物都需要一定的基质来培育,以促进植物幼苗健康成长。种植植物时,应该首先在种植器皿中铺上一层基质再铺上相应的土壤,以保证植物最基本的生长营养,最常见的基质有以下四种。

河沙 河沙也称素沙,排水和透气性能较好,与别的土壤搭配可以改善透水性和透气性。缺点是毫无肥力,一般不被单独使用,只作为培养土的辅助材料，偶尔也可以作为扦插或播种基质。如果选择使用海沙作为基质，则必须用大量淡水冲洗，否则盐分过高，易使植物的根系受到伤害。

蛭石和珍珠岩　蛭石和珍珠岩属于人工无土介质，质轻、无须消毒，是适合家庭种植采用的优良基质材料。

木屑　木屑具有透气、透水、轻便、保温、卫生等优点。是一种中性介质，可以单独作为培养土使用。木屑的缺点是难以使植株固定，因此一般不会单独使用。

草木灰　草木灰是植物根茎叶烧制而成的灰质，一般呈碱性，富含钾肥，加入培养土中可以为植物增加养料，也能改善土壤的排水和透气性能。

基质上需要铺上适合不同植物的培养土，适宜的培养土能让植物茁壮生长。在为植物搭配培养土时，要选择具有良好团粒性的培养土，这样的培养土持肥、持水力强，透气、排水性好，不开裂、不板结，养分充足而全面，并且已经经过消毒，酸碱度适中，无潜伏病虫害。常见的培养土大约有以下五种。

园土　园土是普通的栽培土。园土的肥力较高，团粒结构好，是盆栽土的主要原料之一，缺点是表层在干燥时容易板结，潮湿时透水性差，因此不能单独使用。

腐殖土　腐殖土由腐殖质组成的酸性土。腐殖土养分充足、质轻、吸水和吸收肥料的能力强，但是排水性能较差，一般要与其他品种的土壤混合使用，腐殖土与腐草土是较为常见的搭配方式。

腐叶土　腐叶土由植物的叶子与草腐烂变质后混合园土或者农家肥，经过一段时间的堆积发酵而形成的酸性土。腐叶土使用前必须经过暴晒和筛选，质轻，多被用作黏重土壤的疏松剂。

泥炭土　泥炭土是古代植物未完全分解所剩下的炭化部分。泥炭土呈酸性，富含有机质，可以改善土壤的物理性质，具有较强的持水和持肥能力，是非常理想的培养土。其与黏土混合使用可以让植物根系呼吸畅通，与砂土混合使用则可以降低其黏性，并改善其持水性。

黑山土　黑山土以色黑而质轻的为佳,使用前必须摊开暴晒数日,挑拣、去除枝梗等杂质。黑山土排水性能好,特别适合栽种兰花、杜鹃、山茶等。

3.温度

温度在很大程度上会影响植物的生长,适宜的温度才能让植物健康生长。环境温度并不能随意调控,但是人们可以辅助植物调节其自身周边小范围内的温度。植物在从休眠期到完全苏醒再到生长期的过程中是逐渐适应温度变化的。休眠期的植物通常较为虚弱,生理机能也相应减退,因此,如果天气一暖就马上把植物搬出室外,让它接受阳光的照射,那么当植物在夜里回到相对低温的室内时,就很容易"感冒",甚至冻伤。人们应该逐渐增加植物被阳光照射的面积,或者不要在中午气温最高的时候将植物摆放在室外。在炎夏,高温对植物生长同样存在很大的影响,虽然高温不一定能造成植物的死亡,但是会让植株的长势减缓甚至停止生长。当温度超过一般植物所能承受的极限时,植物就会被灼伤,而当温度超过42℃时,几乎没有植物可以存活。高温会破坏植物的生理活动,使呼吸作用不断加强,光合作用不断减弱,营养物质和水分急剧消耗,植物会长期处于一种"饥渴"状态;高温还会影响植物根系的发育、生长和吸收,从而加强蒸腾作用,使植株枯萎。

据研究发现,植株中的叶片部分对温度最为敏感。高温时,叶片常最先有发黄、卷曲等现象。花果时期的植物更是难以应对温差的剧烈变化。高温下,花期会明显缩短,果实干裂、脱落。由于温度对植物的生长有影响,因此,在冬季低温时,我们可以采取调整放置位置和为植物"穿衣盖被"的方式来达到保温的目的;在夏季高温时,我们可以通过喷洒清水、增加通风和遮阴等措施为植物降温。

4.光照

太阳是万物生长之源,因此,光照是影响植株发育、成长的重要原因。一般植物花卉的发育过程都是要在全光谱的日光下进行的。植物吸收的光线主要有紫外线、红外线和其他可见光。其中紫外线不但是植物色素形成的主要光源,还可以抑制植物茎杆抽条,保持植株矮壮的形态。红外线和红、橙色光则可以促进枝干长高。

目前，家庭栽植的植物一般都是让植物透过玻璃接受阳光的照射，玻璃在很大程度上阻隔了紫外线和紫、蓝光的进入，因此，室外植物比室内植物的颜色更加艳丽，叶面更加光亮，植株也比较矮壮。

有些植物具有趋光性，如向日葵，不能长期只照射向日葵的同一个部位，必须使植物均匀地接受阳光，这样才不会生长失衡、高矮不一、影响美观。植物的花果也会因光照的不同而产生很大的差别，背光的一面花色暗淡，数量较少，果实柔弱、干瘪。因此，无论在什么季节，都要适时转动植物，均匀受光，我们无须每天变化植物的受光面，可以确定一个周期来改变植物的受光面，比如7天左右转动1次花盆，转动时以原地将花盆旋转180°为佳。均匀的光照有利于植物叶片分布均匀，花冠端正。

居家栽植养护植物时，应该首先了解和掌握植物的生态习性，再根据植物的向光性来选择放置的方位和地点。比如东向的窗户在上午有3~4h照射不到太强烈的阳光，西向的窗户的光照时间基本与东向窗户差不多，南向的窗户是一天中接受光照时间最长、光线最充足的地方，极适合放置各类观花植物，从而使这些植物生长良好、花叶繁茂。相比之下，北向的窗户在一天当中仅能被照射到一些散射光，几乎没有阳光直射，适合摆放耐阴性强的植物。

5. 水分和湿度

众所周知，水是生命最主要的构成，水分子参与植物的蒸腾作用、光合作用、呼吸作用和新陈代谢作用。因此，使植物保持合适的水分和湿度是植物种植养护过程中关键的内容。植物因原产地的不同，对水分的要求也不相同，如水生植物荷花、睡莲、碗莲等必须生长于水中。此类植物没有耐旱能力或者耐旱能力较差，可以将这类植物栽种在湖塘内，家庭种植时，可在小水缸和小水池中栽植这类植物。耐湿植物原产于热带雨林，如龟背竹、喜林芋、海芋、马蹄莲等。这类植物喜欢湿润的环境，需要较高的空气湿度和土壤湿度，在日常养护中我们要本着宁湿毋干的原则。中性植物一般为露地花卉，如茉莉、月季、米兰、苏铁、万年青、橡皮树等，这类植物对水分的要求属于常规范围，浇水要遵循见干见湿的原则，即栽培介质表层发白时就浇水，浇水要浇透，浇到盆底排水孔有水渗出为止，要做到盆土不可长时间过干或过湿，保持表土稍稍湿润即可。半耐旱植物，如山茶、杜鹃、橡皮树、天竺葵、大丽花等，此类植物的叶片是革质或者蜡质，叶片上常有茸毛，给这类植物浇水的原则是见干见湿，切忌只浇半截水或者水浇的过多使盆底溢出大量水，注意观察盆底的干燥度可以有效地控制浇水量。耐旱植物一般原产于沙漠或半荒漠等干旱、高温的地区，如仙人掌、令箭荷花、蟹爪兰、石莲花等。此类植物非常耐旱，它们多浆的枝茎可以贮藏水分，保证植物在恶劣条件下仍然能够正常生长。此类植物如果供水过多反而容易使其烂根死亡，浇水时要遵循宁干毋湿的原则，要等盆土完全干燥后再浇水，浇水不能浇透，一般保持盆内土壤25%的含水量即可。

日常浇水还应掌握"四忌"原则。

忌浇"半腰水"。浇水水量不能只湿润表土或者用水浸泡花盆底部的土壤。"半腰水"会造成土壤中间部分板结，导致植物根部难以下扎，影响植物健康发育。

忌浇"午水"。盛夏季节不能在中午太阳直晒时浇水，如果发现植株缺水，可将其移至庇荫处，等花盆温度降低后再浇水，否则植物的根部会受到伤害。

忌浇生活水。不能给植物浇灌含有油污或者肥皂粉等生活用水。植物与人一样，需要的是洁净的水。即使是牛奶和其他残渍也必须经过发酵以后才能浇灌。

忌喷毛叶。叶面有茸毛的植物，如大岩桐、蒲包花和秋海棠等，不能在它们的花朵和叶面上喷洒水分，以免造成叶面或花瓣积水而腐烂。

6.修剪

修剪　是指对植株的某些器官，如茎、枝、叶、花、果芽、根等部分进行剪截或删除。整形是指对植株施行一定的修剪措施而形成某种树体形态，一般需要通过一定的修剪手段来完成，而修剪又是在一定的整形基础上，根据某种目的和要求来实施的。因此,修剪和整形是紧密相关的,是一定栽培管理目的和要求下的技术措施。

对居家植物进行修剪,通常是为了控制其生长、促进矮化,以达到美观的效果。修剪在植物生长初期实际上是以促进成形为主要目的,后期则是以度过寒冬或者美化造型为主要目的。

观赏树木经过整形后,树冠、枝条的分布基本合理,在此基础上应合理配置侧生枝,使其充分合理地利用空间。为了保持或形成良好的树形必须进行定期修剪。

根据修剪目的的不同修剪一般可分为短剪、疏剪和缩剪三种技术。短剪是指把一年生的枝条剪去一部分,短剪又可细分为轻剪、中剪、重剪、极重剪。应当注意对长势强的枝条要轻剪,对生长势弱的枝条要重剪,以调整一、二年生枝条的长势,平衡树势。疏剪指从枝条的基部起把整个枝条全部剪除,主要是剪去过密枝、枯枝、病虫害枝、徒长枝等,从而减少树冠内枝条的数量,使枝条均匀分布,为树冠创造良好的通风透光条件。缩剪则是指短截多年生的老枝,以降低植物顶端的高度,改善光照条件,使多年生枝的基部更新、复壮。

7.施肥

肥料 是植物生长的营养剂,适当适量的肥料才能让植物枝繁叶茂、生机勃勃。

植物的生长过程中需要氮、磷、钾、钙、硫、镁等大量元素来维持生命代谢的基本所需,需要铁、锌、锰、铜等微量元素来支持营养的补给,两者相辅相成、缺一不可。

氮肥 氮肥是构成植物蛋白质的主要成分,能促进植物的成长。充足的氮可使叶片肥壮、鲜绿,促使植物的光合作用。

磷肥 磷肥是植物细胞核和原生质的重要组成部分,参与光合作用和各类代谢活动,促进植物生长,使其花果壮硕、颜色鲜艳。

钾肥 钾肥参与植物体内许多重要的生理活动,促进纤维素和木质素的合成,使茎秆粗壮,增强抵抗力和免疫力。

常规花肥应该包含三种重要元素和多种微量元素。花肥种类繁多,按照其性质可以分为有机肥和无机肥。有机肥是由动、植物体或者排泄物发酵后形成的,能促进植物的生长和改良土壤的结构,常被用作基肥和追肥,但是有机肥的肥性发挥较慢,在日常的种植过程中可以多次施放,不过,在使用时要注意卫生,避免微生物滋生。无机肥则是以化学方式合成的肥料,富含矿物质,可以快速溶解并被植物吸收,迅速改变植物生长状态,但是无机肥的养分单一,不宜长期使用。

常见观叶植物的栽培养护

巴西木

适合土壤:用富含腐殖质、排水良好的肥沃土壤

生长高度:60~600cm

巴西木

观赏特性：株形齐整,茎干挺拔,叶呈剑形,碧绿发亮。

摆放位置：可摆放于客厅、卧室、厨房、书房等地,南向窗前3m能见阳光处可长期摆放,夏季则应将其摆放于北向阳台或树荫下,冬季应远离空调和暖气设施。

栽培与养护

温度：喜高温,生长适温为20~30℃。夏季高温时,需适当遮阴,冬季气温不可低于8℃。冬季夜间低温时可为其套上塑料袋保温,等白天太阳出来,室温升高后,再去除塑料袋,或在袋端上剪出几个洞口,防止其被闷死。环境温度太低,叶尖和叶缘会出现黄褐斑。

光照：对光线适应性很强,在稍遮阴的环境下或在阳光下都能生长。如果光照充足则生长迅速,但如果光线太弱,则叶片上的斑纹会变绿,基部叶片黄化,失去观赏价值。春、秋、冬季宜多照射阳光,夏季宜遮阴或放到室内通风处。

水分和湿度：喜高湿,但盆土应保持半干半湿的状态。在养护期间需保持水质清洁,每星期浇水1~2次。水量不宜过多,以防树干腐烂。夏季高温时,可向植株叶片及其四周喷水以保持植株湿润,提高空气湿度。

修剪：巴西木栽培数年后,植株可能会过于高大或茎干下部叶片脱落,此时株形较差,应进行修剪。四季均可修剪,剪去过长和过密的枝叶,以保持植株外形的美观性。

施肥：生长期内可适当进行根外追肥,每半个月用100倍稀释营养液喷洒叶片1次,冬季施肥量减半或停肥。金心巴西木叶片斑纹消失时应适当施磷钾肥,在生长期内每月可在根外喷施0.2%的磷酸二氢钾溶液1次。

注意事项

巴西木水插也能成活。将一段枝条插入水中2~3cm,经常更换新水,并保持水质清洁,1个月后即可生根并保持常绿。巴西木是天然的"空气加湿器",仅需吸收1%的水分,却能使99%的水分自然蒸腾到空气中,冬季干燥的北方适宜种植。

发财树

适合土壤：肥沃疏松、透气保水的酸性砂质土壤（忌碱性土）

生长高度：50~120cm

观赏特性：树姿大方挺拔，叶片潇洒，叶色鲜艳，除可编辫造型外，还可嫁接做成各种动物造型

摆放位置：可摆放于居室客厅、门厅或商场、宾馆大堂等处

栽培与养护

温度：喜高温，生长适温为20~30℃，夏季最高可耐35℃高温，冬季当温度低于10℃时就进入休眠期，忌霜冻和冰冻环境。华南地区可露地越冬，华南以北地区则需移入温室内越冬。

光照：喜好阳光，适合全日照。光照充足时长势良好，略具耐阴性，也可半日照。但是不能正午将其放置于强光之下，夏季应该放在光线好但是阴凉处种植。

水分和湿度：生长期内需较多的水分，尤其春季新枝萌发与夏季花苞发育时必须水分充足，但盆土不能过湿，盆土发白时方可浇水，否则易长出青苔，影响枝叶的正常生长。夏季要将花盆置于阴凉处，并经常喷水，增加植株周围的空气湿度。

修剪：一般在生长旺盛期快要结束前进行修剪，修剪去除顶梢，以促进分枝萌发，保持株形的美观。

施肥：喜肥，但以多施薄肥为宜。生长旺期可以追肥1~3次，能促进枝叶繁茂，叶色浓绿光亮。春、秋两季，生长缓慢，每2~3周施薄液肥1次。入夏后，气温升高，生长渐旺盛，可7~10天施放液肥1次，也可以交替施放0.2%的硫酸亚铁水。

注意事项

发财树的株形美观，花、叶、果都具有很强的观赏价值。发财树的果皮在未

成熟时是可以食用的,种子更可以炒食或榨油,味道像花生,因此又叫美国花生。发财树近年来多被培育为微型盆栽,造型可爱,深受白领一族的喜爱。发财树亦能水培,但是因为其对水分要求甚严,因此一般不宜采用水培的方式。

铁线蕨

适合土壤:疏松透水、肥沃的石灰质土砂壤土

生长高度:20~80cm

观赏特性:枝条优雅飘逸、四季常青、挺拔清秀,叶丛密似云纹、雅嫩清秀、生机勃发、活泼潇洒

摆放位置:常置于客厅、书房、卧室、窗台等明亮的散射光处或盆景假山狭缝中

栽培与养护

温度:喜热耐寒,生长适温白天为21~25℃,夜间为12~15℃。一般情况下应在寒露前后移入室内,保持其基质呈湿润偏干的状态,并放置于屋内向阳处,开春气温回升后再移至室外。南方地区可以在室外过冬。

光照:喜半阴环境,喜明亮的散射光,切忌阳光直射,如果光线太强,会出现叶片枯黄甚至植株死亡的情况。

水分和湿度:喜湿润,注意经常保持盆土湿润和较高的空气湿度。在气候干燥的季节里,应经常向植株及其周围喷水,以提高空气湿度。生长期内要保证浇水量充足。如果植株缺水,叶片就会萎缩。浇水忌盆土时干时湿,这样易使叶片变黄。

修剪:不耐修剪,一般也不需修剪,但应该及时摘除病叶,以免相互感染。

施肥:生长期间2~3周施肥1次,稀薄饼肥水即可满足其生长需要。性喜钙质肥,若能施入少量钙质肥料效果更佳。施肥时要特别注意,不能让肥水沾到叶面上,否则叶片会因为灼伤而变黄甚至腐烂。

注意事项

铁线蕨叶片是良好的切叶材料及干花材料，同时可全株入药，主治流行性感冒、咳嗽、肝炎、痢疾、腰痛、尿道结石、痔疮、跌打损伤、烧烫伤、蛇咬伤、疔毒等。

低湿度的空调环境对铁线蕨的生长十分不利，如果要将其放在空调环境中，那么一定要多向其叶片喷水，一天至少3~5次。

橡皮树

适合土壤：腐叶土或疏松肥沃、排水好的中性土

生长高度：50~300cm

观赏特性：著名的观叶植物，四季常青，叶子大而丰厚，充满热带风情

摆放位置：可放置于宾馆大厅或者居室客厅、书房等处

栽培与养护

温度：喜高温环境，生长适温为20~30℃。夏秋季生长最为迅速。当环境温度低于10℃时，即进入休眠状态，越冬温度不能低于5℃，否则容易产生冻害。

光照：喜强烈的直射光，适合全日照，属于阳性树种，可置于阳光充足、空气流通的地方，盛夏正午应庇荫。如果阳光不足，枝干容易徒长。亦耐阴，但是在其生长过程中，每天至少应该接受不少于4h的直射光照射。

水分和湿度：喜湿润。应长期保持土壤处于偏于或微潮的状态。盛夏高温干燥时，可早晚各浇水1次。冬季，需水量最少，可每隔3~4天浇水1次。典型的热带树种，在高温高湿的环境中生长良好，生长迅速时可每5~8天萌发1片新叶。

修剪：当植株长到50cm左右时，需要摘心，以促使侧枝萌发和株形矮化。侧枝也可根据造型需要剪除，侧根的修剪最好在早春时节进行。

施肥：喜肥，不耐瘠薄。生长期内每隔15~20天施稀薄液肥1次。夏季高温时生长较快，应"大肥大水"，但要避免盆内积水，发现积水时要把积水倒掉；

入秋后逐渐减少施肥和浇水,以促进植株生长。冬季不施肥。

注意事项

橡皮树叶片大而繁茂,呼吸蒸腾作用强。栽植时应经常用清水喷洒叶面,也可用啤酒擦洗叶面,能起到增肥作用,使叶片油绿有光泽。

橡皮树适应环境的能力极强,冬季天气转凉后,不用急于把橡皮树移入室内,可将其置于阳台内侧,并避开霜降时节,这样能够增强植株的抗寒能力

孔雀竹芋

适合土壤:富含腐殖质、排水良好的砂质土壤

生长高度:30~60cm

观赏特性:既可观花也可观叶,叶片直立似剑、碧绿光亮,别致有趣

摆放位置:盆栽常放置于装点阳台、窗台和居室等处

栽培与养护

温度:喜温暖,最佳生长温度为22℃左右。当夏季温度高于35℃时,不仅植株生长停滞而且叶色会变黄失去观赏价值。当温度低于15℃时植株生长缓慢,低于10℃时叶片易卷缩,低于5℃时易受寒害,严重时会导致全株死亡。故冬季一定要注意防寒保温,将其移入室内栽培。

光照:喜光,忌暴晒,光照太强会灼伤叶片,但是长期不见阳光会使叶色发暗。

水分和湿度:喜温湿环境,对湿度很敏感,环境过于干燥就会使叶片卷曲或失去光泽。在生长季要保证充足的水分,贫土应保持60%~80%的湿度,但不可过湿,否则会损害根系的生长。

修剪:如无整形要求只需及时摘除病叶和枯黄变软的老叶即可。

施肥:对肥料需求较大,生长季可每月追施液肥1次,追肥以腐熟的饼肥为主。缺肥时植株会变得矮小,叶色暗淡。生长期内每20天需要施稀薄氮磷钾液肥1次,可使叶色光泽艳丽。平时每隔10天可以用0.2%的液肥直接喷洒叶

面,以利于植株的萌芽和生长,冬、夏季应停止施肥。

注意事项

据检测发现24h内每平方米竹芋叶片可吸收0.86mg的甲醛和2.91mg的氨。竹芋品种繁多,叶面有美丽的花纹,足当今高档盆栽的植物,在居室内既有良好的装饰作用又可消除空气污染。

芦荟

适合土壤:疏松、排水好的微酸性砂质土和泥炭土

生长高度:50~200cm

观赏特性:四季开花,花色艳丽、花香甜美、沁人心脾,被誉为"花中皇后"

摆放位置:可植于花坛、庭院中,也可在草坪、园林角隅、庭院、假山等处栽植,亦可作为家庭盆栽以及鲜切花材料使用

栽培与养护

温度:喜温暖,忌寒冷,生长适温为15~35℃。适宜生长在终年无霜的环境中。冬季气温在5℃左右时就会停止生长进入休眠状态,当气温低于0℃时,就会冻伤或者死亡。

光照:喜阳光又耐半阴,栽种于室内明亮处为佳。接受充足的阳光照射才能生长良好,但新苗刚上盆时不宜长时间照射阳光,最多只在早上照射不超过半小时的阳光,半月后新植株会逐渐适应阳光苗壮成长。

水分和湿度:喜稍干燥,忌积水,最适宜的湿度为45%~85%。在阴雨潮湿的季节或排水不好的情况下容易叶片萎缩、枝根腐烂而死亡。生长季可以增加浇水量,但是保持盆土表面湿润即可,即使夏季也无需向叶面喷水增湿。

修剪:一般不需修剪,如果叶片过密可以酌情疏叶,使养分能够集中供应。

施肥:生长期时需要氮磷钾和一些微量元素。应尽量使用发酵过的有机肥料、饼肥、鸡粪、堆肥等都可以施放,最好能施放蚯蚓的粪肥,这种有机肥更能促进植株良好生长。

注意事项

芦荟含有丰富的多糖、蛋白质、氨基酸、维生素、活性酶及对人体十分有益的微量元素。自古以来,芦荟在中国民间就被作为美容、护发和治疗皮肤疾病的天然药物。不是所有的芦荟都可以食用,可食用的品种只有6种,而其中具有药用价值的芦荟品种主要有:洋芦荟(又名巴巴多斯芦荟或翠叶芦荟)、库拉索芦荟(分布于非洲北部、西印度群岛)、好望角芦荟(分布于非洲南部)和元江芦荟等。

一叶兰

适合土壤:疏松、排水好的沙质土和泥炭土

生长高度:30~200cm

观赏特性:理想的室内绿化植物,终年常绿,叶形优美,生长健壮

摆放位置:可放置于客厅、待客室、休息室、橱窗等处

栽培与养护

温度:喜温暖,生长适温为10~25℃,冬季应入室越冬,白天气温要求保持在10~15℃,最低越冬温度为5℃。

光照:喜半阴环境,在50%透光环境下植株叶片愈发碧绿。若一面长时间受光,会导致叶片朝向混乱,失去平衡,应不时转动花盆,使叶片均匀受光。常年在明亮的室内可以生长良好,忌阳光直射,即使短时间的暴晒也会造成叶片灼伤。

水分和湿度:生长季要充分浇水,保持盆土湿润,并经常向叶面喷水增湿,以利萌芽、抽长新叶。秋末后可适当减少浇水量,不宜多浇水,浇水遵循宁干毋湿的原则。

修剪:不需要进行特别的造型修剪,叶片越多越美观。生长旺盛期时如果盆内太满可进行分株,否则会因为植株根系的萌发力过强,而将塑料盆撑破。平时修剪一般只剪除黄叶或枯黄的叶片边缘即可。

施肥：对土壤要求不严，耐瘠薄，上盆时可用腐叶土、泥炭土和园土等量混合作为基质。春、夏季生长旺盛期时可每月施液肥1~2次，以保证叶片清秀、明亮。施肥以氮肥为主，可每月施稀薄液体肥2次，也可用腐熟的饼肥或复合肥，一般10~15天施1次。

注意事项

春季一叶兰长新叶时，植株要放置在阳光充足的地方，成活后可以逐渐增加光照。一叶兰即使在阴暗的室内也可生长，但长期处于阴暗的空间中会不利于新叶的萌发和生长，如米摆放在阴暗的室内，最好每隔一段时间将其移到有光线的地方养护，以利其生长与观赏。

文竹

适合土壤：疏松、肥沃的微酸性土壤

生长高度：20~50cm

观赏特性：叶子纤细秀丽、密生如羽毛状、翠云层层，株形优雅、独具风韵，深受人们的喜爱，还能监测空气质量，是居家植物的好选择

摆放位置：可放置于书架、案头、茶几上、居室等处

栽培与养护

温度：生长适温为15~25℃，不耐高温，当气温高于32℃时就会停止生长，茎叶枯萎。冬季需入室养护，室温应保持在10℃以上，5℃以下容易产生冻害。在我国的南方地区可以室外越冬。

光照：喜阴植物，应将其摆放在室内或遮阴棚下，但也不能长期使其处于阴暗的环境中。秋末和冬季应靠近南窗摆放，使其能多照射阳光。

水分和湿度：喜欢微湿的生长环境，土壤不能过干或过湿。生长期内要充分浇水，经常保持盆土湿润，忌积水，否则易烂根或落叶。秋后应减少浇水。浇水量应根据植株的大小灵活掌握，以见干见湿为原则。

修剪：除了在生长期剪除发黄枯萎的枝叶以外，为了降低植株高度，增加观

赏性,应该在生长初期摘去生长点。具体做法是在新生芽长到2~3cm时,摘去生长点,促进茎上再生分枝和叶片,使枝叶水平伸出,株形不断丰满。

施肥:不喜肥、耐瘠薄,种植时可将少量腐熟畜粪作基肥。宜薄肥勤施,忌用浓肥。生长期内一般每15~20天施腐熟的有机液肥1次。喜微酸性土,可定期适当施少量的矾肥水,以逐渐改善土壤自身的酸碱度。

注意事项

盆栽文竹一般要在4、5年后才能开花结果,到时间没能开花结果,可能是因为种植盆太过于狭小导致文竹的根系吸收营养的面积过小,应该在文竹生长3年以后更换新盆,或者直接购买3年以上的植株,将其种植在较大的盆中。当植株枝条长长时,应及时搭架绑缚,并适当整形修剪,保持植株整齐美观。

常春藤

适合土壤:疏松、排水好的叶土与园土或少量河沙的混合土

生长高度:10~50cm

观赏特性:颇为流行的室内盆栽,枝叶稠密、柔长洒脱、叶色丰富、典雅秀丽

摆放位置:盆栽后放置在较宽阔的客厅、书房、起居室等,可以摆放在较高的花架上或者直接将盆栽挂于高处

栽培与养护

温度:喜温暖,生长适温为15~26℃,冬季气温在0℃以上时即可安全过冬,短时间内能耐-3℃的低温。夏季要注意通风、降温。

光照:喜光照也较耐阴,在半阴环境下生长,其节间的距离较短、叶形统一,但是叶片上的花纹会显得杂乱,最好放置在室内明亮处。春秋季节最好能将植株移至户外遮阴处,让其早晚多照射阳光;夏季要避开中午的直射光暴晒。

水分和湿度:生长旺盛期即4~10月,浇水需遵循见干见湿的原则。冬季需要控制浇水量,如果其下部叶片变黄脱落,多是由于基质黏重、排水不良所致,此时应该立即停止浇水,并将植株周围的基质扒松,让水分尽快蒸发。

修剪：不需修剪，植株长势较差、老枝过多时可以按照喜好适当整形。

施肥：盆栽成活后，每隔10~15天追施腐熟的有机肥1次，花蕾形成期增施富含磷钾的水肥。可以每季施肥，但是有些品种的常春藤耐热能力较差，夏季生长不佳，建议按照植物的实际情况施肥。

注意事项

$1m^2$常春藤叶片可以吸收甲醛1.48mg，苯0.91mg。据研究发现，其吸收三氯乙和二氧化碳的能力也很强。常春藤的气味有杀菌、抑菌的功能。当常春藤的枝条过长时，可进行修剪，将剪下的枝条放置在各种器皿中，制作成插花小品，装饰餐桌、书架等，别有韵味。

袖珍椰子

适合土壤：排水良好、湿润、富含腐殖质的肥沃壤土为佳

生长高度：50~200cm

观赏特性：外形似椰子，叶片终年翠绿，植株娇小可爱。能营造除具有热带风情的空间氛围

摆放位置：可放置于书房、洗手间化妆台、卧室、茶几等处

栽培与养护

温度：喜温暖，生长适温为20~30℃，越冬温度不宜低于18℃，13℃时即进入休眠期，气温低于5℃就容易冻死。因此，一入冬就要将其移入室内养护。

光照：喜欢散射光，忌阳光直射，否则叶片会变得枯黄。夏季以50%的遮光率为佳，冬季需要充足阳光，不必遮阴。

水分和湿度：浇水遵循宁干毋湿的原则，生长旺盛期时应该充分浇水，当气温降低到20℃以下时就应该减少浇水量。冬季休眠期时，更应该少浇水，但盆土也不能过于干燥，适当的控水可以增强植株对低温的适应能力。夏季高温时可向叶片喷洒清水以达到降温的目的。

修剪：一般只需剪除枯叶、干梢、凋谢的花序，可以先剪除枯叶，在新叶展开

后再彻底拔出枯萎的老茎,以保护新叶的茎,促其生长。

施肥:生长期内每半个月施放稀释的液态氮肥1次,如果能在叶面上喷洒少量液态氮肥,则效果更佳。秋冬季节停止施肥。株高在60~80cm时为最佳观赏期,此时应逐渐减少施肥量,以便控制株形,维持最佳形态。

注意事项

袖珍椰子的叶片有时候会变黄、变软或倒伏,原因可能是盆底积水太多而导致烂根,应及时更换土壤,可采用腐叶土、泥炭土加四分之一的河沙或珍珠岩以及少量的基肥配制成的培养土,还可以用晒干粉碎后的鱼塘淤泥掺入黑山泥作为基质。另外,有时候直射光和强光会不同程度地灼伤叶片,导致叶片变黄、变软,应将其放置在散射光充足的地方。

白网纹草

适合土壤:富含腐殖、疏松、保水力强的土壤

生长高度:低矮品种(或匍匐)小于20cm

观赏特性:叶片清新美观、叶脉清晰、叶色淡雅、纹理匀称,深受人们喜爱,是目前十分流行的小盆栽品种

摆放位置:可放置于书桌、茶几、休息室、橱窗、电视柜或玻璃柜等处

栽培与养护

温度:喜温暖,生长适温为18~30℃。夏季高温时忌暴晒,冬季忌寒冷霜冻,越冬温度需要保持在10℃以上。冬季气温低于8℃时,植物就会冻伤从而导致叶片脱落。

光照:喜中等强度的光照,忌阳光直射,喜半阴环境,遮光率在50%左右为佳。夏季应该避免正午的强光直射。虽然其具有一定的耐阴性,但冬季应将其放置于光线充足的地方。

水分和湿度:喜湿润,要求生长环境的空气湿度为60%~75%。白网纹草根系较浅,表土干时就可以进行浇水,但浇水量要稍加控制,表土稍微湿润即

可。春、夏、秋季应该充分浇水,盆内忌积水。阴雨天可以减少浇水量。夏季由于植物叶片的蒸腾量变大,应该经常向叶片喷洒清水。

修剪:可以随时修剪。生长期内每次开花后都要进行适当修剪,冬季以后若叶片变黄,可以再进行一次重剪,以减少养分的消耗量,使其顺利越冬。

施肥:对于生长旺盛的植株,生长期内每1个月施以氮为主的复合肥或者稀薄液肥1次。由于其枝叶密生,因此,施肥时应避开叶片和枝干,以免灼伤。如果生长期能用0.05%~0.1%浓度的硫酸锰溶液喷洒叶片1~2次,则叶面会变得鲜亮嫩绿。

注意事项

有时候白网纹草的叶片会突然开始大量脱落,那是因为其叶片薄且娇嫩,向叶面喷水过多,就容易引起叶片色泽暗白,久之,叶片就开始脱落。

薄荷

适合土壤:土层深厚、疏松肥沃、富含有机质的土壤或半砂质土壤

薄荷

生长高度:10~30cm

观赏特性:香气袭人、叶片翠绿、株形可爱

摆放位置:著名的芳香花灌木,盆栽适合放置于阳台、卧室、书房和庭院等处

栽培与养护

温度：喜温暖，较耐寒，生长适温为20~30℃，大多数品种能忍受-10℃左右的低温。

光照：喜阳光，但应避免阳光直射。夏季以50%的遮光率为佳，避免长时间的阳光照射。

水分和湿度：喜欢湿润。水分对其发育和生长有较大的影响，无论什么季节都需要湿润的空气环境，尤其在植株的生长初期和中期要求水分充足，最好在土壤未完全干燥之前进行浇水。

修剪：一般不需修剪，在需要的时候可以随时采摘使用。作为医药用草常在生长期采收两次。

施肥：喜肥，施肥以氮肥为主，磷钾肥为辅，且遵循薄肥勤施的原则。生长期内每1个月施复合肥或者稀薄液肥1次，施肥时应避开叶片和枝干，以免灼伤。每次采摘后都要进行追肥，以促进枝梢的新发，一般将稀释后的尿素液作为追肥。

注意事项

全株可入药，有疏散风热、清利头目、理气解郁、止痒之功效，主治风热感冒、头痛目赤、咽喉肿痛、风湿、皮肤瘙痒、荨麻疹、口舌生疮等病症。用其加工制成的薄荷油、薄荷脑是医药、食品、香料等工业的重要原料。薄荷有极强的杀菌、抗菌的作用，将其作为茶饮可以预防病毒性感冒、口腔疾病，使口气清新。用薄荷茶汁漱口，可以预防口臭，用薄荷茶雾蒸面，还有缩细毛孔的作用。拿泡过的叶片敷在眼睛上，会感觉清凉舒爽，能解除眼睛的疲劳。

白兰花

适合土壤：肥沃、排水性好的微酸性砂质土壤

生长高度：300~400cm

观赏特性：叶色黄嫩、姿态挺拔、花形优雅、气味芳香，是南方女孩钟爱的夏

季小饰品

摆放位置：南方一般露地栽培，北方常见盆栽。可布置于庭院、厅堂、会议室等处

栽培与养护

温度：生长适温为25~35℃，冬季室温保持在10~12℃为佳，最低适应温度为5℃，适应低温的能力不强。

光照：在光照充足的条件下能长得很快，若光线不足，有可能不开花。夏季无须太多光照，但也不宜久放于庇荫处，否则会出现只长叶不开花的现象。霜降后必须放入室内养护。

水分和湿度：水分过多会使其生长过快而影响株形，叶片微微软垂时最适宜浇水。肉质根系，因此对水量反应灵敏，怕积水又不耐干。生长期生长迅速，要充分浇水，入冬后应停止浇水。

修剪：四季均可修剪，剪去太长和太密的枝叶，以保持植株造型美观。

施肥：讲究薄肥勤施，以施放饼肥为主。如果长期不施肥就会发生叶片变黄、脱落的情况。可在春季时施通用的综合型普通肥料1次，若希望植株长得快，则可以在夏、秋季节各施放1次。南方很多老人把鸡粪当作有机肥施用，因为鸡粪中富含氮元素，能促进叶片生长。

注意事项

白兰花最忌烟气、台风和积水，呵护越细致，花叶越繁茂。白兰花如果出现不长高或者长速缓慢的情况，原因可能是土壤排水性不好，或者是土壤偏碱性。盆栽白兰花适宜种植在腐殖土中，并可以在种植盆底部铺上小颗粒碎瓦片或者两层陶粒，这样可以促进植株根部顺利生长。

冷水花

适合土壤：疏松、排水好的沙质土和泥炭土

生长高度：匍匐低于20cm

观赏特性：叶片纹路分明、清新淡雅、妩媚可爱

摆放位置：典型的办公室植物，深受白领女性的喜爱，放置于书房、卧室、窗台、办公桌等处

栽培与养护

温度：喜温暖，生长适温为18~25℃，较耐寒，冬季气温只要不低于6℃就不会受冻，环境温度在14℃以上就能生长良好。

光照：喜阳光充足，但应避免阳光暴晒，在半阴环境下叶色白绿分明，节间短而紧凑，叶面透亮并有光泽。在全阴的环境下生长会出现徒长、节间变长、倒伏、株形松散等症状。

水分和湿度：喜欢湿润的生长环境，要求生长环境的空气相对湿度为60%~75%，夏季高温干燥时，除每天浇水外，早晚还应用清水淋洒叶面和附近的地面，以降温并增加空气湿度。植株应放于遮阴棚下，切勿长期放在强烈阳光下暴晒。入秋后逐渐控制浇水量，2~3天浇水1次即可。

修剪：不需修剪，及时摘除腐烂和枯黄的叶片即可，必要时，可适当修剪，保持株形。

施肥：每年4~9月为生长旺季，在此期间可以每半月施放氮素液肥1次。秋后增施磷肥、钾肥，可以使茎秆粗壮，防止倒伏。入冬后应该停止施肥。遵循淡肥勤施、量少次多、营养齐全的施肥原则。

注意事项

冷水花的节间如果出现变长、茎秆柔软、叶片变薄、叶色变暗等状况，那就说明其生长环境的光线过暗，或是光照过弱，应该将植株放置在南向的窗台上，但是在正午阳光强烈时应进行遮阴处理。以上情况也可能是由于缺肥所造成的，此时可以施放少量磷肥或者磷钾复合肥。

铜钱草

适合土壤：肥沃疏松、吸水量大、保水性好的土壤，也可在湿润的河岸、沼

泽、草地中或硬度较低的淡水中进行栽培

  生长高度:5~15cm

  观赏特性:叶片翠绿可爱

  摆放位置:可放置于客厅茶几、卧室床头柜、办公桌等处,是优良的地被植物

  栽培与养护

  温度:喜温暖,忌高温和寒冷,生长适温为16~24℃。夏季温度升至32℃以上时,会停止生长;越冬温度不可低于5℃。

  光照:喜欢光照充足的生长环境,生长环境过于阴暗时,植株叶片容易腐烂,最好每天能接受4h以上的散射日光照射,亦可使用专用荧光灯,每天给予8~10h的照射。需要注意的是,当光照过强时,植株会横向生长;当光照弱时,植株会向上生长。

  水分和湿度:喜欢湿润的生长环境。由于其叶片多,蒸腾量大,夏季要经常向植株喷水,以保持较高的空气湿度,叶片应保持干净,以利于光合作用。冬季盆土以偏干为宜,浇水遵循宁湿毋干的原则,忌积水,否则容易烂根。

  修剪:一般不需要进行大量修剪,叶子过密时需及时摘除枯萎的底叶和外层老叶、病叶,以改善光照、通风条件。

  施肥:喜肥植物,对肥料的需求量较大,生长旺盛期每隔2~3周追肥1次。当植株分化花芽后,要适当增施磷肥,促使叶片肥硕、叶色亮丽。

  注意事项

  铜钱草可水插养护,一定要每周换水并加入观叶植物专用营养液。铜钱草怕冷,冬季,将室外的铜钱草放在朝南向阳背风的地方,可安然越冬。

鸟巢蕨

  适合土壤:肥沃、疏松的微酸性土壤

  生长高度:60~120cm

观赏特性：株形丰满、叶色葱绿，孢子状叶簇呈鸟巢状，别致可爱，深受女性喜欢

摆放位置：庭院和室内都适宜种植，盆栽适合用作客厅、案头的装饰点缀，或放置于窗台、书房、宾馆前台、办公桌、书架等处

栽培与养护

温度：喜温暖，夏季温度超过30℃时，需要对其进行遮阴，并在其四周喷洒清水；冬季温度保持在10℃以上，植株可正常生长，若温度过低易发生冻伤。

光照：适宜在半阴环境下生长，耐阴，忌强光直射。只需少量光照就能生长良好，以明亮的散射光为佳。每5~7天应转动花盆1次，以改变花盆的方向，使植株均匀受光，健康生长。

水分和湿度：喜欢潮湿的生长环境，生长期应每天浇水1~2次，宁湿毋干，并应经常向叶面喷水，以保持叶面湿润、光洁。一般空气湿度保持在70%~80%较适宜。

修剪：耐修剪，一般不需修剪，为保持株形可以适当根据个人喜好修剪叶片。

施肥：喜肥，可以每月施氮肥或者氨、钾混合的稀释肥水1次，夏季温度高于32℃或冬季温度低于5℃时应停止施肥，生长季每两周施腐熟液肥1次，以保证植株健康生长。

注意事项

鸟巢蕨的叶片在冬季容易干枯卷曲，原因是土壤过于干燥或者周围空气湿度过低，应该在定期浇水的基础上，向植株周围的地面喷洒清水或者在植株旁放上一盆清水，保持局部环境的湿润，既能使叶面充满光泽，又有利于孢子叶的萌发。

吊兰

适合土壤：排水良好、疏松肥沃的砂质土壤

生长高度：20~50cm

观赏特性：叶色鲜翠、叶形如兰、清新雅致

摆放位置：盆栽用于装饰客厅、阳台、窗台、门厅、书房、宾馆、办公桌、书架等处

栽培与养护

温度：喜温暖，生长适温为15~25℃，冬季温度保持在12℃以上，植株可正常生长，若温度过低，会导致生长迟缓或休眠。越冬温度不得低于5℃，低于5℃时易发生冻伤。

光照：喜半阴的生长环境，生长期内应适当增加光照，但不能被阳光直射，尤其是夏日正午的阳光，这时应将植株放置在阴凉处。适宜在中等光线条件下生长，亦需接受适当的阳光照射。若放置地点的光线过强或不足，叶片容易变成淡绿色或黄绿色，失去应有的观赏价值。

水分和湿度：喜湿润，较耐旱。冬天应将其移到室内，保持盆土微湿即可，可以每隔4天浇水1次，最好选择在冬季的中午浇水，水温最好和当时的气温一致，这样可以避免根部受冻。

修剪：每两年换盆1次，换盆应以3月份为宜。换盆时，需去掉部分陈土，并稍微修剪掉多余的根须，剪除枯根和枯黄的叶子。

施肥：喜肥，但忌肥量过剩，生长旺盛期，每月可施少量水肥1~2次。如果长期只施氮肥，叶片上的斑纹就会变得暗淡。施肥时要把叶片撩起，避免肥水玷污叶片，伤害嫩叶和叶尖，每次施肥后最好用清水喷洒、清洗叶面。

注意事项

施肥量过少会导致吊兰叶片尖端卷曲、枯黄，吊兰是较耐肥的观叶植物，若肥水不足，叶片容易发黄，失去观赏价值。但对金边、金心等花叶品种，应少施氮肥，以免花叶颜色变淡甚至消失，影响美观。水培吊兰也能正常生长，滴入花宝即可旺盛生长，其根系洁白，是理想的水培植物。

绿萝

适合土壤：疏松肥沃、排水良好的腐叶土

生长高度：10~30cm

观赏特性：茎叶细软、叶片娇秀，宛如翠色浮雕

摆放位置：适合摆放在室内，如门厅、书房、窗台等处

栽培与养护

温度：喜温暖，生长适温为20~30℃，最高可耐35℃的高温。在南方生长最为旺盛。在北方，室温10℃以上，即可安全越冬，当气温低于10℃时易发生黄叶、落叶等现象。气温在20℃以上时，绿萝可以正常生长。

光照：对光照要求不严格，喜光，也极耐阴。春、夏季可以庇荫生长。秋冬季应增加光照，可把植株放到室内光照最好的地方，或在正午时将其放到阳台照射阳光。散射光较强的环境适合其生长。若长期处于阴暗的环境中，植株的节间会细长无力，叶片亦变薄、变淡。失去光泽。

水分和湿度：喜湿润，要求生长环境的相对湿度在60%以上，平时应勤浇水，保持盆土湿润，切忌干燥，不然叶色会变浅、变黄。在新旺生长期，要适当多浇水，保持土壤湿润。夏季气候干燥时，还应向植株及周围喷水以增加空气湿度；冬季需减少浇水量，3~4天浇水1次即可。

修剪：不需太多的修剪，只需及时摘除枯黄的老枝或者影响美观的斜杈即可。植株间分枝多时，应适当修剪，修剪下来的健康枝条可以插入水中，培养出新的植株。

施肥：稍喜肥，耐瘠薄。生长期以喷洒液态无机肥为主，每15天施肥1次。秋冬不施肥。

注意事项

经检测，绿萝24h内可清除甲醛0.59mg、氨2.48mg，此外绿萝对室内的一氧化碳、二氧化碳等也有很强的吸收能力，是一种非常适宜居家栽植的植物。

虎尾兰

适合土壤：疏松的沙质土和腐殖土

生长高度：50~80cm

观赏特性：株形挺拔、花纹美观、叶面整洁、四季常青，是优良的室内观叶植物

摆放位置：可放置于门厅、书房、宾馆、办公桌、书架等处

栽培与养护

温度：喜温暖，生长适温为18~27℃，忌寒冷，气温低于13℃即停止生长，冬季温度长时间低于10℃，就会造成植株基部腐烂，最终导致全株死亡。

光照：对光照要求不严，可放于阳光充足处，但夏日中午还是应该将植株放置在阴凉处，避免阳光的直射。植株具有趋光性，应经常转动花盆方向。

水分和湿度：虎尾兰为沙漠植物，能耐贫瘠、干旱等恶劣环境。浇水应遵循宁干毋湿的原则。春季到秋季生长旺盛，应充分浇水。冬季休眠期要控制浇水量，并保持土壤干燥。浇水时要避免将水浇入叶簇内。用塑料盆或其他排水性差的装饰性盆器时，切忌积水，以免造成根系腐烂、植株倒伏。

修剪：栽培多年后，如果出现植株过于高大或茎干下部的叶片脱落、倒伏的情况，可适当进行修剪，剪下的叶片可以插入基质中培养出新的植株。

施肥：稍喜肥，但施肥不应过量。生长旺盛期，每月可施少量水肥1~2次。长期只施氮肥，叶片上的斑纹就会变暗淡。一般使用复合肥，也可在盆边土壤内均匀地埋入3处熟黄豆，注意不要与根接触。每年11月至来年的3月停止施肥。

注意事项

虎尾兰的叶子经常出现变软和腐烂的状况，往往是因为过量浇水造成的，虎尾兰属于沙漠植物，喜好高温、耐贫瘠，具有在恶劣环境中坚强生存的能力，水浇多了，反而容易使其适应力变弱。虎尾兰烂根以后叶耐就会软化，最终腐

烂死亡。

八角金盘

适合土壤:疏松、肥沃和排水良好的砂质土壤

生长高度 50~500cm

观赏特性:优良的观叶植物,茎叶纤秀、柔美优雅、姿态潇洒

摆放位置:可放置于客厅、办公桌、书房等处

栽培与养护

温度:喜凉爽,生长适温为 15~22℃。较耐寒,冬季应使气温保持在 10~12℃,低于 0℃就可能被冻死。

光照:强阴性植物,必须常年庇荫,被阳光直射时叶片容易萎缩。生长期时,适当照射早晨 9 点前的阳光可以促进枝叶萌发。

水分和湿度:喜湿润,忌积水。在新叶生长期,可适当多浇一些水,以保持表土湿润。夏季应每天浇水,气候干燥时还应向植株及其周围喷水,增加空气湿度。冬季温度较低,盆土宜偏干,浇水过多会引起叶片发黄并从基部脱落。

修剪:在培植 4~5 年后,如果植株较高可适当短截,使其适合盆栽观赏。小苗适合做成微型盆栽,造型美观、雅致,可放在家中的任何位置。

施肥:对施肥要求不高。生长旺季可每月施液体氮肥 1 次;5~9 月时,每月施饼肥水 2 次。每年春、夏季追施肥 4~5 次,冬季应停止施肥,其他时间只浇灌清水即可。

注意事项

八角金盘的茎部有毒,误食以后,严重时会引起免疫系统中毒、精神性中毒、器官损伤性中毒等。家中如有孕妇和小孩,应该避免栽种八角金盘。

宝贵竹

适合土壤:疏松、肥沃和排水良好的砂质土壤

生长高度:30~200cm

观赏特性:茎秆挺拔、叶色浓绿、冬夏常青,无论盆栽或剪取茎干瓶插还是加工成"开运竹""弯竹",均显得茎叶纤秀、姿态潇洒

摆放位置:多放置于家庭几案、窗台、宾馆大堂、客厅、餐厅和会议厅堂等地

栽培与养护

温度:喜温暖,生长适温为20~28℃,夏季可耐30℃高温。冬季温度在10℃以下叶片就会变黄枯萎,2~3℃低温下还能缓慢生长,但要注意防寒、防霜冻,最好将其移至室内过冬。

光照:喜半阴环境,对光照要求不严,适宜在有明亮散射光的环境中生长,长时间暴晒容易使叶片变黄、植株生长缓慢,春、秋、冬季适当增加光照可使叶色翠绿,夏季高温时,需要庇荫。

水分和湿度:喜湿润,浇水遵循见干见湿的原则,忌长期干旱和长期积水。生长旺季除了每天浇水1次外,还应向叶面和周围环境喷洒清水,起到增加空气湿度和降温的作用。

修剪:耐修剪,枝干部分只需及时摘除黄叶即可,修剪一般是指对根部进行修剪。水培富贵竹的根须过长会影响其对水分、养分的吸收,应定期修剪主根周围过长过密的须根,以促进植株新陈代谢和新叶萌发。

施肥:水培富贵竹可以每隔两周加入几滴啤酒或者龙舌兰酒,可使枝干挺拔、叶片繁茂、叶色亮绿,在换水时,滴入几滴营养液,可促进新叶萌发。等其长出根须后可以停止加肥,春、秋季可偶尔追加一点液态磷肥以保叶片伸展。

注意事项

如果水培富贵竹,首先要培育出它的须根,可将根的基部切成平滑的斜口,增大根部吸收水分、养分面积。每3天更换1次清水。富贵竹寓意"花开富贵、竹报平安、节节高升",是中同家庭最常见的观赏植物。

多肉观音莲

适合土壤:土层深厚、排水良好、肥沃疏松的砂质土壤

生长高度：5~15cm

观赏特性：株形端庄、小巧，犹如一朵盛开的莲花，活泼可爱

摆放位置：可放置于家庭几案、桌饰、窗饰、玄关花架等处，还可剪取花枝做艺术插花花材

栽培与养护

温度：喜温暖，忌严寒，生长适温为22~30℃。夏季高温超过32℃或者通风不畅时，新叶容易腐烂。周围温度低于20℃时植株就会生长缓慢或停止生长，且地上部分发黄、萎蔫、凋谢。

光照：典型的耐半阴植物，切忌暴晒，整个生长期都需要半阴的生长环境。生长旺盛期可每3~4天转动花盆1次，使植株均匀受光，促使叶片健康生长，叶色翠绿诱人。

水分和湿度：喜欢稍微湿润的生长环境，耐干旱。4~9月份为其生长旺盛期，要求湿润的土壤和较高的空气湿度。尤其在炎热的夏季，叶片水分蒸发量大，需水量会大增，应经常向叶面喷水。当气温低于15℃时，植物进入休眠状态，要严格控制浇水量，盆土保持微湿即可，同时将其置于温暖、无风的地方，使其安全过冬。

修剪：一般不需要进行修剪，生长旺盛期叶片过密时应及时摘除枯萎或者发黄的叶片，底叶和外层老叶、病叶也应一并摘除，这样可以改善光照和通风条件，减少病虫害。

施肥：在春、夏、秋季应每半个月或每1个月适量施用液态氮肥，切忌把肥水洒在叶片上。将磷酸二氢钾稀释1000倍溶液喷洒在叶片上，可使叶色碧绿，叶片厚度与大小均匀。

注意事项

多肉观音莲的叶片变软和腐烂多是由于浇水过量使植株根部长期积水造成的，应减少浇水量，并使植株在早上9点前适当接受半小时的阳光照射，可逐渐缓解以上情况。无论是新株还是不带盆的老株，刚栽入花盆时最好不要浇

水,向叶片喷洒少许清水即可。

吊竹梅

适合土壤:疏松、肥沃的砂质土壤

生长高度:5~15cm

吊竹梅

观赏特性:叶色美丽,枝条自然飘逸,别具风姿

摆放位置:多放置于家庭几案、窗台、玄关花架等处,尤其适宜悬挂观赏,也适宜作园林美化之用,点缀假山和花柱

栽培与养护

温度:喜温暖、通风的环境,生长适温为10~25℃忌烈日暴晒。入冬后需将其移入室内栽培,并使室温保持在5℃以上。

光照:春末秋初,每天上午10点至下午3点要适当遮阴。盛夏时要使植株处于通风良好且具有充足明亮散射光的环境中。冬季可将其放在朝南的窗台上,多见阳光。如长期光照不足,易产生茎叶徒长、节间变长、开花少或不开花的情况。

水分和湿度:喜欢湿润的生长环境,生长期时要保持盆土湿润,夏季要向叶面及其周围喷水,以保持较高的空气湿度,使枝叶鲜艳。冬季温度低,要控制浇水量。越冬期间植株处于休眠状态,需水量少,若此时浇水过多,使盆土长期潮湿,则易引起叶黄根烂。

修剪:一般不需要进行大量修剪,叶子过密时需及时摘除枯萎的底叶和外层老叶、病叶,以改善光照通风条件,减少病虫害。为保持其枝叶丰满,茎长到20~30cm时,应进行摘心,以促其分枝,否则枝条会长得过于细长,影响观赏效果。

施肥:对肥水要求较高,栽培时要施足有机肥作基肥。生长期时每隔10天施稀薄液肥1次,施肥后要向植株喷水,以免肥液玷污叶片而引起叶片发黄。夏季高温时,应停止施肥,遵循淡肥勤施、量少次多、营养齐全的施肥原则。

注意事项

吊竹梅具有清热解毒、凉血止血、利尿的功能。吊竹梅生长速度较快,株形容易乱,因此需要经常整理。此外吊竹梅可以水插方式养护,水插时,可在容器的底部放几块木炭,以防止植株基部腐烂。

圆叶椒草

适合土壤:疏松、肥沃的砂质土壤

生长高度:5~15cm

观赏特性:植株玲珑可爱、叶形奇特、叶色或碧绿如翠或斑驳多彩、花朵清新宜人

摆放位置:适合放置于案头观赏

栽培与养护

温度:喜稍温暖的生长环境,生长适温为20~30℃,不耐高温、不耐寒,夏季要放在较凉爽的地方。冬季最低温度不可低于10℃,10℃以下会停止生长,5℃以下会遭受冻害。

光照:喜半阴,春、夏、秋季要适当庇荫,太强的光线对植株生长不利,强烈的直射光会灼伤叶片,但光线过弱会使叶片颜色变淡,失去光亮的色彩。

水分和湿度:喜湿润的生长环境,生长期时要保持盆土湿润,夏季要向叶面

及其周围喷水,以保持较高的空气湿度。其他季节对空气湿度要求不高,但经常用与室温相近的水向植株喷洒,可使植株生长繁茂,叶色碧绿、光亮。

修剪:一般不需要进行大量修剪,应剪去底层过密的老叶,或者直接剪下过密的偏枝。

施肥:对肥料要求不高,生长期每2~3周施腐熟的稀薄液肥或观叶植物专用肥1次,冬季应停止施肥。施肥过量会导致叶面上出现麻点。

注意事项

圆叶椒草可以用叶片扦插繁殖。选用健壮、无病虫害的大叶片,把叶片和叶柄一起插入松软的土中,深度以时片可以立起为佳。一般在20天后便可生根,2个月左右能长出数株幼小的植株,生长到一定大小后就可以将其移植至新盆中。

龟背竹

适合土壤:肥沃疏松、吸水量大、保水性好的微酸性土壤

生长高度:30~150cm

观赏特性:姿态优雅,羽状裂叶奇特、美丽,色泽鲜亮,颇具热带风情,叶片上的孔眼和缺刻,有虚有实、新奇有趣,古朴雅致

摆放位置:可放置于客厅、书房、门厅以及商场、宾馆大堂等处

栽培与养护

温度:喜温暖,忌高温和寒冷,生长适温为20~25℃。夏季温度升至32℃以上时,会停止生长。幼苗期,冬季夜间温度应不低于10℃。成熟植株短时间内可耐5℃的低温,当温度低于5℃时,易发生冻害,甚至死亡。

光照:喜光,常年都应放置于光线充足但不是阳光直射的地方,具有一定的耐阴能力。

水分和湿度:喜湿润的生长环境,由于其叶片大,蒸腾量大,夏季要经常对植株及其四周喷水,以保持较高的空气湿度。同时,叶片应该保持清洁,以利于

光合作用。冬季盆土以偏干为宜,浇水掌握宁湿毋干原则,但不能长期积水,否则容易烂根。

修剪:一般不需要进行大量修剪,叶子过密时需及时摘除枯萎的底叶和外层老叶、病叶,以改善光照、通风条件,减少病虫害。

施肥:喜肥植物,盆栽通常用腐叶土、园土和河沙等量混合作为基质。种植时加少量骨粉、干牛粪作基肥。为使其生长旺盛,4~9月每月施稀薄液肥2次,使其叶色可人。

注意事项

如果龟背竹的气生根过多会影响柿株的美感,可以把气生根放入水盆巾,这样能为植株提供水分,不仅增强了龟背竹的适应性,还能减少浇水的次数。如果实在太多或者太壮,影响摆放,可以用小刀切去一部分,这并不影响植株的生长。

吸毒草

适合土壤:疏松、排水好的沙质土和泥炭土

生长高度:30~60cm

观赏特性:株形小巧可爱、叶色嫩绿、四季常青

摆放位置:盆栽可作为阳台、卧室、书房等处的装饰;落地栽种适合片植于公园或开发性区域

栽培与养护

温度:喜温暖,生长适温为10~25℃,夏季温度升至30℃以上时生长受限,冬季最低越冬温度为-50℃。

光照:喜光,可将吸毒草放置在有阳光照射的地方,室内正常通风即可。如果生长环境采光不良,如卫生间、厨房等地,则应在吸毒草放置于室内72h后将其挪至阳光充足的地方,72h后再放回室内。天气不冷时可放置在屋外见光换气。

水分和湿度：喜湿润，稍耐旱，每隔3~5天用清水或淘米水浇灌即可。由缺水造成的枝叶下垂应马上补充水分。如需补充营养，可采用一般常用的植物营养液。

修剪：生长速度快，建议每周适当修剪，将较高枝节上新叶的上方剪掉即可。若出现黑边叶子或根部老的叶子，应及时摘除。冬季生长缓慢，尽量少修剪，修剪后应将植株放到阳光充足的地方，帮助植株恢复。

施肥：不喜大肥，可以每半个月追施稀薄肥水1次，每周根外追施0.1%的磷酸二氢钾溶液1次。生长期每半个月施腐熟饼肥水1次，注意氮肥不宜过多；花芽萌发期，每半个月施骨粉1次。

注意事项

吸毒草的抗性强，在有毒的环境中也能生长良好。不过，近年来有专家认为，吸毒草并不是真的能将有毒物质吸入体内，而只是将有毒物质吸附于叶片表面。因此，在养护吸毒草时应每隔一段时间就将其放置于室外日光下，使其能够彻底排毒。

微型竹柏

适合土壤：深厚、疏松、湿润、腐殖质层厚、呈酸性的土壤

生长高度：10~30cm

观赏特性：树形似柏，形态丰挺优雅。叶片和树皮一年四季都散发着类似混合了兰香和丁香的淡淡的幽香，馨香宜人。叶片墨绿亮泽、肉质感强，叶片纹理细腻而富有韧性，形如竹叶、厚重健壮

摆放位置：适合放置于家庭的各个角落，也是办公室窗台和办公桌上的最佳装饰

栽培与养护

温度：喜温暖，忌高温和寒冷，生长适温18~26℃。夏季温度升至32℃以上时，会停止生长；不耐寒，能承受的最低气温为-70℃，但当温度低于-7℃时，易

受冻害。

光照：耐阴，但也应该适当地接受阳光的照射。在遮阴环境中，其生长速度明显快于其在光线充足的环境中。在阳光强烈的地方，很容易使根茎发生灼伤或枯死的现象。

水分和湿度：夏季要经常向植株喷水，以保持较高的空气湿度，叶片应保持干净，以利于光合作用。冬季盆土以偏干为宜，应每隔5~7天浇水1次，且水温不能过低。浇水应掌握宁湿毋干的原则，忌积水，否则容易烂根。

修剪：一般不需要进行大量修剪，冬季，植株进入休眠或半休眠期，要把瘦弱、病虫、枯死、过密等枝条剪掉。

施肥：对肥料没有特殊要求，每年的4~6月可以适量施肥，每隔15~20天浇施0.2%的尿素或3%~5%的稀薄腐熟猪粪尿1次。浇施肥料时要做到适量多次，注意不要浇到叶茎上。

注意事项

竹柏是非常古老的裸子植物，起源于距今约1亿5500万年前的中生代白垩纪，被人们称为"活化石"，是珍贵稀有的濒危树种，需要重点保护。

鹅掌柴

适合土壤：深厚肥沃的酸性土

生长高度：30~80cm

观赏特性：株形丰满优美、叶小而密集，寓意欣欣向荣

摆放位置：优良的盆栽植物，宜放置客厅、书房及卧室等处，也可放在庭院遮阴处和阳台上观赏

栽培与养护

温度：喜温暖，忌高温和寒冷，生长适温为15%~25%。冬季最低温度不应低于5℃，否则会造成叶片脱落。

光照：喜光，常年都应放置于光线充足但不是阳光直射的地方，具有一定的

耐阴能力。

水分和湿度:喜湿润,在空气湿度高、土壤水分充足的环境下生长良好,对北方干燥气候有较强的适应力。盆土长期缺水会引起叶片大量脱落。冬季低温条件下应适当控水,否则容易烂根死亡。

修剪:比较耐修剪。植株生长较慢又易萌发徒长枝,平时需经常整形修剪。生长多年后,在室内栽培会显得过于庞大,可结合换盆进行重修剪,去掉大部分枝条,同时把根部切去一部分,重新栽种。

施肥:对肥料要求不高,平时可以不施肥,到了夏季生长期时也只需每周施肥1次。可用等量的氮、磷、钾颗粒肥松土后施入。斑叶类的鹅掌柴应少施氮肥,氮肥过多会使叶面斑块逐渐转淡。

注意事项

鹅掌柴的枝干和根部表皮中含有酚类、氨基酸、有机酸等物质,在中药中被认为有发汗解表、祛风除湿的功效,治疗流感发热、咽喉肿痛、风湿骨痛、跌打淤积肿痛,还有止血消肿的功效。

银杏

适合土壤:肥沃、疏松的微酸性土壤

生长高度:作为盆景的栽植高度为30~200cm

观赏特性:株形古朴雅致,春夏叶色翠绿,秋季叶色金黄。盆景造型苍劲潇洒

摆放位置:可放置于居室的客厅、书房、门厅以及商场,宾馆大堂等处

栽培与养护

温度:喜温暖,耐严寒,生长适温为20~25℃。夏季温度升至32℃以上时,生长会变缓,冬季只要最低气温不低于-20℃就能缓慢生长。

光照:典型的喜光树种,要求较强的光照才能满足其光合作用的需求。四季均应该放置在光线充足的地方,即使是强光直射也能适应,但最好不要长时

间放在被太阳光直射的地方,水分流失过快会导致银杏树枝干变细。

水分和湿度:喜稍微湿润,1个星期浇水2次即可,可根据天气的情况而定,一般土壤表面比较干燥或者叶子有点变蔫时就应该浇水。

修剪:一般不需修剪,因为新梢抽发量少,应减少修剪枝叶,以利其加速增粗。上盆1年的植株,可剪去枝头,以保证枝干直立。

施肥:对肥料无特殊要求,施肥可在春、夏两季进行,春季可施少量腐熟的有机肥,如果春季施肥量大,一年施1次即可,量小则在每年8月中旬补施1次。

注意事项

银杏是植物界中的老寿星,寿命可达千余岁,其最早出现于3.45亿年前的石炭纪,被称为"活化石"。银杏具有降血消、降胆固醇、扩张冠状动脉的功效,广泛用于治疗高血压、高血脂、心绞痛等病症。银杏树很少发生病虫害,因为其叶片含抗虫毒素,能防虫蛀。银杏果实具有祛痰、清毒、杀虫之功效。

绿宝石喜林芋

适合土壤:富含腐殖质且排水良好的土壤

生长高度:50~200cm

观赏特性:在热带雨林中常攀附生长在树干或岩石上;叶片宽大浓绿,株形规整雄厚,富有热带风情

摆放位置:常放置于厅堂、会议室、办公室等处

栽培与养护

温度:喜温暖,忌高温和寒冷,生长适温为20~30℃。越冬适温为12℃,否则容易发生冻害,叶片会开始枯黄,根系也会逐渐腐烂。直至来年春末气温回升到12℃以上时,才能将其移至室外养护。

光照:喜光,忌强光照射,一般生长季需遮光50%~60%,亦可忍耐阴暗的室内环境,但长时间光线不足容易造成徒长、枝叶细弱,不利于观赏。冬季也需

充足的光照。

水分和湿度：喜多湿的生长环境，平时需保持盆土湿润，尤其在夏季不能缺水，而且还要经常向叶面喷水；但应避免盆土积水，否则叶片容易发黄。一般春夏季每天浇水1次，秋季可3~5天浇水1次，冬季应减少浇水量，但不能使盆土过于干燥。

修剪：一般不需要修剪，叶子过密时需及时摘除枯萎的底叶和外层老叶、病叶，以改善光照、通风条件，减少病虫害。

施肥：喜肥植物，盆栽通常用腐叶土、园土和河沙等量混合作为基质。生长季要经常追肥，一般每月施肥1~2次。秋末及冬季生长缓慢或停止生长，应停止施肥。

注意事项

如果绿宝石喜林芋的叶片总是不够浓绿，甚至呈黄色，这种状况多是由于光照不足造成的，可在春、秋季节将其移至室外遮阴处一段时间后再搬入室内，长势会更加旺盛，叶色也会更加浓绿。

春羽

适合土壤：肥沃、疏松的微酸性砂质土壤

生长高度：50~150cm

观赏特性：叶片巨大，呈粗大的羽状深裂，叶色浓绿，富有光泽，气生根极发达并下垂，株形优美

摆放位置：可放置于室内厅堂中，特别适宜装饰音乐茶座，宾馆休息室等处

栽培与养护

温度：喜温暖，忌高温和寒冷，生长适温为18~25℃。夏季温度升至32℃以上时，会停止生长；冬季能耐2℃的低温，但温度保持在8℃以上为佳。

光照：喜阴，在光线较强的室内可以放置数月，不会影响其正常生长。在较阴暗的环境中，只要水分充足和温度适宜，也可以正常生长2周以上。

水分和湿度：热带植物，喜湿润的生长环境，由于其叶片大，蒸腾量大，夏季要经常向植株喷水，并做好通风、降温等措施，以增加空气的相对湿度。一般在生长期内只需要保持50%左右的湿度即可，气温高于25℃时，就需要将空气湿度提高至70%左右。能受短暂的涝渍，但长期积水容易导致烂根死亡。

修剪：一般不需要进行大量修剪，叶子过密时需及时摘除枯萎的底叶和外层老叶、病叶，以改善光照、通风条件，减少病虫害。

施肥：喜肥植物，春末生长旺盛期需施以氮肥为主的肥料，促其生长，恢复生机。施肥遵循薄肥勤施的原则，不可一次施放太多。进入秋季后，要控制氮肥的施用量，否则叶柄会变细、变长，影响植株的美观性，冬季低温时应停止施肥。

注意事项

如果气生根过多，会影响植株的美感，但是把气生根导入水盆中，则能为植株提供水分，提高春羽的适应性，还能降低浇水的频率。如果气生根实在太多或者太壮，影响摆放，则可以用小刀切去一部分，不会影响植株的生长。

爬山虎

适合土壤：阴湿、肥沃的土壤

生长高度：5~10cm

观赏特性：夏季枝叶茂密，姿态优雅稳健，藤蔓强健有力，给人一种生机勃勃的向上感

摆放位置：优秀的园林植物，适宜作为宅院墙壁、围墙、庭园入口等处的垂直绿化

栽培与养护

温度：喜温暖，不惧高温和寒冷，生长适温为20~25℃。夏季温度升至32℃以上时，生长速度变慢。冬季能忍耐-20℃的低温。

光照：虽然喜欢较阴暗的生长环境，但是具有超强的适应能力，即使常年放

置于光线充足的地方,也能正常生长。

水分和湿度:喜湿润的生长环境,由于其叶片多,蒸腾量大,夏季要经常向植株喷水,保持较高的空气湿度,叶片应保持干净,以利于光合作用。冬季盆土以偏干为宜,浇水应遵循宁湿毋干的原则。

修剪:非常耐修剪,在生长过程中,可以根据情况修剪整理枝蔓,以保持整洁、美观、方便。枯黄的叶片容易脱落,及时清扫即可。

施肥:喜肥植物。初栽时深翻土壤,施足腐熟基肥,生长期时,可追施液肥2~3次,其他时间无须施肥。

注意事项

爬山虎生性随和,占地少、生长快、绿化覆盖面积大。一根茎粗2cm的藤条,种植两年,墙面绿化覆盖面积便可达30~50m^3。爬山虎的卷须式吸盘还能吸去墙上的水分,有助于使潮湿的房屋变得干燥,而干燥的季节,又可以增加空气湿度,降低室内的温度。但是这种植物的入侵性很强,长期攀爬着爬山虎的墙耐会变得坑坑洼洼,即使墙面有涂层,也会被爬山虎的强大根系抓下来,所以最好在墙面上设置隔离网。

米兰

适合土壤:腐叶土或疏松肥沃、排水好的中性土

生长高度:50~200cm

观赏特性:花小、花期长、嫩黄色,开花时像整株树挂满小珍珠,香气袭人、沁人心脾

摆放位置:常栽植于绿地、公园、庭院及校园等处,盆栽常用于装点阳台和居室

栽培与养护

温度:生长适温为20~25℃,不耐寒,冬季当最低气温降至5℃左右时,可将米兰移入温度为5~10℃的室内越冬。米兰在低于5℃的环境中易遭受冻害。

米兰

米兰对温度十分敏感,当气温达到16℃时,植株抽生新枝,气温升至25℃时,植株生长旺盛。

光照:适合全日照,属于阳性树种,可置于阳光充足、空气流通处,除盛夏中午需要为米兰遮阴以外,应使米兰多见阳光。如果阳光不足,米兰的枝条容易徒长,花吞还会逐渐变淡,甚至不香。

水分和湿度:怕干旱,耐半阴,忌积水。夏季气温高时,除每天浇水1~2次以外,还要经常向植株及其四周喷水,提高空气湿度;冬季减少浇水次数,每两天浇水1次。浇水频率还可参照叶片状态,如果叶片失去光泽或者软化时就应该补水。

修剪:天生整齐,树形也非常美丽,不需过多修剪。

施肥:由于米兰1年内开花次数较多,所以每开过1次花之后都应及时追施充分腐熟的稀薄液肥2~3次,这样才能使其开花不绝、香气浓郁。

注意事项

米兰能吸收空气中的二氧化硫和氯气。据检测,1000g米兰叶片可吸收4.8mg氯气,同时米兰花朵能释放具有杀菌效果的挥发油,能有效净化空气。米兰是酸性植物,较不适应北方的碱性土壤,可用稀释150~200倍的家用的米醋溶液喷洒于叶面,除了可以增加叶片的光泽度外,对病虫害也有较好的抑制作用。

猪笼草

适合土壤:松散透气,保水能力好的土壤

生长高度:20~50cm

观赏特性:叶片翠绿、造型奇特、可爱有趣

摆放位置:优秀的室内装饰植物,适合放置在阳台、窗台等处

栽培与养护

温度:生长适温为15~25℃。当温度低于15℃时会停止生长,10℃以下易受冻害。昼夜温差大的气候环境利于猪笼草的生长。

光照:喜光线充沛又怕强光直射,采光不足则植株会变得弱小,叶片和捕虫囊变小,甚至还会无法长出捕虫囊。强光下长出的捕虫囊颜色为红色,而弱光下长出的捕虫囊不仅会显得纤细,颜色也多为暗绿色或无光泽。

水分和湿度:喜湿润的生长环境,需要长时间保持土壤潮湿,忌过度潮湿和不透气的栽培环境,土壤以不能挤出水且松散为宜。空气湿度是决定猪笼草能否正常结出捕虫囊的关键,空气湿度至少要在60%以上才能结出较大的笼兜。当捕虫囊里的消化液干了时,可以向捕虫囊中灌少许水,水灌至捕虫囊的三分之一为好。捕虫囊中有水时,捕虫囊就不易枯死。

修剪:耐修剪,在生长过程中,及时修剪病叶、黄叶,以保持植株的整洁、美观。

施肥:喜肥植物,对于肥料的要求比较严格,宜在每年暮春至仲秋时期,每月淋施淡薄的有机液肥或高稀释倍数的商品液肥1~2次,不要将固态肥放入种植盆中。

注意事项

中药中的"雷公壶"指的就是猪笼草属中的奇异猪笼草,其性味甘凉,用于

治肺燥咳嗽、百日咳、黄疸、胃痛、痢疾、水肿、痈肿、虫咬伤等病症。

金琥

适合土壤：肥沃并含石灰质的砂质土壤

生长高度：20～50cm

观赏特性：球体碧绿，全身披满金黄色的硬刺，顶部还有金黄色的绒毛。金琥的寿命很长，栽培容易，成年后的大金琥花繁球壮，美丽华贵，观赏价值很高

摆放位置：优秀的室内装饰植物，适合放在阳台、窗台等处

栽培与养护

温度：喜温暖，生长适温白天为25℃，夜晚为10～13℃，适宜的昼夜温差可使其加快生长。冬季应放入温室中或室内向阳处，温度保持在8℃～10℃。若冬季温度过低，球体上会出现难看的黄斑。

光照：喜光照充足，每天至少需要6h的太阳直射光的照射。夏季应适当遮阴，但不能遮阴过度，否则球体会变长，降低观赏价值。

水分和湿度：喜稍干燥的生长环境，必须待盆土完全干燥后再浇水，注意浇水时不要用水浇淋球体。夏季是金琥的生长旺季，需增加浇水量。如遇干旱要勤浇水，浇水时间最好是清晨和傍晚，切忌在炎热的中午浇过凉的水，否则易引起植株"着凉"而生病。中午盆土过干时，可喷洒少量的水使盆面湿润，不能向球的顶部及嫁接部位喷水，以免积水腐烂。

修剪：不需修剪。

施肥：喜肥植物，每周施薄肥水1次。春季应勤施薄肥，每周1次，浓度可略高些。生长期内，每半个月左右施含氮、磷、钾等成分的稀薄肥液1~2次，结合浇水使用。盛夏高温时不施肥。肥料以家禽、鱼肉残渣或禽粪腐熟后兑水稀释施用，施肥宜在早上9~10点或下午5点以后进行，施肥后应隔1天再浇水。

注意事项

金琥易受红蜘蛛、介壳虫、粉虱等病虫害，应加强防治，可喷洒40%乐果或

90%敌百虫1000~1500倍液喷雾,平时注意将其放置在通风处。

观赏凤梨

适合土壤:田园土或是泥炭土和珍珠岩各半混合的土壤

生长高度:30~50cm

观赏特性:叶片翠绿,向四周分散,开花时花色鲜艳美丽、光亮喜人,寓意财源广进

摆放位置:可摆放于客厅、书房、窗台等处

栽培与养护

温度:喜温暖,3~9月适温应在21~27℃,9月至翌年3月适温应在16~21℃,冬季适温应不低于5℃。

光照:冬季可全日照,春、秋季早晚要有光照,夏季不能长时间被阳光直射。日照充足,则叶面色泽更加艳丽、光鲜照人。

水分和湿度:适应性强,对水分要求不高,短时间缺水,对生长无明显影响。生长旺盛期可适当增加浇水次数,叶筒中也可灌注少量清水。夏季高温时应常向叶面喷水,冬季盆土以偏干为宜,但不宜过干。

修剪:一般不需修剪,花后应及时剪去花茎,冬季要及时摘除黄叶,以减少水分和养分的消耗。

施肥:每隔20天施放腐熟有机液肥或者含有氮、磷、钾的复合肥料。在5~9月,每周施氮肥1次,花前适当增施磷、钾肥,以使花大色艳。开花后进入休眠期,需将花梗剪除,以减少养分的消耗。

注意事项

观赏凤梨寓意鸿运当头,财源广进,是送礼及公司开业庆典的佳品。观赏凤梨没有毒,似是有的种类叶子边缘有刺,所以应放存儿童够不到的地方。

百合竹

适合土壤:湿润、排水良好、富含有机质的砂质土壤

生长高度:5~10cm

观赏特性:夏季枝叶茂密,姿态优雅稳健,极受人们喜爱

摆放位置:优秀的园林植物,适合栽植于宅院墙壁、围墙、庭园入口等处

栽培与养护

温度:喜高温,忌寒冷,生长适温为20~28℃。夏季温度升至32℃以上时,生长速度变缓;冬季越冬最低温要求在12℃以上。

光照:耐阴性强,虽在全日照或半日照条件下均能生长,但以遮阴50%~70%的生长环境为最佳。

水分和湿度:喜欢湿润的生长环境。对水分的要求不高,耐旱也耐湿,但空气湿度高时生长更旺盛。生长期宜多向叶面及周围环境喷洒水分。浇水要以浇透为原则,杜绝喷淋式浇水。

修剪:耐修剪,在生长过程中,可根据情况修剪整理枝蔓,以保持植株的整洁、美观。枯黄的叶片容易脱落,应及时清扫。5月中旬应该进行修剪,短截后会萌发更多的枝条,株形也会变得更丰满。剪下的枝条还可以扦插繁殖。

施肥:喜肥植物,但是对肥料要求不高。初栽时应深翻土壤,施足腐熟基肥。生长期时施肥可用有机肥科或氮、磷、钾肥,每月少量施用1次。施用化学肥料时要少量多次,并在施肥后及时浇水。

注意事项

百合竹的病虫害较少,家庭养护过程中常因空气干燥或因其他花卉植物的传染而受到红蜘蛛的侵害,一般可用清水冲洗多次,或直接喷施螨类专杀药剂进行防治。

金鱼吊兰

适合土壤:疏松、肥沃的砂质土壤

生长高度:5~10cm

观赏特性:叶色碧绿、株形优雅,开花时,枝头缀满类似金鱼的小花,别有情

趣

摆放位置:适合摆放于窗台、几案等处

栽培与养护

温度:喜温暖,忌高温、寒冷,生长适温为15~25℃。越冬最低温度为13℃,在北方地区的冬季必须将其搬入室内过冬,并采取一定的防寒措施。

光照:喜光植物,春、夏、秋季可将其放在室内明亮的散射光处,现蕾后要移至光线较充足的南窗附近。

水分和湿度:喜较高的空气湿度,生长季节要求空气湿度在75%以上,生长环境太干燥,容易引起叶片脱落,并影响开花。一般在12月至翌年1月进入休眠期,此时要控制浇水量,表土微湿即可。秋末冬初花芽分化期,需要适当减少浇水次数,以利花芽分化。

修剪:耐修剪,但一般不需修剪,只在花谢以后进行适当修剪,促使植株加速分枝。

施肥:稍喜肥,春秋季节可每7~10天施稀薄液肥1次。秋季以施氮肥为主,促使枝多叶茂,开春后应适当多施些磷、钾肥,以使花多色艳。

注意事项

金鱼吊兰一般用分株法或直接剪取带气生根的幼株来栽种,也可以直接用大容器水培种植,以金鱼吊兰根部刚刚淹没在水里为好,水培的水应进行晾晒处理后再使用,每次加水加至容器高度的三分之一即可。

肾蕨

适合土壤:疏松、肥沃,透气性佳的中性或微酸性土壤

生长高度:30~60cm

观赏特性:株形丰满、雅致,叶片较大,叶色葱绿且具光泽,叶片展开后下垂,十分优雅,是富有生气和美感的植物

摆放位置:庭院和室内都适宜种植,还可作为窗台、书房、宾馆前台、办公

桌、书架等处的绿色装饰

栽培与养护

温度：喜欢凉爽、湿润、通风的半阴环境，生长适温为20~25℃。当夏季高温超过30℃时，需要为其遮阴并在其四周喷洒清水；当冬季温度在10℃以上时，植株可正常生长，若温度过低易发生冻伤。

光照：适宜在半阴的环境下生长，耐阴，忌强光直射。只需少量光照就能生长良好，以明亮的散射光为佳。

水分和湿度：喜欢潮湿的生长环境，生长旺季需要充足的水分，冬季应控制浇水量，土壤稍微干燥为佳。植株生长环境的空气湿度最好达到80%，高温高湿下，植株能充分发育。

修剪：耐修剪，一般是为保持株形美观而进行修剪。

施肥：喜肥，可以每月施氮肥或者氮、钾混合的稀释肥水1次。夏季温度高于32℃或冬季温度低于5℃时应停止施肥。

注意事项

蕨类植物一般可以进行孢子繁殖。每年在春、夏季，将长有孢子的叶片剪下，放入透气的纸袋中，等叶片枯萎后，收集孢子，撒在泥炭土或者营养土上，覆上一层保鲜膜，一周左右就能长出鲜嫩的小植株。

滴水观音

适合土壤：疏松、排水好的砂质土和泥炭土

生长高度：30~200cm

观赏特性：叶姿优美、株形挺拔、叶片硕大，具有浓郁的热带风情，夏季将其放置在室内空间中，可使人感觉凉爽、轻快

摆放位置：盆栽用于装饰大厅、卧室、书房等处，落地栽种适合片植于公园和开发性区域内

栽培与养护

温度:喜温暖,不耐旱,生长适温为20～30℃,夏季温度高于35℃时则生长缓慢,冬季最低可耐8℃的低温,应入室过冬。如果冬季气温低于5℃,则易发生冻害。

光照:热带植物,喜欢散射光和半阴的生长环境,应放置在既能遮阴又可通风的环境中。

水分和湿度:尤其喜湿,生长季节不仅要求盆土潮湿。夏季高温时既要保证盆土湿润,又要不时给叶面喷水。一般情况下每周向植株喷洒温水1次,即可保持其叶色浓绿。

修剪:一般不需修剪,但是如果养护不当,叶片会出现发黄、干枯的现象,此时应将变黄的叶片连同茎部一起用刀削掉,以免影响其他叶子的生长和观赏性。

施肥:喜肥,每年3～10月应每月施氮、磷、钾复合肥1～2次,其中氮元素比例可适当提高,如能施放少许的硫酸亚铁,则会使叶片更大更绿。长期缺肥容易造成其茎部下端空秃,影响植株的观赏性。当植株进入休眠期,可以减少施肥量或不施肥。

注意事项

其实天南星科的植物或多或少都是有毒性的。滴水观音茎内的白色汁液有毒,滴下的水也是有毒的,误碰或误食其汁液会引起咽部和口部的不适,胃内有灼痛感,应当特别注意防止幼儿误食。虽然滴水观音并不属于致癌植物,但有小孩的家庭最好不要种植

万年青

适合土壤:富含腐殖质、疏松透水性好的微酸性砂质土壤

生长高度:30～200cm

观赏特性:四季常青、叶片宽大苍绿、浆果殷红圆润,寓意长命百岁

摆放位置:可放置于客厅、书房、案头、沙发边等处,也适合在大型企业的大

厅和会客厅中摆放

栽培与养护

温度：喜温暖、耐寒冷，生长适温为15～30℃。冬季需移入室内阳光充足、通风良好的地方越冬，室温应保持在6～18℃，室温过高，易引起叶片徒长，消耗大量养分，导致翌年生长缓慢，影响正常的开花结果。

光照：在充足的散射光下生长良好。耐半阴，夏季应该避开高温暴晒，冬季需日光充足。

水分和湿度：肉质根系，最怕积水受涝，浇水过量易烂根。平时浇水遵循宁干毋湿的原则。除夏季需保持盆土湿润以外，春、秋季节浇水都不宜过勤，但必须保持空气湿润。

修剪：每年的4月底至5月初夏前后，将植株基部的老叶摘去，使新叶抽生得更加旺盛。

施肥：喜肥，生长期每隔20天施腐熟的液肥1次；初夏生长较旺盛，可10天左右追施液肥1次，追肥中可加兑少量0.5%硫酸铵，使叶色浓绿光亮。

注意事项

万年青以根状茎或全株入药，消热解毒，可用于防治白喉或由白喉引起的心肌炎，以及咽喉肿痛、狂犬咬伤、细菌性痢疾、风湿性心脏病等，外用可治跌打损伤、毒蛇咬伤等。家庭盆养万年青时，尤其是在北方，叶面很容易积攒灰尘，一般可用软布蘸啤酒擦拭叶片，既可去掉尘土，又可为叶片增加营养，使叶片亮绿、清爽。

青苹果竹芋

适合土壤：疏松肥沃、排水良好、富含有机质的酸性腐叶土或泥炭土

生长高度：40～60cm

观赏特性：叶色清新宜人，是深受人们喜爱的室内观叶植物

摆放位置：盆栽适合作为阳台、卧室、书房等处的装饰，落地栽种适合片植

于公园和开发性区域内

栽培与养护

温度：喜温暖，生长适温为18~30℃，惧高温且耐寒性较差。只要环境温度超过25℃就必须将其移植到凉爽的环境中。越冬温度要求不低于10℃，冬季气温低于-5℃时，植株就会受到严重的冻害或者突然死亡。

光照：喜半阴环境，但生长旺季需要充足的光照，以促进新叶抽出和展开。应注意适时转动花盆，使植株均匀受光，保持株形饱满。忌长时间强光暴晒，暴晒容易导致叶色黯淡、叶质变薄，甚至变白枯萎。春、秋季午后需要遮阴40%~60%。

水分和湿度：喜湿润环境，耐旱性差，短时间缺水会出现叶缘枯焦、生长不良等情况。生长季节需每天浇水1次，夏季高温时，除了每天浇水以外，还要使空气相对湿度保持在80%以上，应经常向植株叶面及其周围喷洒清水。寒冬季节生长缓慢，应严格控制浇水，保持盆土稍干即可。

修剪：如无整形要求只需及时摘除病叶和枯黄变软的老叶即可。

施肥：讲究薄肥勤施，忌浓肥。生长旺盛期可每周浇施稀薄有机肥或喷施0.2%的尿素加0.1%的磷酸二氢钾混合溶液，促进叶片健壮和新叶抽出。夏季高温和冬季低温时停止施肥，否则容易引起烂根。

注意事项

青苹果竹芋缺水时，叶片会内卷，叶色会暗淡，应保持叶面的湿润，但不宜使其一直处于湿润的状态，否则会影响叶片的光合作用及呼吸，严重时还会导致腐烂，可以每隔几个小时向植株喷水1次，也可以直接向植物所处的生长环境中喷水，提高空气湿度。

金边龙舌兰

适合土壤：排水良好，肥沃而湿润的砂质土壤

生长高度：50~200cm

观赏特性:叶片坚挺,四季常青,具有热带风情

摆放位置:适合栽植于宅院墙壁、围墙、庭园入口、桥头等处,盆栽可放置于客厅、阳台等处

栽培与养护

温度:喜温暖,稍耐寒,生长适温为15~25℃。气温在5℃以上可露地栽培,成年龙舌兰在-5℃的低温下仅叶片受到轻度冻害,当气温低至-13℃时,地上部分会受冻腐烂,地下茎却能留存下来,翌年能再次萌发,正常生长。除热带、亚热带地区外,其他地区盆栽种植,应在冬季将盆栽放入温室中使其越冬。

光照:喜阳光,但不能长期被强光照射。稍耐阴,在夏季应适当遮阴。

水分和湿度:喜稍微湿润的生长环境,但耐旱性极强。由于其叶片面积大,蒸腾量大,夏季要经常向植株喷水,保持较高的空气湿度。入秋后,生长变缓,应控制浇水量。冬季盆土以偏干为宜。浇水遵循宁湿毋干的原则。

修剪:一般不需修剪,在生长过程中,随着新叶的生长,要将下部黄枯的老叶及时修除,以保持植株的整洁、美观。

施肥:喜肥植物,但是对肥料要求不高,初栽时应深翻土壤,施足腐熟基肥。在生长期内,可追施液肥2~3次,其他时间则不需施肥。

注意事项

常用分株法繁殖,如盆栽观赏,要及时去除旁生蘖芽,保持株形美观。可以将切除的旁生蘖芽直接捅在基质中,并保持温度和湿度,新的植株很快就能生长起来。

仙客来

适合土壤:微酸性的腐叶土

生长高度:20~40cm

观赏特性:叶片肉质、花纹奇特,开花时花瓣形如兔耳,小巧可爱。花朵簇拥于花茎顶端,雅致出尘、红似火、粉似霞

仙客来

摆放位置：可放置在几案、花架、书桌、电视柜旁

栽培与养护

温度：喜温暖，但是怕高温，生长适温为10~20℃。冬季温度低于10℃则叶片开始发黄，夏季温度超过30℃时开始休眠，35℃以上易腐烂死亡。冬季应置于室内越冬，夏季则应置于凉爽通风处。

光照：生长期极喜阳光，但在午间温度最高时仍需庇荫。幼苗时需为其遮阴，10月至开花之前，需增强光照和通风，从而使花期得以延长。

水分和湿度：浇水遵循见干见湿的浇水原则，切忌土壤过湿。生长期可每天上午适量浇水1次，由花盆边缘处缓慢向盆内浇灌，花期过后要减少浇水次数，2~3天浇水1次。7月底停止浇水，让叶片枯萎，使块茎进入休眠期。翌年春天恢复浇水，长新叶后适当加大浇水量。

修剪：一般不需修剪，如果叶片过密，可以酌情疏叶，使得养分集中供养，使开花繁多、花大色艳。在摘除残花花茎时，需要喷洒少量杀菌溶液，防止残留的腐液感染其他花茎和叶子。

施肥：生长期每周或者每10天施放稀薄肥水1次，花梗抽出时增施骨粉或过磷酸钙1次。花期应停止施肥，以免落营。切忌使用浓肥，以免烧伤植株根部。

注意事项

仙客来常常会出现植株整体生长缓慢甚至停止生长、叶片卷曲、开花少而小、颜色暗淡的情况,其原因可能是室温过低和光线太暗,可以将植株移至窗台等光线充足的地方,并使室温至少在5℃左右。如果卷曲的叶片互相遮盖,应该想办法将它们分开,让每一个叶片都能接受阳光的照射,均匀生长。

仙客来不易种植,需要很大的耐心,但是种植的过程也很有趣,而且春季开花时能使居室显得生机勃勃,让人身心舒畅。休眠期时不宜为仙客来换盆,也不可大盆栽种小植株。休眠期过后的夏季,仙客来球根逐渐恢复生长,应更换新盆和新土,去除腐烂的根后再种到花盆中。

君子兰

适合土壤:富含腐殖质,排水良好的砂质土壤

生长高度:30~50cm

观赏特性:叶片直立似剑、碧绿光亮,花朵亭亭玉立、花姿优美、花形规整

摆放位置:常用于装点阳台、窗台等处

栽培与养护

温度:喜温暖,生长适温为15~25℃,5℃以下或30℃以上时生长受抑制。高于25℃时,叶片徒长,影响花芽分化,因此,应注意通风降温;低于0℃时会冻死。昼夜温差大的季节非常有利于植株的生长。

光照:生长过程中不需强光,尤其夏季更要避免强光暴晒。植株叶片宽大,具有一定的耐阴性,喜半阴环境。在50%透光环境下生长,植株叶片会越发翠绿。若植株的某一侧长时间受光,会导致叶片生长方向混乱,打破株形的平衡,因此,需定期转动花盆,使叶片均匀受光。

水分和湿度:喜温暖、湿润的生长环境,肉质根发达,有一定耐旱能力,忌积水,浇水要遵循见干见湿的原则。生长旺盛期的盆土湿度一般应保持在80%以上。不能低于60%。每周可以用茶叶水擦拭叶面,使斗片清新、光亮。

修剪：开花后如果不需要保留花种，则应及时剪去花茎，以减少水分和养分的消耗，如果花茎软烂会使整个植株的健康受到影响。

施肥：上盆一个月即可施肥，10~15天施肥水1次，夏季停施。在春季可以在两次生长高峰到来的前半月，施放干豆饼或鸡粪，施肥时不要离根太近，以免烧根。秋后孕蕾时施加磷肥，可使花大色艳，施肥时要避开叶片和叶鞘。

注意事项

君子兰在开花时常出现花箭在叶鞘中抽不出来的现象，原因可能是温度不适或昼夜温差较小。君子兰所处环境的温差以6~10℃为佳。水分不足也能引起夹箭的情况，应注意定期松土。环境温度过低时可以用温水浇灌或者将稀释后的啤酒浇入君子兰的根部，促使花箭抽出。

荷花

适合土壤：肥沃的河泥

生长高度：50~150cm

观赏特性：花和叶形态都很美，花色有白色、粉色、深红色、淡紫色

摆放位置：盆栽荷花可置于装饰阳台、卧室、书房等处，落地栽种则适合片植于公园湖区内

栽培与养护

温度：喜温暖，生长适温为15~25℃，冬季入室越冬，白天适温应为10~15℃。

光照：全日照植物，生长期尤其需要充足的光照。花期时可置于室内光亮处欣赏，日照不足就难以开花。夏季应置于阴凉处，保持通风凉爽，冬季亦需要充足的光照。

种植环境：种植荷花的盆器因荷花的种类而有所差别，迷你品种用15cm宽、10cm深的盆即可种植，小型品种则应选用25cm宽、15cm深的盆，中型品种需选用40cm宽、30cm深的盆，大型品种一般需要田植，宽60cm以上，深度在

90cm以上的盆方可满足此品种荷花的最佳生长需求。

修剪:花苗萌发的时期需要进行多次摘心,以增加荷花分枝和孕蕾。开花后应及时剪除残败花枝,利于新叶萌发,但是修剪过度会导致枝叶数量减少从而延缓植株的生长速度,致使花期延迟。若不采集莲子,可在花后将烂枝剪掉。冬季时不必理会荷花的枯萎,顺其自然即可。

施肥:不喜大肥,种植时,先在缸底铺适量的腐殖土,再铺上干净、肥沃的河泥,生长旺盛期不需施重肥,若开花时花蕾不易萌发可加一点营养液等水肥,或者在种植池中养殖金鱼。施肥过量会造成植株死亡。

注意事项

春季时,荷花易遭受蚜虫和毛虫的侵害,要注意及时防治。如果种植在荷塘当中,则要注意螺类啃食荷花的嫩叶。夏季如果蚊虫滋生,可以往水中投放几条小鱼,如孔雀鱼、斑马鱼等。

睡莲

适合土壤:肥沃的河泥

生长高度:30~50cm

观赏特性:水生花卉中名贵的花卉,花色艳丽,花姿楚楚动人,在一池碧水中宛如一位少女,被人们赞誉为"花中睡美人"和"水中女神"

摆放位置:多放置于家庭几案、窗饰、宾馆大堂、客厅、餐厅和会议厅堂等处,还可剪取花枝作艺术插花花材

栽培与养护

温度:喜温暖,生长适温为25~30℃。冬季需在温暖的室内越冬,或提高栽培水位助其越冬。种植在长江流域的睡莲可露地越冬。

光照:长日照植物,不惧酷热,喜光,不耐阴,生长环境必须具备良好的通风条件,正常情况下睡莲都在上午开放,午后闭合,直至次日上午。

水分和湿度:将盆栽睡莲的根部在基肥中埋好固定后,浸入大水缸或水盆

中,春季水位在20~30cm夏季水位在40cm,每天观察水位,如果盛夏水分散失过快,可以适当增加水分。

修剪:不需修剪,夏季生长旺盛期,如果叶子过密,应摘除枯萎的底叶和外层老叶、病叶,以改善光照和通风条件,同时减少病虫害,有利于新叶和花芽的发育和生长。

施肥:家庭盆栽睡莲的肥料,一般选用沃土即可,如果土壤的有机质不足,可以在上盆时稍微混合一些鸡粪或者骨粉。在花期来临前可以适当增施几次以磷、钾为主的液肥,切记不可施放过多的氮肥,否则营养过剩抑制植株生长,导致植株不能开花或者花小色淡。

注意事项

一般条件下,睡莲多数要在种植后的第二才会开花。盆栽睡莲在每年春分前后,应结合分株翻盆换泥,并施适量腐熟豆饼汁作基肥重新栽种。睡莲切花离水时间超过1小时会使其丧失吸水性,从而失去开放能力。

九里香

适合土壤:以疏松、肥沃、含大量腐殖质、通透性能强的中性培养土为佳

生长高度:30~100cm

观赏特性:九里香具有叶细枝劲、矮壮士苍劲、盘根错节等特点,而且四季常青、树形端正、花浓香且持久、色洁白而美丽,地栽、盆植均适宜。由于其具有叶细、根露、干粗、耐修剪、寿命长等特点,是培育树桩盆景的理想材料

摆放位置:庭院和室内都适宜种植,很多南方城市常用做公共绿地的围边花卉

栽培与养护

温度:生长适温为12~25℃,夏季温度在30℃以上生长缓慢,35℃则进入半休眠期,冬季温度在0℃以下容易产生冻害。花蕾开始萌发时,应将日间室温控制在15℃左右,可促进花蕾提早盛开。

光照：喜光照，典型的半日照植物，忌烈日暴晒。生长季节应置于半阴的环境中，夏季宜置于庇荫且通风良好处。花期可移至窗台，增加光照量，从而使花香浓郁。

水分和湿度：较耐旱，浇水遵循见干见湿的原则。雨天应及时避雨，控制浇水量，否则容易引起烂根，导致叶色变暗、叶片枯萎。生长旺盛期则应加大浇水量。秋季盆土以偏干为宜，冬季要严格控制浇水量。

修剪：在春季，应结合栽种，在进行翻盆时，对植株进行1次修剪，减少密枝、陡长枝、病枝和弱枝，大规模的修剪则应安排在10月下旬或11月上旬。

施肥：喜肥，上盆或翻盆换土时，宜在培养土中掺些骨粉或氮磷钾复合肥，生长期可每半个月施氮磷钾复合肥1次，不可单施氮肥，否则枝叶徒长而不孕蕾。4~6月可每半个月向叶面喷稀释的磷酸二氢钾溶液1次，促进花芽分化。

注意事项

九里香常见的病害有枯叶病、白粉病、铁锈病等，虫害主要有红蜘蛛、天牛、介壳虫等，可于早春喷洒灭菌剂和杀虫剂防治病害。九里香树形优美，生长速度快，枝条柔软，蟠扎也不易断折，因此常被用于制作盆景。九里香可通过扦插繁殖，在春季或7~8月雨季时节进行扦插，两月即可长出新的根系。

马蹄莲

适合土壤：肥沃疏松的微酸性土壤

生长高度：50~250cm

观赏特性：花姿优雅、色彩艳丽，具有独特的魅力。春、秋两季开花，花期较长

摆放位置：多摆放于家庭几案、窗台、客厅、餐厅，也可摆放于宾馆大堂、会议厅，还可剪取花枝作艺术插花

栽培与养护

温度：喜温暖、不耐寒，生长适温为20~25℃。夜间温度保持在10℃左右，

不能高于16℃,否则不利于开花。温度高于25℃或低于5℃时即进入休眠状态。

光照:喜欢阳光,但在夏、秋季节需要避开阳光直射并对植物进行部分遮阴,一般情况下以遮阴率达到25%~35%为佳。冬季需要充分照射阳光。

水分和湿度:喜欢温暖、湿润的生长环境,对水分的要求比较严格,不耐干旱。生长初期要浇透土壤,保持湿润;夏季休眠时,应减少浇水量,保持土壤略湿以促使其开花或休眠。浇水要遵循见干见湿的原则。

修剪:生长旺盛期需要勤剪老叶以促生花苞。

施肥:上盆时应施足底肥,夏季高温时,可以适当施微量的肥料,以增加植株抵抗高温的能力,开花前可以用稀释千倍的硝酸钙溶液向叶面喷洒,以促进花苞萌发。

注意事项

马蹄莲很害怕烟雾污染,尤其是油烟和吸烟散发的烟雾,如果经常在盆边吸烟,叶面和花朵表面都会变黄枯萎。因此,要注意保持清洁的室内空气环境。

白鹤芋

适合土壤:疏松、排水和通气性好的腐叶土或泥炭土

生长高度:40~60cm

观赏特性:世界重要的观花植物,株形优美、花期长、花朵洁白无瑕、花茎挺拔

摆放位置:多放置于家庭几案、窗台、宾馆大堂、客厅、餐厅和会议厅章中,还可剪取花枝作为艺术插花花材

栽培与养护

温度:典型的热带雨林植物,喜高温,最好能在温室中栽培。生长适温为22~28℃,冬季夜间最低温度应在14~16℃,白天应保持在20℃左右。长期低温易引起叶片脱落或焦黄。

光照：喜光，尤其喜欢明亮的散射光处，较耐阴，在50%以上的散射光下即可正常生长。夏季必须庇荫，最好将其放置在凉棚下。忌强光直射，否则容易引起叶片变黄、变软，严重时全株会突然死亡。庇荫时间不宜过长，否则容易花期延后或者出现不开花的现象。

水分和湿度：喜湿润，忌积水。生长旺盛期应保持盆土湿润，但不可浇水过多，盆土长期受潮容易烂根或滋生青苔。在夏季高温和秋冬干燥季节，新生叶片会变小发黄，甚至枯萎、脱落，应经常向叶面及其周围环境喷洒清水，保持空气湿润、凉爽。冬季要严格控制浇水，以盆土微湿为宜。

修剪：一般不需要进行大量修剪，及时摘除枯萎的底叶和外层老叶、病叶，以促进新叶萌发和花芽的发育，同时改善光照通风条件，减少病虫害。

施肥：喜肥，忌浓肥和生肥，讲究薄肥勤施。上盆时必须施足底肥，可以将复合肥作为基肥。花期前增施适量稀释的磷、钾液态肥，促进花蕾萌发。施肥以液态复合肥为主，最好以稀薄的肥水代替清水浇灌，避免产生肥害，令植株生长茂盛。

注意事项

白鹤芋可以水培，但要注意，其根部需要保留一部分与空气接触。在家中栽植白鹤芋可选用透明的鱼缸作为种植器皿，并在鱼缸里养殖一些鱼类。除了定时喂鱼外，每次换水时还需要滴入一些鱼花两用的营养液，否则，有的鱼类喜欢啃食水生植物的根须，造成植物死亡。水栽培的白鹤芋，可以透过蒸发作用调节室内的温度和湿度，有效净化空气中的挥发性有机物，尤其是针对臭氧的净化率特别高。将其摆放在厨房煤气炉旁，能去除做饭时的味道、油烟以及其他挥发物质，起到净化空气的作用。

植物的家居摆放与搭配

植物间的相生相克

有些植物，由于种类不同、习性各异，在其生长过程中，为了争夺营养空间，常会与周围的植物发生"争斗",有的甚至会从叶面或根系分泌出对其他植物有杀伤力的有毒物质,致使邻近的植物死亡。这种现象在自然界屡见不鲜,比如胡桃的根系能分泌出一种叫胡桃醌的物质,在土壤中水解氧化后,会产生极大的毒性,易造成松树、苹果树、桦木等及多种草本植物受害或死亡。

事实上,植物之间的相互作用在自然的或人工的生态系统中都很常见,有些植物能够"和平相处、共存共荣",有些植物则"以强凌弱、水火不容"。在日常的栽培和养护过程中,我们必须对不同植物种类相生相克的问题予以重视。在此,列举一些常见植物之间相生相克的例子。

植物与风水学

植物风水学是风水学中不可或缺的一部分,其宗旨是让人们了解自然环境,利用和改造自然,从而创造出美好宜居的居室空间,达到人与自然和谐统一的境界。

植物的种类极其丰富,风水学说常以五行来对植物进行划分。根据植物的整体色彩和开花的颜色,植物可分成金、木、水、火、土五类。白色系的植物属金,如白网纹草、九里香等;绿色系植物属木,如金钱树、巴西木、鸟巢蕨等;蓝色系植物属水,如薰衣草、鼠尾草等;开花红色或结果红色的植物属火,如龙血树、凤梨等;黄色系的植物属土,如金边龙舌兰、金边虎尾兰、黄金葛等。

在风水学上,绝大部分的植物都是吉相物件,在恰当的环境和位置摆放植物对人和家庭的运程来说都有不同的妙用。风水学认为植物是生命力的象征,当中蕴含着充沛的自然能量,可以提升人的运势。植物的形状特征以及摆放方位、摆放时机不同,其功能和能量会产生一定的差异。比如,叶形较大的植物几乎适合所有场所,在家宅室外摆放大叶植物,如巴西木、发财树、龟背竹、榕树、橡皮树等,其宽大的叶片可以更多地聚集自然的能量,在玄关摆放此类植物,寓意"挡煞免灾",起到聚集好运和人气的作用;在客厅摆放则寓意"胸襟广阔",有利于家人健康和睦,也可以给客人一种宽阔、舒畅的空间感。如果在公司和办公室摆放叶形较大尤其是叶片接近船形的植物,如孔雀竹芋、白鹤芋、君子兰、万年青等，寓意"平稳起步、承载百川"，起到增助事业稳定和上升的作用。叶形较小的植物则非常适合摆放在卧室、书桌、书架等空间相对较小的地方。在卧室可以摆放叶片集中、叶形圆润的小叶植物，如米兰、仙客来、豆瓣绿等，寓意"幸福和睦"，起到协调夫妻关系、使家人彼此团结的作用；在室外窗台或者阳台可以选择摆放叶片尖细、叶面狭窄的小叶植物。如仙人掌科的植物，寓意"自我防御"，起到保护家人的作用。另外，植物叶片的生长方向也有不同的风水作用。一般来说，向上生长、叶子尖而突出的植物属阳性，给人坚强有力、积极向上的感觉，这类植物适合摆放在南向或角落里，增加角落的生气。而圆形叶子、向上生长的植物则属阴性，其柔美的线条可以缓解生活压力，使内心平静，应将其放在卧室或客厅的北向。

第十章 打造阳台植物园

一、阳台格局与阳台绿化

几种阳台的特点

住房建筑,一般要求坐北朝南,但由于所处地理位置与环境的限制,不可避免会有不是正北正南的。由此也决定了阳台的多样性。一般来说,不管阳台朝向如何,阳台大致有以下5种形式:

一沿式。这种形式又称为阴台,因为台体没有突出,仅为两房之间或房与壁间白勺采光部分,呈窄长方形,只有一个台沿,一面受光。这种阳台只宜于在台沿上放置小型花草数盆,盆花种类可根据光照条件和花草习性加以选择,或采用壁附式绿化,使绿化面分布在台壁外或台侧墙壁上,对于兼作过道的阳台,这种方式尤为相宜。

二沿式。这种阳台一侧与墙壁相接,正面和另一侧面受光,有两个台沿,呈阔长方形,前沿较长,侧沿较短。下面所举的几种绿化美化方式,这种阳台都可选用,因较一沿式阳台多了一个受光面,多了一个台沿,故选栽花木的数量可多一些,种类范围也宽一些。如当西晒,则可根据日照时间的长短,选栽常绿的或落叶的藤蔓植物搭设荫栅或荫棚,以遮挡骄阳;不当西晒的,则不宜过于荫蔽,因阳台一侧的光线已为墙壁所遮。

三沿式。这种阳台台体突出,正面与两个侧面均可受光,有三个台沿,呈阔长方形,前沿较长,侧沿较短,是当前最普遍的一种形式。这种阳台除了个别的情况外,一般总有一面当晒当风。从实用和绿化美化的角度要求,以半沿绿化美化式较为适合,做到当晒当风的方向有遮阴,其余部位通风透光,从而可配植各种不同习性的花木。

四沿式。由于这种阳台设置在整幢建筑的两侧转角处,故又称为转角阳台,由正面和侧面两个垂直相连的窄长方台组成,台体突出,有四个台沿,一般只是前沿较长,其他台沿都较短。这种阳台虽然有四个台沿,但并非可以四面受光,可按两个大小不同的三沿式阳台加以绿化美化。由于这种阳台面积较大,又当建筑两侧空旷处,光照也好一些,自然可以更多更好的选择适合的绿化方式和花木种类。

封闭式。这种阳台就是在各式阳台的台沿上安装玻璃窗而成。由于它具有挡风保温的作用,故多用以栽植不耐寒的热带或亚热带植物。但由于台沿上已经安装玻璃窗,不便利用,只宜采用花架或壁附的绿化美化方式。在台上设置花架安放盆花,或在台边种植小灌木,或落叶藤蔓,使之贴近或攀附窗棂,以收到绿化的效果。

还有一些建筑,在阳台外壁台沿下,设置了一段种花槽,这种阳台的台沿一般较窄,不便利用。花草就可种植在槽内。但最好还是种在小盆内,连盆放于槽中,以便于换花换盆。如台沿较宽,自可摆置盆花,就更能收到花木蓊翳,层次深厚之美了。

阳台的基本功能

阳台是室内建筑物的外延,是居室与外界相沟通联系的平台;是居住者呼吸新鲜空气,眺望外界环境最直接、最近的地方;是家庭晾晒衣物、摆放盆栽花木的场所。同时,阳台又是反映室内主人的爱好、修养及经济状况的展台。

阳台应适当放置鲜花

阳台布置得好与不好,不仅影响到室内人员的日常生活活动,同时也影响到整个社区或街道的大环境的整齐与美观。怎样使两者很好地结合起来,既能方便、有利于家庭的日常活动,又能扮美社区、街道的大环境,正是我们应当思考和解决的问题。

随着社会的发展,现代人的生活日趋繁忙,尤其是住在城市中的居民,不仅生活节奏紧张,而且属于个人的空间变得狭小,周围环境常被噪声、灰尘困扰,人们与大自然的距离越来越远。能不能将大自然的生命之源——绿色植物重新装点在我们身边,让我们随时都能亲近那些绿意葱茏的草木呢?阳台,它为我们提供了条件。但是,这点似乎并未被人们普遍认识。看看我们所经过的地方,不少阳台被铁栅栏围起或被砌起部分墙壁,成了居室的扩张延伸部分,或者仅被用以堆放杂物和晾衣晒物。这实在是对阳台价值的低估和误解,阳台的绿化功能、"阳台园艺"所带来的乐趣往往被忽视了,即使种养花草,也多是作为室内养花的周转站。怎样使阳台成为秀丽的"空中花园",成为城市一道靓丽的风景线,是值得我们大家共同学习的。如此,阳台的功能才更加完备,会真正成为每一个家庭的美丽窗口。

阳台养花的特点

  阳台养花的特点,从功能上讲,应当是两个方面的。一方面,阳台是室内盆花的转换站和休养所。室内花木,如果光照不足或者空气不流通,时间一长就会出现发黄、落叶、生长不良或生病,需要经常搬到阳台上换换空气、见见阳光和月光。一般我们都知道太阳光对植物生长的重要性,但往往忽略了月光对植物生长也同样重要,而且夏季的月光和露水,甚至比阳光更好。另一方面,是花木对阳台乃至整个建筑物的绿化美化功能。花木给建筑物带来生气与灵气,使生硬冷峻的庞然大楼变得温柔而多姿多彩、生意盎然,从而缓解都市人的紧张情绪,提高生活质量。也就是说,阳台养花不仅是一个家庭的事,而且是社会的事;阳台上的花卉,不仅是给自家看的,而且是给大家看的。所以,我们在选择花卉品种和布置上,特别是阳台外侧的花木,不仅要依据个人的喜好,而且要考虑与所在社区、街道整个大环境的协调一致。

  阳台不同于园地,有它独具的特点:

  第一,面积小。最小的住宅一沿式阳台,只有 2 平方米左右,如兼作通道用,就只剩下台沿可以利用了;一般的三沿式阳台,约 4 平方米;最大的转角式阳台,也很少有超过 6 平方米的。公共建筑的阳台,相对说来面积要大一点,但也十分有限,向外发展都受到局限。

  第二,层高有限。一般建筑,台与台间的垂直空间只有 3 米左右,向上发展也同样受到局限。

第三，方向固定。光照不全面，或当西晒，或有荫蔽。

第四，位置高而突出，受风强度大，花木易于受到夏秋干燥和冬春霜冻的伤害。

第五，裸露的水泥台面、墙面反射和放散的热量都很大，在盛夏和初秋，极易形成阳台小气候的高温状态。

第六，由于居民聚居，空气污染较为严重。

第七，盆花密接，易于发生病虫害的交叉感染，相互影响也较为显著。

上述特点中的四、五、六项，在一定范围内，随着建筑层次的增高而显得更加突出。

从技术上讲，阳台的形式多种多样，层次有高有低，朝向各不相同，面积有大有小，导致各个阳台的光照强弱、风速大小不一。因此在花木品种的选择、栽植方法上切不可千篇一律、生搬硬套，而应当因地制宜、灵活掌握。有时还需要增加一些必要的设施，才能养好花木。

阳台朝向的不同，使它们在接受阳光照射的时间上，有很大的差异。东向阳台，从早晨7时至下午1时前，都有直接的阳光照射，下午还有侧射和散射光照。

西向阳台，主要在下午2时至太阳落山前，都有强阳光照射。

虽然东西阳台都只有半日的阳光照射，但是，盆栽花卉有这样的光照，大都郁郁葱葱，娇姿美态，呈现一派生机。

南向阳台，是最好的养花种卉的地方，基本上从上午7时至下午6时（冬季）都有阳光照射。特别是冬天，花木最需要阳光的时候，几乎从日出到日落，全天都能受到阳光的直射或斜射，是光照最好的地方。

北向阳台，很不容易受到阳光的照射，最多为散射光照或斜射光照。所以北向阳台，只能莳养阴生性花卉。

阳台绿化与地面绿化的差异

掌握阳台环境的特点以后,对阳台绿化与地面绿化的差异,就容易理解了。它们之间的差异主要有以下几点:

第一,是植物立地的不同。植物栽种在地面,因为土层深厚,根系可以得到充分的发展,水分与养分的供应与吸收充足得多;同时,因为得到地温的调节,冻害与暑害发生的可能性也较小。相反,阳台绿化,植物栽种在花盆或其他容器内,土少而浅,根系的发展受到局限,水分与养分的供应和吸收也要少得多;由于得不到地温的直接调节,冻害与暑害发生的可能性较大。

第二,是局部气候的差异。地面位置低,又常有遮阴,可以避免大风的袭击,强烈的阳光照射,以及日照、大风所造成的干燥。加以地面的吸收和地下水的蒸发,又可缓解炎热和干燥的伤害,地面植物从而得到了较好的保护。相反,阳台位置高而突出,不可避免地要较多地承受风吹、日晒和干燥的危害,给植物生长带来不利的影响。

第三,是承受污染的程度也不同。由于多数有害气体都比空气轻,细微粉尘又都向上飞扬,故地面植物受害较小;加之地面植物的群落较密,吸收和吸附有害气体和粉尘的能力较强,分散和减轻了污染的危害。相反,阳台位置高,又没有地面那样多的植物群落,因而受污染的程度较重。

阳台盆栽与地面盆栽的异同

阳台与地面盆栽基本的相同点是,它们的立地条件,同样受到花盆或其他种植器皿的局限。但由于它们所处的位置分别在地面或高层,所在的环境条件也就不同了。安放在地面的盆栽,既拥有不同程度的地面绿化的有利影响,变换花盆位置、方向的余地也较大。相反,安放在阳台的花盆,则不可避免地受到阳台环境特点的限制。由于环境条件不同,为取得绿化成效的要求和措施也就各异了。

创造阳台养花环境

阳台的这种环境特点,对植物的生长显然是不利的。为取得较好的绿化效果,必须在可能的范围内采取相应的措施,或对这种环境加以改善。其主要可行的方法有:

第一,选好阳台绿化植物。选择时既要重视它们的观赏价值,也要考虑到它们的生长状况和生态习性,两者必须兼顾。如选栽那些生长较为缓慢,生长期长,株形较为矮小的灌木;或经过造型矮化后的乔木、攀附性的藤蔓植物;以及其他植株较为矮小的草本花卉。选栽植物,相对的要有喜光或耐荫,耐旱和耐寒的习性,并具有一定的抗污染能力。同时还须考虑到,阳台主要是用花盆或木箱一类的种植器来进行栽植的,故对选栽植物的根系也须加以注意,如深根性的直根类花木,盆栽效果较差;浅根性的须根类,一般要好一些。此外,还须注意在一定的条件下,各种植物会分泌特有的化学物质,相互影响,对那些影响特别明显的,如铃兰与水仙,就不要把它们放在一处,以免相互伤害。

第二,改善阳台绿化条件。如为遮挡盛夏初秋的烈日,或冬春寒冷的西北风,而设置荫栅荫棚;为增加阳台小环境的湿度,缓解夏秋的炎热和干燥,而勤浇水勤洒水;为使盆花全面接受光热,而时常变换盆花的位置和方向;为避免或减少病虫害感染和有害气体污染,而注意保持阳台通风透光和远离煤灶等污染源;为保护盆花越冬,而设置棚罩等简易温室,甚至在台沿装上玻璃窗等。

具地来讲,可以从以下几方面着手。

春季

(1)防风。由于阳台位置高,风大,尤其是春季,花卉刚出房,抵抗力本身就很弱,早春寒风一吹,很容易枯萎,因此防风最为重要。尤其是凸阳台,两头应加挡风板,以减少风力。

（2）防燥。春风比较干燥,应常常向花卉周围喷洒点水。

夏季

（1）防晒。阳台前方无遮无拦,夏季烈日下温度可达40℃~50℃,即使是阳性花卉,也不免会被这种炽热的阳光灼伤,更不用说阴性、半阴性花卉了。因此,阳台养花,夏季必须采取遮阴措施。传统的遮阴方法,是于阳台的南面和西面挂上竹帘、芦帘或旧的草席,以遮挡强烈阳光,现在花卉市场上有专用的遮阴网出售,轻巧灵便而且美观实用。如果是金属栏杆的阳台或水泥栅栏空隙较大的,最好能在里边加设一道竹帘或木栅栏,这样可减轻金属栅栏的反光或水泥栅栏的热辐射,使喜阴花卉在下边更为安全。

（2）防灼、增湿、散热。应在花盆的底部垫上木条或砖块,同时阳台上最好能设置一个沙槽,将喜湿、耐阴花木放在沙槽内。若是无条件设置沙槽的,也应当经常在阳台上放置一盆清水或经常向盆花周围喷洒清水。

秋、冬季

防风、防寒。

（1）封闭阳台,是花木防风防寒最直接有效的办法。一个封闭阳台实际上就是一个天然温室,如果再将室内的暖气管接到阳台上,那么花木的越冬就没问题了。但要注意,阳台不能封闭得太死,晴好天气、中午暖和时,要开窗透透气。没有暖气的阳台,严寒季节的夜晚需挂暖帘防寒。

（2）未封闭阳台。入冬之后,各种高温型、中温型的花木需分批搬入室内过冬。只有那些耐寒的花木,像桂花、六月雪、五针松等,在长江中下游以南地区可以继续留在阳台上越冬。遇雨雪天气,加盖草帘或塑料布保护即可。

阳台绿化的基本方法

1.全沿式

这种方式是阳台绿化中最简单的一种,方法是用大小、高矮,观花、观叶,和色彩、姿态各不相同的盆花配置在台沿上，有参差错落，全沿春满之美。

2. 半沿式

方法是只在部分台沿上配置盆花，或在阳台当晒的一角栽植一株株形稍微高大的花木，使阳台一部分得到疏荫；而另一部分则让其开敞，或配置矮小的花草，以取得浓淡疏密配合之美。

3. 悬垂式

由于悬垂部位的不同，又分为以下三种：

（1）顶悬式。用小盆或小筐栽植吊兰、蕨、蟹爪兰等枝叶下垂，具有气根或耐旱的多肉多浆植物，悬挂于阳台顶，起着美化阳台上层空间的作用。

（2）沿上式。在阳台上，接近台沿处，较台沿为低的地方，或侧面或正中，用花盆栽植藤蔓植物，让其藤蔓缠附垂挂于台沿上；或用盆架托住诸如蝉兰、迎春、枸杞等枝叶柔软而又较长的盆花，让其枝叶越过台沿，悬垂于台外，起到美化阳台外侧中间部位的作用。

（3）沿下式。一些阳台外侧设有花槽，或花盆托架；一些阳台的台壁是栅柱式的，柱间有较宽的空隙。前者，可将菊花、天竺葵、令箭荷花等枝叶可以斜出或下垂，但又不过长的花卉，种在槽内，起到美化阳台外侧稍下部位的作用；后者，则将花盆放置台内接近外侧台壁处，让花卉的枝叶，从台壁空隙垂出，也可起到同样的作用。

4. 藤荫式

当晒的阳台宜于采用这种绿美方式。由于日照的时间与季节长短不同，可分为常年荫和季节荫两类。方法是用较大的花盆栽植一株或数株藤蔓植物，将其枝叶牵引于设置在当晒方向的网棚或网栅上，也可牵引于各种造型的花架上，以收遮阴的效果。

日照长的阳台，可选金银花、络石藤等一类常绿木本藤蔓植物；若只为盛夏初秋遮阴用的，则可选牵牛、茑萝等一类一年生草本藤蔓植物。暑季过去之后，它们就枯萎了，在冬春两季，阳台仍可得到充分的光照。就是常年藤荫阳台中，也有疏荫和浓荫之别,如络石藤的叶子较稀,架下仍有斑驳的阳光,金银花的叶子较密,阳光就基本被遮住了。

5. 花架式

一般阳台在这三种情况下设置花架,一是花盆较大,不能放置台沿,必须在台内用各种结构的架子安放;二是为扩大绿化面,增加盆花的层次;三是温室式阳台,台沿已安装玻璃窗不便利用,只好在台内设置花架补救。

应当注意的是阳台花架的大小、高矮必须适度,阳台面积本来很窄,花架大了,台上无回旋余地,不便养护,太小了,又收不到预期的效果;太高了,挡住窗户影响室内明亮;太矮了,阳光为台壁所遮,花卉得不到应有的光照,不利于植物正常生长。

6. 壁附式

以上五种阳台的绿化方式,都是从台内着眼来着手布置的。这种方式却是从台外着眼来进行布置的。方法是在台外花槽或台内花盆栽植常春藤、爬山虎等一类具有气根或吸盘,吸附力很强的木本藤蔓植物,把它们的藤蔓牵引于台壁外侧或阳台两侧的墙壁上,在台外形成垂直绿化。

这种方式最适用于一沿式阳台,可以避免过多占用台沿或台内面积;对需用阳台堆置器物、晾晒衣被,以及温室式阳台,不便利用台沿的,也很适用。特别是对一些没有设计阳台的居室。

7. 组合式栽培

又称大盆混植,是将若干种习性相近、栽培方法相同的花卉,从原来的花盆中脱出,共同栽入一个大型的容器之中,形成绚丽缤纷的景观。

这是一种新型的栽培形式,优点是节省地方,花卉之间可以相辅相成,互相调节温度、湿度,同时花卉的根部互相渗透,更充分地利用土壤中的养分。但是花卉品种的搭配一定要合理,色彩的搭配要调和美观,植株的大小要相衬并有层次。

常见的组合形式有:

①同一品种相同或不同颜色的组合,如红色、粉色四季海棠的组合;蓝、紫、黄、白、粉各色三色堇的组合等。

②同一季节开花花卉的组合,例如郁金香、风信子、洋水仙和小报春的组合;矮牵牛、彩叶草、五彩椒与花叶常春藤的组合等。

③同样习性观叶植物的组合,例如玉扇凤梨、金心凤梨、富贵竹、绿萝、金脉爵床及花叶鸭跖草的组合;仙人掌、仙人山、仙人球和翡翠景天、芦荟、龙舌兰的组合等。

组合式栽培的容器以大型欧式玻璃钢高脚盆最好,塑料或木制的米桶、食品贮运箱也可使用。

8.地栽式栽培

将阳台的地面经过处理后,铺上培养土或人造栽培基质,然后将花卉栽植于基质上面,营造出一种"虽在空中,宛如平地"的效果。此方式较适用于面积大的退层阳台和屋顶阳台。

阳台绿化美化的类型

常见的阳台按其选用的不同植物品种和绿化方法,分为下列三种类型,但事实上它们是各有侧重,互为补充的:

1.花木型

这种类型在阳台绿化中最为常见,即在阳台上培植各种具有观赏价值,又适于阳台环境条件的花木为主要手段,来达到绿化的目的。

2.盆景型

这种类型一般多与花木型结合,是以盆景为主,以花木为辅的绿化类型。盆景型中,又可以分为山石型和树桩型,但均需花木相配,方能收到美化的全面效果。

3.蔬果型

这种类型是以栽培蔬菜或果树为主要办法的。既能收获到蔬果,又能美化阳台。近年来这类阳台有了较大的发展,适于阳台生长的蔬果种类也日益增多。虽受条件限制,收获量不多,但自种自收,历经春华秋实,自是别有一番情趣。屋顶栽培的前景也是十分宽广的。

选购盆栽花卉的注意事项

在花卉市场选购花卉时,往往花繁叶茂,可是在家里放了一段时间后,就每况愈下,花越来越稀,叶子也失去了当初的光泽,甚至出现了这样那样的病态,究其原因,选购不当是主要原因。所以,在选购时必须注意以下几点:

第一,要根据阳台的朝向及环境,选购相适应的花卉。例如市场上常有秋海棠中的球根海棠出售,花大色艳,极其娇美,颇吸引人。但是这种花需要湿润温暖的环境,怕干燥,更难耐30℃以上高温。要是放在阳光充足的朝南、朝西阳台上,即使对它百般呵护,恐怕也是芳容难驻的。同样,如果将石榴、桂花等喜阳的花卉,一直放在北阳台上,也会由于长期得不到直射光而难以开花。所以,购花不能单凭个人喜好,而要根据客观条件考虑。

第二,要选健壮、无虫无病的盆花。购买时要仔细观察植株是否匀称,长势是否旺盛,尤其要注意叶片的大小是否均匀,如果新、老叶大小悬殊,很可能是上市前用化肥或激素催过的,同时要注意叶片上是否有病斑、虫斑,千万别把有病、有虫的花卉选了回去。

第三,看盆。这里所说的看盆,不是单纯看花盆的好坏,而是看花木是不是"原盆"。所谓"原盆",就是花卉原本栽于此盆,购买当然安全些。园林部门为生产上的方便,常将大批花卉栽于地里,临上市前才挖起来栽入盆中,由于起挖过程中不可避免地会损伤部分根系,加之盆土和苗圃的环境有差异,买回家后,难免会出现萎蔫现象。所以最好选购"原盆"花卉。

判断是否"原盆"的方法是：看盆与土的结合，"原盆"盆与土结合紧密，呈浸润状，即边缘的土与盆壁界限不明显，土层逐渐贴在盆壁上，呈圆弧形，有时盆壁及土层上还会有青苔。非"原盆"的，盆与土的结合处界限明显，无青苔。另外，"原盆"的花卉，底孔常有细细的根须露出，非"原盆"的则不可能有。如果买了非"原盆"的花卉，回家后应当将上部枝叶剪除一些，以适应因根部损伤带来的吸水能力下降。同时要先放于阴凉处精心养护，等其恢复元气后，再转入正常养护。

第四，看根。市场上除了盆花外，还常有裸根花卉供应。所谓裸根花卉，就是不带花盆花土的花卉。这种花卉价格低廉，携带方便，颇受欢迎。选购时要注意观察其根系是否完好。如细根部分圆润、有光泽、有水分，说明在空气中暴露的时间不长，依然鲜活；要是细根部分已经干瘦，说明挖出的时间过久，难以成活了。此外，常有商贩将根部用土团或青苔、塑料布等包裹着，应当将其打开看看，如果断根太多，则不宜购买。若是购买带土团的花卉，回家上盆时，务必将土团除去，用清水将花卉的根部冲洗干净。因为不同地区的土壤，存在着亲合问题。

第五，勿贪多。市场上有时会出现特别繁茂的花卉，例如杜鹃花开得扬扬洒洒，把枝干和叶片都遮挡得严严实实；金橘结得密密麻麻，几乎把枝条都要坠断了。这很可能是人为"催"出来的。任何花卉的生长都有其规律性，过分繁华之后，随之而来的往往是凋零。对一般家庭而言，还是选择正常生长的花卉较好，当然，为一时的需要进行选购，那就另当别论了。

第六，勿贪大。这里所说的大，是指花卉的年龄。选购多年生花木时，除盆景树桩外，一般宜选项1~2年生的、长势健壮的苗株，或者3~4年的小树，因为这种花木比较容易驯化，对新环境也容易适应，苗株移栽后成活率高。即使是购买草本观赏花卉，也应选择花开二三成的，而不要选那些花开得正旺的。选购"小"一些的花卉，然后亲手培育，摸熟它们的脾性，看着它们越来越健壮，越来越漂亮,别有一番韵味。

第七,适时。除了家中观赏所需的应时花卉外,从栽培角度选购花卉的时间,应在春季花卉结束休眠,刚刚萌动时为宜,一则此时叶片尚不很丰满,枝干的形态容易看清楚;二则此时天气逐渐变暖,养护起来比较容易。

第八,谨防假冒。花卉市场也和其他市场一样,时有假货出现,如用雀舌黄杨冒充米兰,用油茶冒充茶花,用石蒜冒充郁金香,用单瓣的药用芍药、牡丹冒充名贵的芍药、牡丹等,购买时务必仔细辨认,如果对花卉不太认识或了解不全面,最好请一内行地做参谋。

总之,选购花卉时,一定要选适合自己阳台的品种,要选有发展前途的花卉。

阳台养花基质的选择

自20世纪80年代开始,国外阳台养花和室内养花的基质已逐渐由土壤栽培向无土栽培过渡,至20世纪末,已经不用土壤了。但在我国,到目前为止,一般的盆栽花卉还是以土壤为主。我国的园林花卉工作者及养花爱好者,在养花土壤的配制方面,有着丰富的经验。因此在我国,盆栽花卉的培养土短期内还不会被淘汰,但新的人造基质又以其不可忽视的优点——轻便、清洁、耐久而越来越受到人们的欢迎。同时,我们的科技工作者已研究出不少适合我国国情的混合型人造基质。所以一般的盆栽花卉,个人完全可以根据自己的条件进行选择。

但若是建造屋顶平台花园,地面种植时,由于用土量很大,最好采用以木屑、蛭石、珍珠岩、树皮、纺织厂碎棉碎纱、煤渣、泥炭等培制成的轻型基质。如果非用土壤不可,也应在土壤中掺入一些泡沫塑料碎块及纺织品碎片,以改善土壤的排水透气性,增加保温能力,减轻土壤重量。

不过,使用无土基质时,一定要和人工配制的营养液配套使用,才能取得好的效果。

阳台花盆要注意垫底

放在阳台上的花盆需要垫底的原因有两个：一是阳台的建筑材料吸热性高，夏季温度往往很高，足以烫坏花木幼嫩的新根。垫底就是用东西将花盆底部与阳台台面隔开，以防花木根系被灼伤。二是植物主要的呼吸器官虽然在叶片，一旦其根系深埋在土内，仍然需要一定的空气进行呼吸。而我们所用的花盆，底部虽然有孔，可让多余水分流出，让空气进入，但花盆的盆底一般都是平的，阳台的地面也很平，直接将花盆放在阳台上，底部孔洞往往会被堵住，使盆土内空气流通不畅，影响花木生长。

其实，不仅是放在阳台上的花盆要垫底，放在室内的或放在院内水泥地上的花盆，都要垫底。

垫底的方法有沙槽或沙盘垫底、砖瓦垫底或木条垫底。用砖块或木条垫底时，还要注意，并不是将花盆简单地往砖块上一摞，而是要将两个砖块或木条并排放好，中间留一条3~4厘米宽或更宽一点的空当，然后将花盆放在两个砖块之间的空当上，让底孔对正中间空当。

阳台花木的摆放技巧

在阳台矮墙的平台上，可摆放喜阳的中型花木。如50~80厘米高的木本花木。阳台东西两侧的外缘，还可修建长型花池，池内填放培养土，可栽培一些喜阳的攀援花卉。如迎春花、金银花、矮牵牛、炮仗花等，使阳台显得更加有声有色，更加飘逸活泼。

在阳台内侧,贴近花墙边,可用砖头水泥做成梯形垫墩,分三层放上木板或水泥预制板,从上到下摆放盆花。中间放一盆迎客松,两旁点缀一些色彩缤纷的应时鲜花,如月季花、山茶花、梅花、杜鹃花、桂花、南洋杉、海棠果、苹果、阳桃、含笑花、散尾葵、棕榈、椰子、槟榔等盆花,或盆景。在住房临阳台面的墙上和阳台顶端伸出部分,安装挂钩,悬挂一些匍匐生长的常绿花卉,如锦带花、垂盆草、绿萝、吊兰、金银花、鸭跖草等。

在阳台两边的平台上,可摆放盆栽的南蛇藤、绿萝、常春藤等绿色植物,使其向下垂吊生长。在阳台的两个角落,可用砖头砌成高、宽各35厘米的花池或用花盆填上培养土,栽培爬山虎、凌霄、金银花等,让其攀缘爬满墙壁。若是内缩阳台,可在西侧墙角设置花盆,进行培育,令其攀缘。这样,不但消除了强阳光对墙壁的辐射热,而且又可减弱室内受外界噪声的危害,更可以给人们带来清新、舒适的居室环境,给人以美好的享受。

阳台养花要正确利用光照

阳台上的受光量是由阳台的朝向方位和敞开程度所决定的。要使花卉摆放适宜,必须了解受光时间段和朝向方位等条件。以敞开式阳台为例,朝东阳台一般整个上午可以照到太阳,朝南阳台几乎整天都可以照到太阳。对多数植物来说,上午照到太阳、下午背阴是较为有利的。同时,还要注意季节的不同,光照也有所不同。例如朝南阳台,冬季的阳光可以照到阳台后方,但是到了春夏,太阳北移升高,就照不到阳台后方,逐渐推向阳台的前方。了解这些变化,可以随时调整盆花的摆放,做到恰到好处。此外,还应注意的是楼层和周围的建筑物。一般来说,3层以下往往受周围建筑物的影响,阳光会被遮挡,光线较差;3层以上光照较好,但风力相对也大,盆花容易干燥失水,浇水次数就要多。

夏季阳光灼热,对西南阳台的多数花卉来说难以承受,所以要适当遮阳。

方法一是在阳台围栏上方悬挂帘子,或架设遮阳棚(或网),隔断阳光直射。二是搭设攀缘网,种植藤本植物来遮阳。三是避免墙面和阳台水泥地面的反射光,可以在放置盆花时加以注意,如远离墙面、在地面上放置木板垫层,以及通过改善阳台环境等办法来解决。

阳台上的花盆应经常转动方向

阳台,特别是凹型阳台和半凸半凹阳台,光源的方向都比较固定。而植物的茎叶一般都有趋光性,它们总是要向光线射来的方向伸长,时间一长,植株就会向一个方向倾斜,在长势上显得半边强、半边弱,不仅影响观赏,而且容易倾倒。如果是像君子兰之类叶片呈扇形排列的花卉,叶子还会变得歪斜,很不整齐、不美观。

所以,放在阳台上的盆花,应当每隔一段时间,就要转动一下方向,这样才能保证植株生长规则、整齐,株形优美。

转动的次数,可根据花木本身趋光性的强弱和阳台光源方向性的强弱而定,一般每周1~2次。

特别提醒一下,像君子兰、蝴蝶兰之类叶片两侧呈扇形排列的花卉,转动时叶片方向应与阳台墙面垂直,这样才能保证扇面的平整。

阳台养花的浇水方法

阳台花卉的浇水,不同季节有不同要求。春季随着气温回升,万物开始生长,浇水的次数和量也随之增加。此时一旦盆土干燥,应立即浇透水。浇水以在晴日上午为好。

夏季烈日当空,浇水应在早上或傍晚进行,严禁在烈日下,尤其是中午浇水。否则由于高温,助长叶片蒸腾,反而会导致花木死亡。夏季空气干燥,可以用一个大盘子,在上面放上碎石,浇上水,然后将盆花放在上面,可以达到增湿降温的效果。还可以向地面和花卉周围喷水,增加空气湿度,一些观叶植物可以直接向叶面喷水,增湿降温。

秋季的浇水大体与春季相同。放置于通风好或高处的盆花比放于地上的盆花容易失水、干燥,浇水次数和量就要多些;花盆小的比大的失水快,浇水次数也要多些;悬挂空中的吊篮也要增加浇水的次数和量。

冬季由于气温下降,植物生长减慢,浇水要相应减少,浇水的时间以晴日上午或中午为好。浇水最好定时,不要忽早忽晚。

阳台养花的施肥方法

阳台养花所需肥料较地栽相对要多,因为阳台花卉所需浇水的次数较地栽多,因而肥料随水流失也多。因此,除了浇水时尽量注意不过多流失外,施肥次数和量也应相对增加。

从改良土壤和植物生长发育来说,使用有机肥有许多优点,但在阳台盆花上使用,不可避免会散发出臭气。如何兼顾两者呢?

一是多用底肥,追肥时使用固体肥,埋入土中,减少臭气扩散,或尽量使用腐熟的稀薄液肥。方法是可以在头一天傍晚施肥,第二天早上浇一次水,减少臭气扩散,有利于植物吸收。

二是使用粒状、粉状和液态化肥或营养液。对于工作较繁忙的人,可用缓效性(长效)化肥。

阳台植物栽培的注意事项

首先,注意安全。阳台高悬空中,下边往往是道路、园地或楼下人家的院落,常有行人经过或在下边活动。因此,阳台养花特别要注意安全问题。花盆一般都应放在阳台内侧或是阳台外侧专设的栽植槽内,若要放在栏杆边,其外侧必须增设小栏杆保护,以防花盆被无意碰下或被大风刮下,造成意外事故,避免由此引起的纠纷和责任。

第二,要注意卫生及社会公德。修剪、清理花木时的枯枝败叶,应及时收集起来,放进自家的垃圾袋中,不可随便放在阳台上,晒干后被风刮起,飘落别家,更不可顺手往下一扔了事。沤肥的缸桶要加盖密封,以防臭气逸出熏人。上下左右邻居众多的,在花卉品种的选择上,还应考虑是否大家都喜欢,对于有些会引起别人过敏或有异味的"奇花异卉"尽量少栽。同时,在给花木浇水施肥时,既要注意浇足浇透,又不可让肥水漏下,淋到下边人家或污染环境,这不仅会引起邻里纠纷,更是一种不道德的行为。因此在设置外侧栽植槽时,勿忘设置漏水斗或下水管,将多余水引进楼房下水管或自家阳台内。对于放置在镂空花架及阳台沿口上的花盆,浇水时应先将花盆搬到阳台内,浇好后等到盆底不再渗水后,再放回原处,切不可只图自己一时方便,而不顾及楼下的住户。

第三,注意花木的适应能力。阳台远离土地,花木得不到"地气",不能说没有影响。有些原本在地上生长得很健壮的花木,如月季、杜鹃之类,到阳台上后会变得较为"娇气",容易生病。但只要勤于观察,认真检查,细心照料,发现问题及时采取补救措施,还是可以克服的。当然,也有的花木天生不在乎,如号称"阳台骄子"的天竺葵,只要肥水充足,在什么样的阳台上都能长好。

第四,注意防护。这里讲的是针对花木自身的防护。阳台风大,气候干燥,光照强烈,对有些花木的生长是个威胁,因此需要采取适当措施加以改善。

第五，注意品种的选择。现代人生活节奏加快，大多数人没有充足的时间和精力放在养花种草上。因此最好选择一些适应性强、不怕干、不怕晒的"懒人花卉"例如前边提到的天竺葵，还有太阳花、仙人掌、芦荟之类，以及一些地产普通花木，最好不要养那些外来的或娇贵的品种。

第六，注意阳台朝向。不同的阳台朝向，适应不同的花木生长，这点很重要，在种养阳台花卉时必须留意。后边将分别叙述。

还有一个容易忽视的问题，就是要注意阳台的承载力。外延的花槽、花架不宜伸出过长，大且重的花盆，要尽可能靠近承重墙摆放。

二、阳台植物园花卉品种

山茶花

山茶花艳丽多姿，高雅纯洁，不畏风寒，傲然盛开，具有较高的观赏价值。

山茶花

山茶花叶色翠绿而有光泽,四季常青,花朵大,花色美。山茶花最显著的特点是花期长久,"雪里开花到晚春,世间耐久孰如君。"山茶花夏季现蕾,深冬开花,黄、白、红相映,衬以绿叶,格外醒目,给人带来浓郁的春意。直至翌年晚春仍可见花。山茶花是我国的传统名贵花卉,山茶花、牡丹和月季,被誉为世界三大名花。

摆放地点

东向、北向、西向阳台均可。尤以东向阳台栽培最佳。夏季要防阳光暴晒。在其生长旺盛期需多浇水;冬季为花期,也要多浇水,但不宜过湿。山茶花适于盆栽观赏,置于门厅入口、家庭的阳台、窗前,显春意盎然。

山茶花喜温暖,怕寒冷,通常于寒露节前移入室内,放在向阳处养护。

形态

山茶花植株高30厘米至3~4米(阳台盆栽一般选低矮品种),树冠圆形或卵形。

叶倒卵形或椭圆形,长5~10厘米,宽2.5~6厘米,叶片革质,光亮。

花单生或对生于叶腋或枝顶,花期因品种而异,早可在10月开放,晚要到第二年3月间开放。山茶花的栽培品种很多,花色有白色,淡红色,大红色,且多为重瓣。

习性

茎叶生长期要保持盐土湿润,但浇水不可超量。冬季要减少浇水,使其休眠,以求安全越冬。

栽培管理

(1)基质。栽培上的关键问题在于保持盆土的酸度,由于水为碱性导致盆土逐渐碱化而致树木死亡。盆土应选疏松肥沃、透气排水性好、pH值5~6的培养土。一般用草炭4份、腐叶土4份和沙土2份配制而成,盆底加少量腐熟饼肥作基肥,盖上土,底部应填充1/4的颗粒状物,以利排水。

(2)花盆。盆要选透水性好、透气性好的泥盆,或陶质、紫砂盆,不能用瓷盆或塑料盆。

上盆宜在8~9月进行;换盆以春季花后为好,2~3年换1次盆。小苗不宜用大盆。

上盆时不要将嫩根弄断,对长的粗根可适当短截,以诱发新根。

上盆后浇1次透水,以后待盆土稍干再浇,并移至阴凉处缓苗7天。

(3)肥料。一般每隔10天左右浇一次矾肥水。茶花在新梢生长初期应10天左右施1次氮肥,促进新梢生长,新梢生长后期,即5月下旬进入花芽分化期时,要停施氮肥,增加磷、钾肥,可用磷酸二氢钾加硼肥;9~10月后再施2次磷、钾肥,夏季要淡肥勤施,更不能污染叶面。

(4)水分。注意勿使盆土积水过湿,平时浇水以保持不干不湿为宜,从春到秋每天向叶面喷水1~2次,夏季还要经常向花盆周围地面上洒水,以保持湿润的环境。炎夏应控制浇水和施氮肥,控制春梢徒长及夏梢的萌发,促进花芽形成。要减少浇水次数,待新梢叶面下垂时再浇,但如不放在荫棚下,早晨要浇透水,傍晚喷水,浇水不必浇透,4~5成即可。

(5)温度。生长适温为15℃~25℃,一般气温在29℃以上时则生长停止。

(6)光照。山茶虽喜半阴但不喜顶部遮阴,而以侧方遮阴为宜,因此不宜终年置于阴棚之下或光照不足的室内,否则会生长不良。传统的经验是掌握"湿而冷则晒,干而热则阴"的原则。

注意:茶花忌烈日暴晒,忌改变方向,忌碱性土壤,忌浇水过多,忌施浓肥。

山茶的病虫枝、杂乱枝、徒长枝、瘦弱枝及密生枝应及时疏除。8月以后,花芽像绿豆大小时,当年生壮枝,留1~2个蕾,弱枝及下部枝不留蕾,大的壮枝可留3~5蕾,留时注意大中小搭配,以延长开花时间。

繁殖方法

山茶花是一种生长缓慢、难于繁殖的名贵花卉。但多年来经过园艺工作者的探索和研究,除利用种子进行有性繁殖外,还可利用嫁接和扦插等进行无性繁殖。

扦插繁殖。25℃左右的温度扦插易发根,所以扦插在春末夏初和夏末秋初进行。

①把苗床选择在向阳、湿润而又不易积水的高地,深翻整理成厢。南方地区的苗床基质大都采用细河沙,用清水洗净,要用蒸气进行高温消毒。如果没有蒸气设备还可用0.5%高锰酸钾溶液,喷洒消毒,或者用新洁尔灭溶液消毒也行。然后将消毒河沙铺成宽为100厘米(长度根据需要而定),做成厚度为15厘米的河沙苗床,苗床上方搭成高为120~150厘米的荫棚,荫棚的宽度应超过苗床宽度。

②选取生长健壮、半木质化、无病虫害、枝条皮呈褐色的做插穗。长为4~8厘米左右,每只插穗顶端留两片深绿色有光泽的完整叶片(保留两个芽口),其余全部剪去。

③插穗下部用锋利快刀,削成斜的马蹄形,用0.015%~0.020%的吲哚丁酸水溶液,蘸浸5秒钟,稍晾后待插。要求做到随剪、随浸、随插。

④株行距为10厘米×3厘米,以叶片互不遮掩为宜;扦插深度应视插条芽口的疏密而定,在基质土面留出1~2个芽口,插后压实。

⑤最好当时不要浇水,4~5天后才开始浇水,保持土壤湿润;每天向叶面喷数次水,保持空间要有较大的湿度才能成活。

⑥如果空间湿度不够,白天用白色塑料薄膜覆盖。

最初还要严格遮阴,使插穗几乎不见阳光,日落后揭开塑料薄膜通风、饮露,日出又遮,一个月左右便有愈伤组织产生。这时,每周可用0.5%的磷酸二氢钾或0.3%的过磷酸钙浸出液,加0.2%的复合肥料,交替向叶面进行雾状喷施,连续4~5次后,可视其气候情况,逐渐增加光照,继续每天向叶面喷水,促使新根发育,这时可用0.2%的磷酸二氢钾施一次追肥。扦插苗进入冬季后要注意防冻,最好保持5℃的低温越冬,次年对幼苗还要适当遮阴。

注意:刚扦插成活的幼苗根系嫩弱,浇水时尤其要注意不要冲翻幼苗。要保持土壤的适当湿度,否则会造成落叶或腐根烂茎。夏季若遇干旱、高温,可多次向叶面喷水,使叶片经常保持一层薄薄的水珠。

如莳养管理得好,第二年底扦插苗株高可达30厘米,第三年春季便可上盆移栽。

病虫害防治

(1)炭疽病。6~8月发生在老叶上,多发生在叶尖和叶缘处,后期生长黑色小点,散生或轮状排列,病斑直径5~15毫米,枝梢受害引起枯梢。防治方法:发病后用80%多菌灵800倍,或50%甲基托布津800倍,7~10天1次,连喷3次,效果良好。

(2)枯枝病。叶片受害后叶色变淡,叶脉隆起,在嫩梢与老叶交界处出现坏死组织,维管束呈棕褐色,随病态加重,叶芽萎缩枯死。防治方法:可用75%甲基托布津800倍喷洒,或者用12.5%增效多菌灵在花叶芽伸出前喷洒。

(3)山茶藻斑病。叶片正面现针头状灰色或黄褐色小圆点,扩大成圆形或椭圆形隆起的毡状物,直径2~10毫米,边缘不整齐。防治方法:发病初期用0.6%石灰半量式波尔多液或1波美度石硫合剂防治。

(4)茶梢蛾。危害嫩梢,使其中空而枯,以幼虫在枝梢内过冬。防治方法:剪除病梢,幼虫危害时,可喷Bt乳剂500倍液。

注意事项

防止干蕾落蕾。茶花入房太早,这时室温比外面高,使花枝猛长如盆土养分不足,花蕾就会枯焦。室内温度骤冷骤热,使花蕾不能正常开放,就会造成落叶、落蕾。室内空气不畅,室内吸烟,放在新装修的室内,大气污染均会造成僵蕾。勤换室内位置,使温度忽高忽低,花前施肥太多,将花蕾顶掉,盆土过干过湿,空气干燥,氮肥过多,磷钾不足,花蕾过多,均会造成干蕾、落蕾与落叶。防止的措施是:

①适时浇水。花蕾形成后,秋天天气凉爽,水分蒸发量小,2~3天浇水1次,使盆土稍干,不干不浇。有些品种如什样景、鸳鸯凤冠、绿珠球,浇水过多,极易落叶落蕾。

②疏蕾。8月份花蕾如绿豆大小时,枝顶有2~3个花蕾可留1个叶腋内的花蕾,可根据位置择优留1个,对内向枝、畸形枝与弱枝上的花蕾,一般不留。

③合理施肥。不能使用未腐熟的生肥,且肥料不要单一,花芽分化后及花蕾发育期应施以磷钾肥为主,避免过多的氮肥,剥蕾后增施磷肥。

④冬季管理。冬季室内温度太高,通风不良,光照太弱,空气干燥等均会引起落蕾,开花前室温应保持5℃左右,使植株处于半休眠状态,要防止寒风吹袭。

长春花

长春花叶片油亮,花形质朴,是颇为大众化的观赏植物。它的分枝繁茂,花期较长,因此有着很高的观赏价值。阳台摆上几盆盛开的长春花,能够给环境带来花团锦簇的视觉效果。

摆放地点

东向、南向、西向阳台。尤以东向阳台为好。由于它高矮适中,因此可以摆放在大小不同的各类阳台上。在其生长旺盛阶段,要将植株置于每天接受日光直射不少于2小时之处。夏季通风不宜过强。长春花适合盆栽,也可做花坛、花镜。

形态

长春花为多年生草本或亚灌木状草本，常作一年生栽培。株高可达60厘米。茎直立，多分枝。

叶对生，倒卵状矩圆形，叶脉明显，白色。

花单生或数朵腋生。花玫瑰红、桃红或纯白色。花冠高脚蝶状，花瓣5裂。蓇葖果，直立，圆柱形，种子细小，为不规则的圆柱形，花期7月至下霜，果期8月至下霜。

形态

长春花喜温暖、阳光充足和稍干燥的环境。怕严寒，忌水湿，切勿栽于低洼积水之地。在阴处也能生长，但植株细弱且分枝少。对土壤要求不严，但以富含腐殖质的疏松壤土生长较好。

栽培管理

（1）基质。宜选用疏松肥沃、富含腐殖质的沙质壤土做栽培基质。如果有条件，所用盆土可由腐叶、细沙、园土按体积计以1∶1∶2的比例配成。

（2）花盆。长春花的植株高矮适中，通常选用中型花盆进行定植。

（3）肥料。在定植时可于花盆底部施用10克左右的腐熟鸡粪等作为基肥，生长旺盛阶段还应每隔10天追施1次富含磷、钾的稀薄液体肥料。

（4）水分。生长季注意浇水，但不能积水。炎夏如遇连续暴雨，应注意及时排水。长春花喜微潮偏干的土壤环境，忌浇水过多，特别是在植株较小时，盆土过湿对发苗不利。

（5）温度。长春花性喜温暖，在16℃~26℃的温度范围内生长良好，越冬温度不宜低于10℃，盆栽植株寒冬需采取防寒措施。

（6）光照。对光照要求不很严格，每天接受直射日光不宜少于2小时。

为了促使其分叉发棵、花繁叶茂,要进行摘心打顶,当植株高 8~10 厘米时,要摘心 1 次以促发分枝;从定植到 8 月中旬,可打顶 2~3 次。可以将其修剪成近球形,这样看起来观赏价值更高。

注意:长春花虽然为多年生植物,但是植株较易老化。其最佳观赏时间自种苗定植后可达 3~4 个月。它的栽培年限通常不超过 1 年。

当其果实成熟后,应及时采收,将所收获的种子妥善保存,以供翌年繁殖使用。

繁殖方法

播种或扦插繁殖。以播种法繁殖为主,多在每年春季 3~5 月进行。

可以用经过高温灭菌的旧盆土做繁殖基质,所用盆器的大小因需苗的多寡而异。如果栽种的数量较少,可以在定植容器中进行直播。

发芽最适温度为 15℃~18℃,当幼苗长出 4~5 片真叶时,移栽一次,具 6~7 片真叶时定植。

最好在阴雨天定植。一般来说,长春花的种子经 1 周后就可发芽,3 周后即可进行分栽,5 周后即可定植。在定植一个半月后即可开花,通常从播种至开花需要 120 天左右。

春季取越冬老株上发出的嫩枝,扦插于温床上,生根适温为 20℃~25℃。

病虫害防治

在阳台栽培中,长春花通常不易罹病,亦很少受到有害动物的侵袭。

大丽花

大丽花植株挺壮,花朵硕大,花色艳丽,色彩丰富,有白色、红色、紫红色、黄色、橘黄色、复色等,姿态万千,是世界公认的名花。大丽花品种多,花型多变,花期长,色彩丰富,应用范围广,被各国广为引种。

摆放地点

东向、南向阳台。以东向阳台最好。因为它在隐蔽的地方或高温多雨的季节都长不好,夏季注意通风凉爽;冬季气温稍低也无大碍。

大丽花品种繁多,植株高矮、花朵花形、花色等均变化多端。由于各品种特性不同,因而既适宜地栽,布置花坛,美化庭院;又适宜盆栽装饰厅堂、居室和阳台;有些品种适宜作切花瓶插和制作花篮、花束等。

形态

大丽花为多年生草本球根花卉。株高依品种而定,约为40~150厘米。具粗大纺锤状肉质块根。

茎直立,绿色、紫色或褐色,平滑,有分枝。

羽状复叶对生,1~3回羽状深裂,极少数为不裂的单叶。小叶卵形,叶缘锯齿粗钝,叶正面深绿色,背面灰绿色。

头状花序,由中间管状花和外围舌状花组成。花径大小因品种而异,约为5~25厘米;管状花两性,多为黄色;舌状花单性,色彩艳丽,有白、黄、檀、红、紫等色。

习性

大丽花性喜阳光充足、干燥、凉爽的环境,既不耐寒,也怕高温高湿,不耐干旱又忌积水,喜排水性能好、含腐殖属较丰富的沙壤土。光照时间10~12小时为好,强光对开花不利;宜温和气候,生长期适温10℃~25℃。花期长,6~10月开放。瘦果,果熟期8月下旬至10月上旬。

繁殖方法

(1)基质。大丽花最适宜生长在疏松肥沃、排水良好的沙质壤土,需要轮作,对肥力要求中等,pH 值 6.7~7.8 均能生长良好。盆栽大丽花的培养土以园土 5 份,细沙或炉渣 3 份,堆厩肥 2 份配制而成,也可在培养土中混入部分马粪土,有提高土温之效。

(2)花盆。一般盆要选透水性好、透气性好的泥盆,或陶质、紫砂盆,不能用瓷盆或塑料盆。盆底应加碎瓦片作排水层。小苗用 10 厘米盆,缓苗后浇 1 次稀饼肥水,在苗高 20 厘米未现蕾前进行 3 次换盆,每次要加入新的腐叶土,充实盆边。

换盆时可将幼苗换到比原盆直径大一些的新盆中。一般情况下,从幼苗到开花前需要换 3~4 次盆。当乳白色须根长到土团四周约达 2/3 面积时,就应及时换盆。

换盆时,可稍去"肩土",保持土球不散。如果土球散落,易伤根系,缓苗慢而影响根系发育。

适当增加换盆次数,能控制植株高度,使之茎粗株矮,使花期延后。最后一次换盆,应换到直径 26 厘米或 33 厘米的花盆中,称为定植。

盆栽大丽花怕涝,在大雨天或暴雨天,要将花盆搬入室内或倾斜放倒,以免盆内积水,天晴后将盆搬到阳台上或放平。

为使表土疏松,空气流通,除去青苔杂草,需要松土 2~3 次。

(3)肥料。大丽花块根最畏水涝和浓肥,所以不宜施液肥。在上盆或换盆时,将肥料掺入培养土中。在整个生长期内,根据生长情况可施追肥 1~2 次。生长期除盛夏外,每 10~15 天施 10%饼肥水,现蕾后施 1%~3%磷酸二氢钾,促进花色艳丽。夏季,植株处于半休眠状态,一般不施肥。

(4)水分。大丽花既不耐干旱,也不耐涝,一般年降雨量在 500~800 毫米之间不至于发生旱象。可根据天气和盆土干湿情况控制浇水量大小。盆栽大丽花在夏季处于半休眠状态,除正常浇水外,每天应往植株上喷水1~2次,以补充蒸发需要的水分。盆土要干湿均匀。开花期,夏季浇水应多一些,春秋应少一些,阴雨天要防积水,将花盆垫高,入秋收球前,少浇或不浇水。

(5)温度。大丽花在生长期内对温度要求不严,在5℃~35℃之间均可正常生长,但以10℃~25℃最适宜。大丽花不耐霜,经霜打后茎叶立即枯萎。

(6)光照。大丽花喜光,但阳光过强,对开花不利。盆栽大丽花每天至少要保证6~10小时光照。夏季培育幼苗时要遮阴。

繁殖方法

扦插繁殖。大丽花的扦插繁殖,应以嫩枝扦插为主,时间在4月中下旬。

扦插前,应选择庭院或花坛的向阳处,深翻土地,精细整理作畦,畦内基质以素沙、锯木灰、蛭石等通透性较好的基质配制。

①插穗要在健壮的母株上切取,每穗长8~10厘米,剪去基部一对叶片,切口和剪口都要涂抹草木灰或木炭粉,随剪随插。

②插入基质4~5厘米,立即喷水,搭棚遮阴,保持土壤湿润,保持环境的凉爽。但土壤中水分不宜过多,要有一定的空气,因为水分过多,空气稀少,插穗容易腐烂。

③大丽花扦插生根的最适宜温度为18℃~22℃,超过30℃时,插穗照样会腐烂,所以插后要适当控制温度。一般情况扦插10天以后,要逐步进行散射光照,促进基部伤口愈合,15天以后有根原体出现,25~30天能长出新根,这时便可定株上盆移栽。

病虫害防治

危害大丽花的病虫较多,常见的有白粉病、褐斑病、病毒病、根腐病、青枯病、菌核病、白绢病、大丽花螟蛾、红蜘蛛、蚜虫、食心虫等,要及时用药剂防治。

(1)白粉病:危害叶、花梗与花蕾,初现近圆形白色粉层斑,扩大后成白粉层斑,叶片扭曲,枯萎。防治方法:发病初期可用2%抗霉菌素120水剂100~200倍,10%多硫胶悬剂800倍,10天喷1次,连喷2~3次。

(2)褐斑病:叶片染病后,初现淡黄色小点,扩大下陷,最后形成近圆形,中央灰白色,边缘暗褐色白病斑,具轮纹,直径1~5毫米,表面产生淡黑色霉状物。

防治方法:6~8月发病重,可用1%波尔多液或75%百菌清500倍液防治。

(3)病毒病:表现花叶褪绿、矮化等症状。叶蝉与蚜虫传毒,防治上可选用无毒繁殖材料,防治传毒昆虫。

注意事项

生长期管理要注意除蕾和修剪。整枝修剪,培养独本大丽花使之形成4个侧枝,每个侧枝只留一个顶芽,可开出4朵花。茎细挺直而多分枝品种,可不摘心。主干之侧芽(腋芽)仅留基部健壮者2~4个。6月底7月初,第1次开花后,选留基部侧芽以上扭折下垂,留高20~30厘米,过几天后,伤口部分干缩再剪,可以避免雨水灌入中空的茎内,引起腐烂。侧芽继续形成新枝开花。其整枝原则及修剪同主枝。为保证开花美好,大花品种以4~6枝,中小花品种以8~10枝为适。

杜鹃

杜鹃花,以它枝密花繁,姹紫嫣红,色彩艳丽,体态优美,绰约多姿赢得了人们的厚爱,居中国三大天然名花之首。杜鹃花,色多殷红,花瓣薄如红绢,恍若茜罗裁就。一丛千朵,自地连梢,艳如云霞,火红欲燃。白色的,更是显出娴静淡雅之美,宛若西施素妆而去,冰清玉洁,容艳俊秀,令人爱慕。是园林定植和室内栽培观赏的上品花卉。

摆放地点

东向阳台。夏季注意遮阴,保证通风;冬季最好移入室内饲养。

杜鹃花最宜成丛配植于林下、溪旁、池畔、岩边、缓坡、陡壁形成自然美,又宜在庭院或与园林建筑相配植。也可布置成杜鹃专类园。此外,杜鹃花也适宜于盆栽或培养成各式桩景。

形态

杜鹃为常绿或落叶灌木,品种繁多,树干高从10厘米至20米不等。主干直立。

叶形态多种多样,革质或纸质、互生、椭圆形或披针形、全缘,两面具糙伏毛。

花顶生或腋生,2~6朵簇生枝端,有苞片,花冠漏斗状,花色绚丽多彩,有白、粉红、洋红、橙红、橘红、肉红、墨红、紫红、金黄以及一花多色和单瓣、重瓣等各种类型、花色及品种。花径1~4厘米。花期4~6月。蒴果。

习性

杜鹃花分布广及亚热带至温带,形成不同的地理种群,因而对温度要求各有差异,有耐寒及喜温两大类型。多数品种喜温凉湿润、怕高温干燥、畏寒,生长适温12℃~25℃,夏季不能超过35℃,冬季不宜低于5℃,但毛鹃、夏鹃在华东地区可露地过冬,特别毛鹃可耐-12℃低温。对光照要求不严,但一般均不喜过于暴晒,喜半阴和湿润;喜酸性土,忌碱性土;土壤以富有腐殖质,排水良好的疏松沙质土壤,微酸性pH值5~6.5;忌低洼积水的黏重土壤。

栽培管理

(1)基质。栽培基质用含腐殖质丰富的酸性土,可用腐殖土、泥炭土(苔屑)、山泥等以2∶4∶4的比例混合而成的培养土。使土的pH值为4.2~5.5。一般用松针土、高位泥炭、腐叶土、兰花泥,亦可用腐熟锯屑加松针土加复合肥。

(2)花盆。一般用大盆。盆大小要适中,最好泥瓦盆,盆的大小不超过花冠径的1/2。杜鹃根系浅,无主根,须根多而细,在盆上部成毡团状,不易深扎。

①上盆先用瓦片搭成人字形;

②盖一层粗沙,撒厚2~3厘米的培养土;

③然后将植株放中间,使根舒展,然后加土离盆口近2厘米,压实浇透水,使土坨与盆口保持3厘米,放在半阴半阳处。

杜鹃花生长较慢,一般不必每年换盆,可每隔1~2年在花谢之后换一次盆。换盆时要填入新的培养土,并对植株进行适当的修剪,剪除枯枝、病枝、残枝、交叉枝和徒长枝,以利于通风透光。

(3)肥料。杜鹃好肥,要薄肥勤施,忌浓肥,春季开花后每7~10天1次20%人畜粪尿或饼肥水,伏天应停施或更淡一些,施肥要在土壤干后进行,施肥后洒水喷淋,第2天上午浇1次清水,帮助根系吸收。6~8月花芽分化时,加入适量的磷酸二氢钾,秋凉后追磷肥1~2次,10月停肥。对病弱株,施肥要稀而少。合理施肥是使杜鹃花枝叶茂盛多开花的重要一环。花谢以后要及时施入以氮肥为主的稀薄液肥2~3次,每次间隔10天左右,促使多发新的枝叶。冬季一般不需要施肥。春季在开花前施入以磷肥为主,磷、氮结合的薄肥1~2次,这样可使花朵大,色泽好,花瓣厚,花期长久。开花期应停止施肥,否则易落花长叶,影响观赏价值。杜鹃花的根细而密,吸收肥料能力较差,因此施肥一定要掌握"薄肥勤施"的原则。如果肥料过浓或施未充分腐熟的生肥,则容易引起烂根,叶片枯焦以至全株死亡。

(4)水分。由于杜鹃花的根系为浅根性纤细根群,既怕旱,又怕涝,浇水不当,轻则落叶,重则死亡,因此浇水是否得当就成为养好杜鹃花的关键之一。浇水要适时适量,水质要酸性。浇水要不干不浇,但千万不要干过头,否则大伤元气。杜鹃喜叶面喷水,以保持80%的相对湿度,花期浇水不宜多,更不能直接喷水在花上。

给杜鹃花浇水应根据植株生长情况和天气变化而定。雨季防盆中积水,冬季少浇水;春季孕蕾和开花期,水分消耗较多,浇水要及时,以保持盆土湿润状态为宜。夏季杜鹃枝叶生长旺盛,气温高,水分蒸发快,除每天浇一次透水外,还应往枝叶和地面上喷水1~2次,以增加空气湿度和降低温度。秋季花芽已形成,气温日渐下降,天气转凉,此时保持盆土不干即可。冬季气温低,杜鹃花处于半休眠状态,代谢极为缓慢,水分消耗少,因此要严格控制浇水,否则易引起烂根。

注意:杜鹃花要求非碱性水浇灌,可用硫酸亚铁处理,或间歇性浇矾肥水、青禾草浸泡水、纯米汤或面汤发酵后的水。如用自来水,须先放桶内贮存1~2天后再用。

如一时疏忽,忘记浇水,叶片萎蔫卷曲,不要马上灌水,应先往枝叶上少量喷水数次,逐渐加大浇水量,使植株逐渐恢复生机。

(5)温度。10月底杜鹃就要移入室内栽培,室内要有良好的通气条件,避免烟气污染,西鹃、东鹃要求温度不能低于0℃,最好保持10℃~15℃为宜。冬季室温过高,植株生理活动加强,消耗养分,影响翌年开花和生长。

(6)光照。北方地区盆栽杜鹃在栽培管理中,温度、光照要适宜。一般于谷雨之后(晚霜过后)移至盆外栽培,放在阳台上或庭院中,此时阳光较柔和,只需中午前后适当遮阴。中午前后如光线太强要遮阴,4月下旬开始,就要保持40%~60%透光率,用遮阳网遮阴,早晚揭网夜露,荫棚的高度应为1.5~2米。入夏后须移至荫棚下或室内阴面窗台上,保持通风良好。到了秋末可不再遮光,秋天早晚见光,浇水要用矾肥水,以利植株组织生长充实。入冬前移入室内,放在阳光充足处。

繁殖方法

快速繁殖杜鹃花主要采用播种、嫁接、压条、分株、扦插等方法进行,而以扦插和嫁接法应用较为普遍。其优点是：植株生长健壮，提早开花，还能保持原来品种的优良特性。大量繁殖可采用全光照扦插育苗法。此法具有生根较快、成活率高等优点。

扦插繁殖。扦插是一种大量繁殖杜鹃花的方法。但是，杜鹃花的扦插，技术性强，插穗必须苗壮、充实、不空心、无病虫害、皮色鲜嫩、芽苞饱满、节间短密、营养充分，插后方易成活。

一般春鹃扦插可在5~6月进行；夏鹃宜在7月中、下旬花后生长一段时间进行。

①无论春鹃和夏鹃，其插穗都应该选择当年生的软枝条，因为这种枝条活力旺盛，萌发力强，插后容易成活。对于已经萌发花芽的枝条，应摘去花芽后，才能用来作为插穗。

②扦插的苗床可选用高15厘米，盆口直径在25N米的浅瓦盆，装入经过高温消毒处理的透气、渗水性强的山泥或黄沙土。同时，还要注意扦插基质中，绝不能含有未腐熟的有机质，以免基质发酵引起插穗伤口发霉腐烂。

③繁殖数量较少时可以插入浅的泥沙盆内，盆土以细河沙为主，并加入草炭土、园土等。

④扦插时选节间短、基部已木质化6~10厘米长的一年生健壮枝条作插穗。扦插的枝条要有6~7个间节，取条时宜在分叉点上带踵剪下，将插穗下端削成马蹄形，插入土壤部位的叶片全部剪除，留顶叶3~4片。如果顶叶叶面过大，可再将每片剪去1/3，以减少水分蒸发。

在采集和制作插穗时，刀片要锋利清洁，避免剪条时因刀口挤压而破坏了剪口处的皮层组织，使伤口难以愈合，甚至污染而腐烂。

⑤然后将插穗(插入部位)在0.05%浓度的萘乙酸溶液中快速浸泡5秒钟，接着将插穗的1/3或2/5插入山泥或黄沙土壤中。带叶片的扦插适宜随剪随插。插前最好先用筷子将盆土扎个洞，再把插条插入土中，用手轻轻压实，喷透水，使插穗基部与土壤紧密结合。

⑥扦插的株行距一般为5~6厘米,扦插后插条周围要压实,土壤要紧密贴着插穗,最后喷水,置于阴凉通风处。

扦插后的管理工作非常重要,是能否扦插成活的关键。扦插苗所需的温度是:扦插后应控制在18℃~22℃,最好还要创造一种气温低于土温的环境。20天以后可提高到22℃~25℃,这样有利于插穗伤口的愈合,尽快形成根原体而先生根后发芽。

插后花盆用塑料袋罩上,放半阴处,1周内每天早晚各喷一次水,以后经常保持盆土湿润,在18℃~25℃温度条件下,一般品种约40~60天即可生根。如果插穗用生根粉或维生素 B_{12} 药液处理,则可促使生根快,生根多。

病虫害防治

杜鹃花常见的病虫害较多,家庭盆栽的杜鹃花最易遭受叶肿病、冠网蝽、短须螨等危害,应及时喷药防治。

(1)褐斑病。病叶初现红褐色小点,扩大近圆形或多角形病斑,叶片枯黄,早落。防治方法:发病初期喷70%甲基托布津1000倍,连喷2~3次防效好。

(2)叶肿病。危害嫩叶、新梢、幼芽及花,病叶初现淡绿色、凹陷、近圆形病斑,漱芽受害变成球形瘿瘤,花被害后花瓣变厚呈肉质的瘿瘤。防治方法:发芽前喷1波美度石硫合剂、杀灭病菌。展叶后喷2%波尔多液2~3次,7~10天1次。

(3)军配虫。以若虫和成虫群集叶背刺吸汁液,形成黄白色斑点,7~9月危害最重。5月第1代若虫期可50%杀螟松1000倍液防治。

(4)杜鹃小叶病。是缺锌引起的,可喷0.05%硫酸锌。

注意事项

家庭养花,要想让杜鹃在春节开花,可用打破其休眠期的方法使之提前开花。在入秋后,植株的芽已进入休眠,休眠期的长短则依品种而有不同。为了打破芽的修剪,必须经受一个低温期,这个低温的范围大约为5℃~10%。此外,用1000~1500毫克/千克的赤霉素亦可打破休眠。此后,在18℃~20℃的温度下,每天向叶面喷水2次,每隔10天施一次薄肥,这样到了春节前后即可开花。如在25℃时开花速度虽可加快,但不如在20℃以下时的花色鲜艳和花朵丰硕。

杜鹃花芽形成后,温度和光照是影响开花的主要因素,花芽形成后经过一个低温过程,每天保证4小时以上光照,温度夜间不低于15℃,白天20℃以上,土壤含水量50%,空气湿度70%~80%,氮、磷、钾、钙、镁、铁比例适合就能开花,花后保持10℃~15℃,可使花期延长1个多月。

家庭可用大塑料袋,将其连盆罩起来扎好放在阳台上,在阳光下罩内温度升到20℃左右,注意喷水和通风,含苞待放时,半打开塑料袋,2~3天后去罩。放阳光下,不低于10℃,7天就会开花。一般每天保证4~6小时光照,如光照不足,可用40瓦日光灯补充。盆土含水量保持50%左右,如水分不足,花期延迟。从9月份开始,直至花苞露色停止供肥,肥料应以磷钾肥料为主,如枯饼、鸡粪、麻油渣,每10天1次,要腐熟、要稀,肥液和水、土勿溅于叶上。

如要延迟花期,在秋后入冷室或开花前1个月放入1℃冷室内,保持土壤微湿及弱光,冷室取出后,放在20℃条件下喷水施薄肥,1个月后可开花。

君子兰

大花君子兰,株形端庄,叶片对称,排列整齐,翠绿挺拔,四季常青如谦谦君子。花形幽雅高洁,潇洒华丽,色彩鲜艳。君子兰是我国名花之一,现为长春市市花。

摆放地点

东向或南向阳台。因其喜温暖、凉爽的环境,放在东向阳台更好。夏季要

君子兰

保证通风,防止阳光直射;冬季最好移入室内饲养。

君子兰是花叶兼美的名贵盆栽花卉,花期在元旦至春节前后。居家用来装饰厅堂、书房显得极其美观大方、清丽秀雅。

形态

君子兰为多年生常绿草本花卉。根肉质纤维状,粗壮,长约10~20厘米。基部具叶基形成的假鳞茎。

叶剑形,互生,二列叠生,排列于植株两侧,端圆钝,边全缘,宽带状,排列整齐成扇形,质硬厚。

伞形花序顶生,每序着生5~30朵小花,有的可多达40朵。花筒短,花冠漏斗形,长约10厘米;花橘红色、橙黄、鲜红、深红、橙红里带红色。

花期30~50天,以春、夏季为主。浆果球形,初期为绿色或深绿色,成熟时为紫红色。

成熟期长,约需8~10个月。

习性

君子兰具有喜温暖湿润及耐半阴的生态特性。忌强光、高温、干燥环境,耐寒性差。春秋两季是其适宜生长的季节。

栽培管理

（1）基质。栽培君子兰的土壤以腐殖质土、黏土、细沙按2∶2∶1的比例混合配制。盆土的pH值以6.7左右最好。可到林下取富含腐殖质的黑色表土，加些腐熟的鸡粪、马粪作培养土；城市居民可购买现成的"君子兰培养土"。

（2）花盆。盆要选透水性、透气性均好的泥盆，或陶质盆、紫砂砂盆，不能用瓷盆或塑料盆。盆不要太大，盆壁不要太厚。

上盆方法：

①在盆底放两块人字形瓦片，放上绿窗纱。

②装上培养土至一半，然后将泥炭、腐叶土（或君子兰培养土）、河沙按4∶5∶1的比例配制，并将水分调好。

③将君子兰的假鳞茎及根部舒展在盆中央，填上配制好的培养土，装至离盆沿2~3厘米。如土壤湿润，可不必浇水。

（3）肥料。君子兰是喜肥植物，生长期要定期施肥。如果肥水不足，叶片长得薄而瘦长；只有肥水适当，才能保证叶片宽厚光亮。一般生长季节3~7天1次，半休眠期10~15天1次，休眠期1个月1次，喷施应在上午8时进行。开花前3个月应施磷、钾肥。每次施肥后要结合浇水1次。

（4）水分。水分是君子兰生长发育的重要条件。君子兰虽有一定的抗旱性，但缺水也长不好，所以浇水要见干见湿，使盆内含水量在25%~30%，空气湿度在75%~85%较为适宜。切忌浇水频繁及排水不良。春秋两季视盆土干湿可2~3天浇一次水；夏季君子兰处于半休眠期，浇水以早、晚为宜，并防止积水；冬季君子兰吸水能力差，可减少浇水，如要浇水也应在中午进行。

（5）温度。君子兰的生长适温为15℃~25℃，下限温度为10℃，上限温度为30℃。冬季需保持5℃~8℃的温度，温度低于5℃则停止生长，0℃以下易受冻害；夏季气温若超过25℃，叶生长缓慢。

（6）光照。君子兰是喜阴花卉，稍耐荫。夏季应特别注意遮阴和通风；冬季应移入室内接受光照。为使叶片生长整齐美观,应每隔十天半个月将花盆转向180°。

繁殖方法

1.分株繁殖

当腋芽的叶片长到10~15厘米以后,便可进行分株繁殖。

分株操作时,要根据其腋芽的生长位置,来确定取芽的方式。是否需要进行翻盆,要看腋芽外露的情况。如果腋芽外露条件好,母株翻盆后还不到2年,这时最好是不翻盆取芽。可将营养土扒开,只要能看见腋芽在母体上的位置,就可取芽繁殖。

如果腋芽是在君子兰母体的根茎最下部位,就必须翻盆取芽,这种情况,最好结合君子兰翻盆换土时进行。

切取腋芽时的具体操作方法也要根据子株的大小,在母体上的位置来确定。一般的方法有两种:

一是手掰;

二是切取。

如果腋芽是生长在母株假鳞茎中部,就应该有计划地、分期分批地把母株基部的叶片摘除,直至腋芽完全裸露在鳞茎外部时,再确定是掰取或是切取。

注意:不论采取哪种取苗方法,分株后母株和子株的伤口处,都要及时涂抹维生素B_{12}药液;

然后用木炭粉或细炉灰进行伤口干燥和消毒处理,以防止植株体内组织液过多的外流。

待伤口完全干燥后,用准备好的河沙基质,上盆栽植养护。

2.利用老根培养新株

君子兰的肉质根具有较强的再生能力,在翻盆换土的时候,掰下的老根不要甩掉,可在老根着生部位用竹片刀切一0.3~0.5毫米的口子,或用大头针插在根中间,刺激其再生力,使其萌发新芽。

通常3个月后,能在切口或针插处。形成绿色球状小瘤,再经一段时间养护,球状小瘤逐渐萌发新芽,成为一棵新的君子兰。

选择掰掉的老根应该粗细适当,一般直径在1.2~1.5厘米为好。太粗的影响母株生长,太细的发出的幼苗生长缓慢。

但是要注意当对老根进行生理刺激后,一定要把温度稳定在20%~25℃。并在伤口处涂抹B_{12}药液,以刺激生长,促使萌发。

最后将老根埋在腐叶土或细河沙中,深度以0.5厘米为宜,太浅根露在外,不利吸收水分,减弱萌发力;太深又影响呼吸和透光作用,对愈合伤口组织不利。

病虫害防治

(1)软腐病:多发生在下部的叶片上,开始时病斑暗绿色呈水渍状,以后病斑扩散连成片,茎组织变软腐烂,导致整株倒伏。

防治方法:栽植和换盆前进行土壤消毒,浇水要适量,施肥要充分腐熟,高温多湿季节要注意通风降温。在病害初期,可用青霉素、链霉素、土霉素等稀释5000倍液喷洒叶面或涂抹病斑进行防治。

(2)炭疽病:发病后叶片上出现湿润状褐色小斑点,扩展后呈半圆形至近圆形病斑,病斑上生有轮纹,其上散生颗粒状物。此病是多雨潮湿季节常见病。发病时可用70%托布津1000倍液、50%多菌灵800倍液、70%炭疽福美600~800倍液进行喷洒防治。

(3)介壳虫:君子兰的虫害主要为介壳虫。可采用人工捉虫方法或药物防治法。

注意事项

成年的君子兰在开花前先抽出花梗,俗称拔"箭"。但是,有些植株在生长发育中,花梗未抽出来,花蕾就形成了,夹在假鳞茎中,造成"夹箭"现象。其原因是多方面的,如:室温(盆土温度)过低,不利于花梗细胞分裂和伸长;花期营养不足,特别是缺少磷、钾元素所致;盆土板结,缺乏通透性以及浇水不足等等。解决办法是适当提高盆土温度;花期前加强肥水管理,也可应用"催箭灵"药物处理。

四季秋海棠

四季秋海棠,株形精巧玲珑,茎枝生长健壮,彩叶摇影纷披,花形妩媚奇特,花期持久,花色十分鲜艳,花和叶都具有较高的观赏价值。四季秋海棠叶片青翠,花繁似锦,显得十分欢快,把它摆放在阳台上,可以使环境中充满生机;将其吊栽于花盆里,能够使周围洋溢着春天般的气息。

摆放地点

东向、北向、西向阳台均可。其中东向阳台的栽培效果较好。在生长旺盛期要注意浇水,又不能积水。夏季应该保持环境适当通风。冬季气温不宜过低。

四季秋海棠四季开花;其株形矮小,为小型盆栽花卉,盛花时株型表面几乎都被花朵覆盖,叶片也美丽具有光泽,适合装饰家庭书桌、茶几、案头等,还可配置花坛和花墙。

形态

四季秋海棠为多年宿根草本花卉。茎直立,光滑肉质,多分枝。

单叶互生,有光泽,卵形或卵圆形,叶基偏斜,叶片上常有绿、紫红或绿色带有紫晕等变化,边缘具小锯齿及毛。

聚伞状花序腋生,花单性,雌雄同株;雄花较雌花大;花色有白、粉红、红色,单瓣或重瓣。花期长,四季均可开放。蒴果三棱形,内含多数细小种子。

习性

四季秋海棠喜排水良好、富含腐殖质的沙质壤土,喜温暖、湿润和荫蔽的环境,不耐阳光暴晒、雨淋、渍水和高温,生长适温为18℃~20℃,低于10℃生长缓慢。冬季不耐寒。

栽培管理

(1)基质。盆土应选择排水良好、富含腐殖质的沙质壤土。如果有条件,所用盆土可由腐叶、细沙、园土按体积计以1∶1∶2的比例配成。

(2)花盆。盆要选透水性好、透气性好的泥盆,或陶质、紫砂盆,不能用瓷盆或塑料盆。盆不要太大,盆壁不要太厚。应每年倒盆1次,及时剔除老根或坏死根。

(3)肥料。7~14天旌1次沤制好的稀液肥。夏季高温季节处于半休眠状态,宜摆放于通风良且遮阴处,此时应停止施肥。

为使株形饱满,花繁叶茂,生长期应多次摘心,同时施以磷、钾肥。四季秋海棠养植1~2年后,即显衰老,这时可从基部重剪,促发新芽,经摘心处理,可恢复原有茂盛姿态。

(4)水分。四季秋海棠春季生长旺盛,应注意及时浇水,要求水分适中。夏季高温时处于休眠状态,应控制浇水。

(5)温度。四季秋海棠喜温暖湿润,不耐寒,最适温为20℃;雨淋易使植株烂根。夏季高温时处于休眠状态,应放置于阴凉通风处;冬季室内越冬,最低温度不得低于10℃,否则易受冻害。

(6)光照。四季秋海棠喜光,但忌阳光暴晒,光线过强,易使叶片卷缩并出现焦斑,光线不足则长得瘦弱,影响开花,且花色浅淡。

繁殖方法

四季秋海棠,大多采用播种的方法,进行有性繁殖。一般家庭莳养,需要的种苗较少,采用扦插的无性繁殖方法更为简便。

扦插繁殖。四季秋海棠,春秋两季都可进行扦插繁殖。

①苗床,可用薄木板制作,一般长40~45厘米,宽30~35厘米,高20~25厘米。

②基质,可用蛭石或珍珠岩,上床后便可进行扦插。

③扦插时,挑选生长健壮的枝条作插穗,每段长8~10厘米。

④下剪时,沿枝条节间下端剪取。然后按4厘米×4厘米的株行距,用竹签打孔,插入苗床的基质中,用细孔喷壶把水喷透;床上覆盖玻璃,置于湿润温暖的地方,早晚进行弱阳光照射,一般15~20天,便能生根。

⑤当幼苗嫩根长到2~3厘米时,便可用小号花盆盛上培养土,进行栽培。

换盆方法

1.首先轻轻敲打花盆,使盆土松动。注意敲打的力道,不要震伤细嫩的枝芽。

2.待盆土松动后,倒转花盆约45°。一只手扶稳植株,另一只手轻轻拍打盆底。

3.将瓦片垫入新盆中。防止土壤流失,保证排水良好。

4.将新底土填入盆中。

5.加入底肥。

6.将退好盆的植株垂直放入新盆。

7.填入与植株适应的新土。

8.将盆土按压实。使盆土低于盆沿1-2厘米。

9.为了美观可以在土壤的表面覆盖一层石子或陶粒。

病虫害防治

(1)蚜虫。蚜虫密集在植株顶部嫩梢及花蕾上,用口器刺吸汁液,造成嫩叶萎缩卷曲，叶片发黄。不仅影响开花，还会引起植株枯萎死亡。防治方法：

①加强通风、改善栽培外环境。

②用香烟头 5 克加水 75 克浸 24 小时，然后用浸液喷洒，效果很好；或用 50%灭蚜松乳剂 1500 倍液或 25%亚胺硫磷乳剂 1000 倍液喷洒。

(2)红蜘蛛。防治方法：

①发现红蜘蛛后，管理上要增加地面喷水，或经常喷雾来增加空气湿度，可以抑制红蜘蛛的繁殖。

②危害刚开始时可及时摘除病叶，以防蔓延。

③危害严重或有一定数量时可用 40%三氯杀螨醇乳剂 2000 倍液或 40%乐果乳剂 1000～1500 倍液喷杀。

(3)卷叶虫。在 5～6 月间危害四季海棠嫩叶及嫩芽。这种虫体很小，主食嫩叶，能使叶片反卷，使植株长势减弱，开花不好。防治上只需加强检查及时摘除即可。

(4)茎腐病。这是四季海棠的常见病害，其症状是在根茎及茎的较低部位出现水湿形状的斑纹，稍不注意就会软化腐烂。该病主要因盆土过湿所致，只要控制好浇水，保持盆土不要过湿即可避免。

万年青

万年青是一种适宜盆栽的观叶、观花、观果花卉。鳞茎球形，颜色青翠，叶片自其顶端抽生，披散生长，别具一格，叶色翡翠碧绿，四季常青，特别是在冬日的少花季节，万年青生机盎然，鲜果累累，深受人们喜爱。它颇耐干旱，也较耐荫蔽，日常管理十分简单，作为阳台花卉非常理想。

摆放地点

东向、南向、西向、北向阳台。西向阳台的栽培效果最好。由于它高矮适中,因此可以摆放在大小不同的各类阳台上。在其生长旺盛阶段,要将植株置于每天接受散射日光不少于2小时之处。夏季应该保持环境适当通风。冬季气温稍低并无妨碍。

自古至今,万年青被视为吉祥如意的象征,极适于盆栽供室内、厅堂摆放,或者布置会场,碧叶红果,相映成趣;南方可露地种植于庭院中,与竹、梅、松及拙石点缀构成小景,是良好的林下地被植物。

注意:万年青有一定刺激性和毒性。其茎叶含有哑棒酶和草酸钙,触及皮肤会产生奇痒;误尝它还会引起中毒。

形态

万年青为多年生常绿草本植株。地下根茎短粗,肉质,节处有细长须根。

叶丛生于根茎上,呈带状阔披针形,边缘呈波状,顶端极尖,基部稍狭。

花梗自叶丛中抽出,较短,簇生多数淡黄带微绿色小花,穗状花序。花小、白绿色。花期4~5月。浆果红色,圆球形,红色,密生于梢头,经冬不凋。

习性

万年青为北亚热带林下植物,喜半阴,畏强光。喜温暖湿润气候,耐寒力较强,能耐-8℃左右的低温及霜雪,秦岭以南地区可露地越冬,但忌严寒。喜弱光,适生于半阴的环境,忌强光直射,冬、春季宜在阳光下生长。喜肥沃、疏松、排水良好的微酸性沙壤土,忌涝;忌干旱。

栽培管理

(1)基质。万年青喜排水良好、肥沃之腐殖土(呈微酸性,在碱性土中叶片会变黄)。4月底出圃后,置于荫棚下通风良好之处。万年青盆栽宜选用腐殖土加过磷酸钙、草木灰等作基肥。

(2)花盆。一般用大盆。万年青栽植3~4年后,应换一次盆。可在3~4月或10月中下旬换盆1次,用加肥培养土,盆底可垫蹄角片作底肥。换盆时结合分株,除去部分陈土,并切除衰老的根系,补充一些营养土和基肥。

(3)肥料。生长期每隔10天左右追施1次稀有机液肥,能使植株生长健壮,叶片常年翠绿。冬季则停止施肥。

(4)水分。盆土宜经常保持湿润,避免出现因缺水而枯叶。但不要浇水过多,春、秋两季盆土不干不浇,浇则浇透;忌盆内积水,盆土过湿,易使其肉质根腐烂。冬季更要严格控制浇水,以免浇水过多引起烂根。万年青喜欢空气湿润,如果空气干燥,使叶缘、叶尖干枯。为此应经常用水喷洒叶面及周围地面,保持空气湿润,以利保持叶片清新。开花期间,避免雨淋以保证结实。

(5)温度。万年青喜温暖湿润气候,耐寒力较强,北方地区霜降前后,移入室内通风良好、阳光充足之处,减少浇水量,每隔10天左右,用水喷洒叶面1次以除去叶面蓄积尘土。越冬期间,室温应不低于5℃。室温宜控制在5℃~12℃之间,过低易受冻害。

(6)光照。万年青喜半阴,春、秋两季每天应适当见些阳光,夏季应注意遮阳,避免阳光直晒。宜置荫棚下,避开日晒和中午强光,否则叶片发黄。冬季则应置于日照充足处。

注意:立夏前后,要把植株外围的叶子剪除一些,以利萌发新芽、新叶和抽生花梗。室内栽培应经常清洗叶面,保持青翠肥润,花期移至室外阳台弱光处,以利结果。

繁殖方法

分株繁殖。万年青生长繁茂,根系发达,每年都要消耗大量的养分。因此,要年年翻盆换土,时间在2~3月。万年青萌发力强,基部容易产生蘖芽,这些新发的蘖芽就可进行分株繁殖。分株可结合翻盆换土同时进行。

①把丛生状的母株从花盆中带土团取出,抖去附着土,按其自然缝隙分切,每丛2~3株。

②切后用草木灰涂抹切口。

③然后分栽于大小适宜的宜兴紫砂盆内。

万年青再生能力强,分株后生长快,3~4年后又可再分。

换盆方法

1.首先轻轻敲打花盆,使盆土松动。注意敲打的力道,不要震伤细嫩的枝芽。

2.待盆土松动后,倒转花盆约45°。一只手扶稳植株,另一只手轻轻拍打盆底。

3.将瓦片垫入新盆中。防止土壤流失,保证排水良好。

4.将新底土填入盆中。

5.加入底肥。

6.将退好盆的植株垂直放入新盆。

7.填入与植株适应的新土。

8.将盆土按压实。使盆土低于盆沿1-2厘米。

9.为了美观可以在土壤的表面覆盖一层石子或陶粒。

病虫害防治

万年青在室内不通风处常易遭介壳虫危害,应及时喷药防除。可用40%氧化乐果1000~1500倍液防治。

仙客来

仙客来,是秋季生长、冬季开花的名贵花卉。花形袖珍,态若飞动,别具一格;叶形奇特,玲珑清晰,紫红有光,玉垒烟碧,耀目争辉。近年来,在园艺花卉栽培中崛起，成为早春点缀居室、客厅、美化室内的佼佼者。

摆放地点

春秋季放于东向、南向阳台，夏季放北阳台，冬季最好入室过冬。

仙客来花形奇特，花朵别致，花期长，是元旦、春节期间重要的观赏花卉。花色美丽，叶形优雅，是花、叶、茎整体协调的高级花卉，可陈设在家庭、单位及集会会场，易于管理。也可作为馈赠礼品，倍增情趣。仙客来花朵色彩明快，花形新奇可爱，作为案头插花寿命较长，因此颇受消费者的喜爱。

形态

仙客来为多年生球根植物。地下具扁圆形肉质球根。块茎扁球形，一年生球根暗红色，多年生紫黑色，外被木栓质皮。球根顶部为短缩的茎，地上无茎。

单叶丛生于球茎顶部，叶片心状卵圆形，边缘有大小不等的细圆锯齿，叶面绿色有白色斑纹，叶背紫红色。

叶梗及花梗从球茎生长点处抽生，花梗细长，长15~25厘米，肉质。顶生一花，花单生下垂，大型，花萼5裂，花瓣5片，基部连合成筒状，上部深裂，裂片向上翻卷而扭曲，形如兔耳，又名兔耳花。花色有红、白、粉、紫、复色等，有的带芳香。花期冬、春季。蒴果。

习性

仙客来全年喜好温和气候，既不耐寒，又不喜欢暑热。性喜凉爽、湿润及阳光充足的环境，忌炎热和雨淋。秋、冬、春季为生长季，夏季休眠，要求疏松、肥沃、排水良好的土壤，生长发育适温15℃~25℃，土壤pH值6~6.5，要求空气湿度60%~70%。仙客来属日照中性植物，喜阳光但忌强光照射。在我国华东、华北等地需温室栽培。夏季一般处于休眠或半休眠状态，休眠期温度不宜超过30℃。秋冬春三季为生长期，最适宜温度为10℃~20℃左右，若促进开花不宜超过15℃~18℃。要求疏松肥沃、排水良好的酸性沙质壤土,忌水涝。

栽培管理

仙客来作为一种球根花卉,对外界环境条件,特别是温度、湿度、光照等条件要求较严格,加之仙客来的生长周期较长,从播种到开花约需1年,所以长期以来,仙客来的栽培被视为不易之事。

(1)基质。仙客来常用栽培用土配方有下面几种:河沙∶腐叶土∶园土∶粪肥为4∶4∶1∶2;泥炭∶河沙∶粪肥为2∶2∶1;炉渣∶蛭石∶腐叶土∶粪肥为1∶1∶2∶1;泥炭∶蛭石为1∶1。栽培用土中要适当增加基肥,一般可在每立方米基质中加入复合肥0.1~1千克,其复合肥氮∶磷∶钾为2∶1∶2。如采用含泥炭的栽培土,则每立方米还要添加适量的碳酸钙,添加量同泥炭的pH有关。栽培用土调配好后,需要进行消毒处理。

(2)花盆。作为盆花的仙客来,通常将其幼苗栽植在直径6~8厘米的小花盆内,到幼苗进入成苗后,再栽植在直径12~14厘米的较大盆内。

在移栽前,应根据出苗率和播种量预备充足的花盆,然后把所要使用的花盆浸泡在50倍福尔马林溶液中,进行20分钟的消毒处理,晾干待用。

盆栽时以浇水喉1/3球茎露出盆土为宜。

(3)肥料。仙客来喜肥,但需施肥均匀。一般可采用定期施肥方法,即每隔7~15天追一次肥,浓度为0.1%,氮、磷、钾的比例为10∶5∶25。仙客来10片叶时是一个重要时期,一般出现在5~6月份,由此进入生长和生殖旺盛阶段,此时应加强肥水管理。进入夏季要停止施肥。入秋后又要注意施肥和增加光照。

(4)水分。仙客来性喜湿润,因而水分是其生长发育的必要条件。平时注意浇水,但忌浇水过频。为防止挖苗时根系损伤过大,在移苗的前几天要给仙客来种苗浇透水,便于移栽时起苗。同时,在浇水时,可适量放入杀菌剂,如多菌灵、百菌清、硫酸铜等,以提高植株机体的抗病能力,防止根系受损后病菌的侵染。

(5)温度。进入夏季要尽量降温、通风,防止徒长,保存已有叶片。温度是控制花期的主要条件,一般品种在10℃条件下,花期可延长15~40天。

(6)光照。仙客来喜光,在仙客来营养生长期,要求外界最适温度应在10℃~20℃,不能超过25℃;最佳的光照强度应在1.5万~2.5万勒克斯;栽培基质水分应充足,以满足幼苗期植株生长需求,相对湿度应保持在75%左右。每周补施1次营养液,该营养液是以氮、钾元素为主的全素营养液,每次施用浓度为0.1%左右。此外,应定期用波尔多液或链霉素等喷洒,以预防病害发生。同时应注意天气变化。

注意事项

仙客来的移栽期由仙客来幼苗生长速度和播种密度所决定。如播种时密度较大,则在种苗长至2~3片真叶时就应进行移栽;如播种密度适中,则可以在幼苗生长到4~5片真叶时再进行移苗。有些品种生长势强,出叶速度快,应适当早移,以免植株间相互遮阴而不利于幼苗继续生长。

起苗时,应用竹签或镊子将幼苗轻轻挑起,尽量不要抖落原土,以免落土时扯断根系。

幼苗取出后,最好立即上盆,避免幼嫩植株体在空气中暴露时间过长而失水变软,影响成活率。

幼苗植入盆内时,应将根系轻轻展开,再轻轻压实,使根与栽培基质充分接触。仙客来的球茎不宜埋入土中过深,必须露出表土1/3~1/2。

上盆后应用细喷壶喷水,要充分浇透,并进行2~3天遮光,以后可逐渐增加光照。

此外,花期管理中应定期转动盆钵,使仙客来植株生长均匀一致,钵体丰满美观。

繁殖方法

播种繁殖。用播种的方法繁殖仙客来,关键在于选好品种,掌握好开花的时机。可在第一批开花的植株中,选择花型优美、色彩鲜艳、有香味的健壮植株,每盆留花10朵左右,其余花蕾剪去,以便集中养分,促使种子饱满。花后施一次磷钾肥料,春季充分进行阳光照射,5月以后转入半荫蔽处莳养,加强通风,降低环境温度,为种子的后熟创造条件。

仙客来的种子大约6月中下旬成熟,蒴果尚未开裂时采收,置于阳光下晾晒,果皮开裂后取出种子,贮藏于有河沙的花盆内,也可用布袋置于阴凉通风处,待到9月至次年的2月,在温室内播种。

①仙客来播种,可用土陶花盆作苗床,大小根据种子的多少而定。播种基质可用素沙土4份、菜园土2份、森林腐叶土2份、马粪土2份配制而成,使用前严格进行高温消毒。

②仙客来的种子在播种前,要用25℃~30℃的温开水浸泡。种子刚放入温水中要不断地搅动,水凉以后,继续浸泡24~48小时。

③再把种子捞起用湿毛巾包裹,放在20℃~22℃的恒温(注意温度过高,反而延迟种子萌发)条件下催芽。每天用22℃的温水浸湿毛巾一次。

④一周后便可以1~2厘米的株行距,把膨大的种子点播在苗床内,温水喷透后,再覆盖细沙0.5~0.7厘米。注意覆土不能过厚,厚了小苗球根不能露在盆土表面,容易烂根。

⑤播种以后,苗床覆盖玻璃,置于温室内莳养。温室的温度应控制在18℃~20%左右,一般十天半月就能发芽。

⑥一旦出现叶片,就应及时将苗床移至光照处,以利幼苗成长。再养半月就能长出1~2片真叶,这时,白天可以晒4~5小时的太阳,利于幼苗进行光合作用。

⑦一般真叶长出2~3片后,就可分盆栽植于10~12厘米的小花盆中。

⑧当小株长到5片新叶后,再定植于中号浅盆中。

仙客来小苗经过17~18个月的营养生长期,待叶片长到12~13片时,就能开花。

病虫害防治

（1）灰霉病。仙客来灰霉病是仙客来极易感染的病害,它能危害仙客来的叶片、叶柄和花。病害严重时,叶片、叶柄枯死,花器腐烂,霉层密布,最终球茎腐败。防治方法:

①加强温室通风,适当降低湿度;避免机械损伤,以防病菌侵入;及时清除病叶,减少病菌来源;合理施肥,以免氮肥过量。

②发病前定期喷洒75%百菌清800~1000倍液,或1:1:200波尔多液。发病时喷施70%甲基托布津800~1000倍液,或50%溶菌灵800~1000倍液,或50%多菌灵500~800倍液,或65%代森锌500~800倍液。

（2）炭疽病。主要危害仙客来的叶片和叶柄。发病严重时,可使叶片枯死。防治方法:

①种子播种前要用次氯酸钠或高锰酸钾或升汞等消毒。病叶摘除后应及时烧毁,浇水时尽量避免浇湿叶面。

②可用代森铵500~1000倍液,或1:1:200波尔多液,或多菌灵500~800倍液喷雾防治。

（3）仙客来螨。仙客来螨寄生于球茎、叶、花蕾等处吸食汁液,使叶黄化畸形,开花异常。防治方法:注意种子消毒,用0.01%升汞溶液浸泡可以消除螨虫的传播。用3%呋喃施于盆中,每盆2克,药物有效成分被植株根系吸收后可传遍全株,以杀死螨类。用40%三氯杀螨醇1000~1500倍液,或特螨克威2000倍液喷杀。因螨类多寄生在幼叶和花蕾中,喷药时一定要注意喷到幼叶和花蕾。

注意事项

在栽培过程中,仙客来的花期往往不尽如人意,可能偏迟或提前。针对这种情况,通常可采用下列措施加以调节。提前花期可用10~50毫克/升赤霉素点涂花蕾处,可提前7~10天开花。推迟开花采用低温处理,把仙客来置于5℃

~10℃环境中,延缓仙客来开花。可通过降低环境温度,或施入阿司匹林溶液,每株1片,延长仙客来花期。

蟹爪兰

蟹爪兰花似叶非叶的茎节连成蟹爪,翠绿的蟹爪上悬挂着色彩艳丽的花

蟹爪兰

朵,色彩缤纷,娇艳夺目,幽雅、高洁、庄重,象征着吉祥如意和幸福。蟹爪兰的盛花期,恰逢圣诞节,故而西方又称它为"圣诞花",蟹爪兰因此也更富神韵,成为花中珍品了。

摆放地点

东向、北向、西向阳台均可,尤以东向阳台为佳。

蟹爪兰喜半阴,春季宜放在室内向阳处或朝南的阳台上培养,并注意通风。入夏后移至北面阳台或室内东向窗台附近养护,注意通风,切勿让烈日直晒。入秋以后可放在阳光较多的地方接受光照,以促进花芽分化。蟹爪兰不耐寒,冬季在气温低于5℃时可移入室内向阳处越冬,室温可保持在15℃左右。

形态

蟹爪兰为常绿多肉多浆植物。茎节扁平,肉质,茎节的边缘有2~4对尖齿,边缘呈锐锯齿状。先端截形。

花着生在茎节的顶部,花被开展反卷,冬、春季开花。品种较多,花色艳丽,有大红、粉红、淡紫、黄橙、白等色,十分美丽。

蟹爪兰性喜温暖湿润的环境,宜半阴,忌强光照射,较耐旱,怕水涝,不耐寒冷。要求富含腐殖质而又疏松肥沃、排水良好的沙质土壤。是典型的短日照植物。

栽培管理

(1)基质。盆栽蟹爪兰可用腐叶土、园土、粗沙等量混合,加少量骨粉配成培养土。

(2)花盆。一般采用30厘米以上花盆。上盆和换盆多在春季新芽萌动之前进行。移植后,待新芽萌动时,可逐渐增加浇水量。每隔1~2年于春季花谢后换一次盆。

(3)肥料。蟹爪兰施肥必须把基肥和追肥互相配合使用,效果才比较显著。基肥可用有机肥与少量化学肥料配合。如基肥用量过多也会烧伤根系,造成植株死亡。

每年5~7月生长期间,每2周施一次稀薄饼肥水或复合化肥,入夏之后应暂停施肥。从立秋至开花期间,肥水供应要充足,一般每7~10天施一次稀薄液肥;孕蕾开花前增施1~2次0.2%的磷酸二氢钾溶液或0.5%的过磷酸钙溶液。

薄肥是指取3份浓肥,加水7份;或取1~2份浓肥,加水8~9份。追肥应在傍晚施用,盆土要略干,这样吸收效果才好。

(4)水分。蟹爪兰虽较耐旱,但其生长也不能缺水。特别是在生长旺盛期,其变态茎需要大量的水分。一般来说,夏季温度高,蟹爪兰生长处于停滞状态,此时应停止施肥并控制浇水,但每天需向变态茎喷水2~3次,以增加空气湿度,降低气温,使其安全越夏。孕蕾期要经常喷水,保持变态茎及花蕾湿润。

若天气转冷,霜期到来,花卉进入休眠期,此时就应减少浇水和停止施肥,将残花全部剪掉,并进行适当整形。待茎节上长出新芽后再转入正常肥水管理。

(5)温度。温度对于蟹爪兰的生长发育、生理机能,现蕾开花均有影响。凡已经定型的蟹爪兰,在南方地区,春夏秋冬既不需要遮阴,也不需要进温室越冬,可长年摆放于阳台上莳养。但开花期温度维持在12℃左右则可延长花期。

(6)光照。蟹爪兰属于短日照植物,适宜蟹爪兰孕蕾的温度一般为18℃~25℃。由于夏季长时期接受阳光照射,积温情况好,到了9月份短日照时,便现花蕾,一般11月份就能开花。

繁殖方法

繁殖蟹爪兰一般多用无性繁殖的方法进行,就是用蟹爪兰的营养器官——叶片变态茎来培育新植株。通常采取的方法有分株法、扦插法和嫁接法三种。

1.分株繁殖

就是把蟹爪兰茎根基部所发生的蘖枝,由母体上切离栽培成新植株的方法。一般只要种了三年以上的,都可以进行分株。这种繁殖方法的特点是:手续简便,成活率高,植株发育生长快,如莳养得法,当年就能开花,但是繁殖数量小。

我国南方地区一般都没有取暖设备,主要是利用自然气候条件。因此,必须在谷雨节以后进行。这时气温可达20℃以上。其他地区可以根据当地气候情况,适当提前或推后。总之,应在当地气温已稳定在15℃~20℃时,进行分株才稳妥可靠。

在分株以前,必须做好以下准备工作:

①要根据分栽植株的大小,选好花盆、培养土和消石灰粉(陈旧性粉墙石灰)。

②是在花盆的底部扣上一块瓦片(最好放上一点干木炭碎块),上面再放培养土。

③对刀具要进行严格消毒,比较简便的方法是将刀具在磨石上面快速干磨,这样一方面可以去掉锈垢,另一方面快速摩擦产生的高温,能起到消毒的作用。

全部分株法:全部分株,是将蟹爪兰从盆中全部掘起,用消毒刀具切成若干小株,每株可带 10~20 片变态茎叶,下部带根,分别栽植。全部分株大株的需要两人进行。

具体操作方法是:

①将蟹爪兰的茎片全部清理,去掉尘垢,用牛皮纸捆成筒状形,保护叶片。

②双手拍打花盆,使盆中土壤和盆分离。

③一人托住蟹爪兰,一人轻轻取盆。

④蟹爪兰取出后,再解开绳子和牛皮纸,根据植株大小细心切离。切口处涂抹消石灰消毒,使伤口的黏稠液快速凝固。待切口稍干缩后重新上盆。

注意:用上述方法分株,必须对切口进行严格消毒,其做法是,在切口上涂抹消石灰粉,使伤口迅速干燥,保证植株体内黏稠液不受损失,待伤口收缩后,进行栽植。

病虫害防治

常发生炭疽病、腐烂病和叶枯病危害叶状茎,特别在高温高湿情况下,发病严重。发生严重的植株应拔除集中烧毁。病害发生初期,用50%多菌灵可湿性粉剂 500 倍液,每旬喷洒 1 次,共喷 3 次。介壳虫危害严重时,叶状茎表面布满白色介壳,使植株生长衰弱,被害部呈黄白色。如被害植株较轻,可用竹片刮除,严重时用 25%亚胺硫磷乳油 800 倍液喷杀。

注意事项

要蟹爪兰在光照逐渐缩短的冬季开花,只要人为地进行光照处理,就能达到提前或推迟开花的目的。

如要蟹爪兰提前在国庆节开花,只要提前65~70天,采取遮光的特殊措施,把蟹爪兰放在阴凉通风处,每日从早晨7时至下午3时给以光照外,其余有光时间用黑布遮挡,使之不见一点光线。因这段时间正值湿热季节,夜间应拆除黑布,通风散热,平均温度不得超过20℃。这样大约经过1个月的时间,蟹爪兰的花芽便开始分化,50天左右就能现蕾,到国庆节正好开花。

如果要蟹爪兰推迟在次年清明节开花,则应反其道而行之,对蟹爪兰作加光处理。

紫鸭跖草

紫鸭跖草叶色美丽,粉花小巧,鸭跖草有一定程度耐阴性,是极好的室内观赏植物,并可置于高处或将盆吊起来,增加立体感,具有很强的装饰效果。它在粗放的管理条件下也能茁壮生长,因此特别适合缺少经验的人进行栽种,是装点阳台的理想植物。

摆放地点

东向、南向、西向阳台。由于它高矮适中,因此可以摆放在大小不同的各类阳台上。在其生长旺盛阶段,要将植株置于每天接受日光直射不少于2小时之处。夏季应该保持环境适当通风。冬季气温稍低并无妨碍。

紫鸭跖草叶色红艳,终年不变,且常有花在,是很难得的观叶观花植物。既可悬挂于廊檐下、阳台顶棚上,让枝叶沿盆向四周蓬散下垂,也可高置于书架顶端和高脚花架之上,任其自然下垂。夏季也可露地成片栽植于草坪中或花坛边缘,其美丽的叶姿叶色,叫人流连忘返。

形态

紫鸭跖草为多年生草本植物。全株深紫红色,枝条细长,匍匐下垂。植株叶、茎梢肉质,节处膨大。

叶互生,狭圆形,先端锐尖,叶鞘先端有毛,叶缘、中脉两侧紫红色,中间灰绿色。

花小,多为紫色,也有红、蓝、白等色。伞形花序,有两枚阔披针形苞片。花期较长。

习性

鸭跖草对土壤要求不严,一般园土就能生长良好,但栽植在疏松、肥沃的土壤中长势更佳。喜温暖湿润及明亮光,忌阳光暴晒。也耐半阴,不耐寒。喜水喜肥。也能耐阴。花期甚长,5~10月陆续有花。单花开放时间较短,朝开夜合。

栽培管理

(1)基质。紫鸭跖草喜肥沃、疏松土壤。一般用草炭4份、腐叶土4份和沙土2份配制而成,盆底加少量腐熟饼肥作基肥,盖上土,底部应填充1/4的颗粒状物,以利排水。

(2)花盆。鸭跖草宜选用高盆或将盆吊起,使枝蔓下垂,显得潇洒自如。每年3~4月换盆1次,宜用加肥培养土,盆底垫颗粒复合肥料作底肥。

(3)肥料。4月出圃后,置于阳光充足、通风良好之处,生长期保证水肥供应,生长期间每隔半月左右施一次以氮肥为主的复合花肥或饼肥水。只有养料充足,方能保证其茎节粗壮,叶色浓绿或紫红。

(4)水分。在春、秋季将花盆悬挂在中午不受阳光直射的阳台空中或廊檐下,经常喷水增加空气湿度,并保持盆土湿润。这样可以保持叶色红艳,鲜嫩可爱。

夏季应置于室内散射光处养护,并注意通风降温,可经常往枝叶和盆花周围喷水,以降低温度。冬季可悬挂在窗前光线较充足的地方,室温保持在10℃以上,适当控制浇水,但应经常用与室温相近的清水喷洗枝叶,以防烟尘玷污叶面,影响观赏效果。

(5)温度。5月中旬出室,10月初入室。盛夏时节,应移至半阴处。10月移入室内阳光充足之处,保持盆土湿润,温度不低于10℃即可。越冬最适温度为15℃~20℃,不可低于10℃。

(6)光照。鸭跖草亦可于荫处培养,但长期光照不足,易使茎节变长,细弱瘦小,叶色变浅。

养护一定时期后,下部叶片易干,影响观赏效果,此时可自脱叶处短截,令其重发新枝。剪下部分可作插穗用。

繁殖方法

鸭跖草常用分株或扦插法繁殖,以扦插为主,极易成活,全年均可进行。但多于春季结合换盆进行。

匍匐茎遇湿润土壤极易生根,此时可以从茎基部切断;上盆培养,并进行摘心、整枝处理,使其株形饱满。

同时还可利用所剪下枝条进行扦插育苗。扦插繁殖时可剪取5~7节枝茎插入素沙土中,节节都能生根,极易成活。

病虫害防治

棉红蜘蛛:以成螨、若螨群集吮吸叶背、花蕾汁液并吐丝结网。严重危害花草,甚至死亡。防治方法:①去除杂草,结合整枝,摘除受害严重的叶片,集中处理。②可选喷 15%哒嗪酮乳油 1000~2000 倍液，或 1%灭虫灵乳油 2500 倍液，每 7 天喷 1 次,连续喷 2~3 次。

长寿花

长寿花,株形小巧,娇态玲珑,叶色亮绿,花态奇特鲜艳,灿烂夺目。长寿花瓣心有蕊,娇姿美态,一经开放,有如繁星点点,密布枝头,极为美丽。长寿花株形紧凑,花色鲜艳,是一种极其耐旱、十分好养的阳台花卉。对于没有时间护理花卉的人来说,种上一盆长寿花既能较好美化环境,又能节省管理时间,不失为明智的选择。

摆放地点

南向阳台。由于它的植株较为矮小,因此适合用来装点较为狭窄的阳台。在其生长旺盛阶段,最好将植株置于全日照之处,如果条件不允许,则每天至少保证要有 3 小时的直射日光。夏季应该保持环境通风。冬季气温稍低并无妨碍。

长寿花植株矮小,株形紧凑,叶色碧绿,花色艳丽,花团锦簇,花期甚长,开花时节正值元旦、春节,为优良的年花之一。用小型的紫砂盆栽培,摆放在窗台或茶几、书桌上,既可观叶,又可赏花,为喜庆节日增添欢乐气氛,也是新春佳节赠送亲友的好礼品。

形态

茎直立,株高 10~30 厘米。叶肉质,对生,椭圆状长圆形,深绿色有光泽,边缘稍带红色。

圆锥状聚伞花序,花色有绯红、桃红、橙红、黄、白等色。自然花期,一般从

12月下旬开始,可持续到来年5月初,因此得名长寿花。

习性

性喜冬暖夏凉的环境,畏酷暑和严寒,喜阳光充足,也能耐半阴。耐旱怕水涝。生长适温为15℃~25℃,高于30℃生长迟缓,低于10℃生长停滞,0℃以下受冻害。

栽培管理

(1)基质。盆土以选用腐叶土4份、园土4份、河沙2份,另加少量骨粉混合配制而成为好。这种培养土疏松肥沃、排水性能好,呈微酸性反应,有利于长寿花生长发育。

(2)花盆。盆要选透水性、透气性均好的泥盆,或陶质盆、紫砂盆,不能用瓷盆或塑料盆。盆不要太大,盆壁不要太厚。一般于每年春季花谢后换一次盆。

(3)肥料。生长旺季可每隔2~3周施一次稀薄复合液肥,促使生长健壮,开花繁茂。11月份花芽形成后增施1~2次0.2%磷酸二氢钾或0.5%过磷酸钙液,则花多色艳花期长。

(4)水分。长寿花耐干旱,故不需大量浇水,平时只要每隔3~4天浇一次透水,保持盆土略湿润即可。冬季低温时和雨季要控制浇水,以免引起烂根。

(5)温度。冬季需注意防寒,室温不能低于12℃,以白天15℃~18℃,夜间在10℃以上为好。如果温度过低,则叶片发红,开花期推迟或不能正常开花,影响节日观赏。

(6)光照。长寿花喜阳光充足,家庭培养一年四季都应放在有直接阳光的地方。但夏季中午前后宜适当遮阴,或移放室内半光处,否则光照太强,易使叶色发黄。反之,若光照不足,不仅枝条瘦弱细长,叶片薄而小,株形不美,而且开花数量减少,花色不鲜艳,还会引起叶片大量脱落,失去观赏价值。

注意：长寿花具有向光性，因此生长期间应注意调换花盆的方向，调整光照，使植株受光均匀，促使枝条向四周各方匀称生长。花谢后要及时剪掉残花，以免消耗养分，影响下一次开花数量。

繁殖方法

长寿花是一种再生能力较强的花卉，常用播种、扦插和组织培养的方法，进行繁殖。

扦插繁殖。长寿花萌发力强，扦插繁殖极易成活。时间宜在春季的3~5月，夏末秋初的8~9月，如果有温室设备，全年都可进行。

①扦插前，可用大小适当的木箱作为扦插苗床，使用前严格进行清洗消毒。基质可用珍珠岩、蛭石和泥炭等，装入苗床备用。

②插穗的选择也很重要，长寿花具有肥厚的叶片和叶柄，这些生殖器官都具有再生能力，都可用来作为插穗进行扦插繁殖。扦插前，可挑选成熟的生长健壮的叶片一整张，将叶片上的支脉于接近主脉处切断数处。

③扦插时，将叶片平铺于湿润的基质上，使叶片与基质密贴，并用竹签等物加以固定。

④以后用浸盆法，保持土壤湿润，待其愈合生根、发芽后，便可分开栽培，另成一棵独立的植株。

长寿花，还可用嫩枝进行扦插繁殖，时间在夏季的6~7月。

①插穗可选当年生长的嫩枝，剪取枝条顶端一段，长约8~10厘米，一般要有4~5个芽节。

②保留顶端叶片，剪除基部叶片，置于阴凉通风干燥的地方。

③待其刀口略为干缩后，按5厘米×5厘米的株行距进行扦插，插入基质深度为插穗长度的1/3~1/2。

④插好后用细孔喷壶喷水，但不要一次把水喷透。因为，刚插上的插穗，根本无法吸收水分，水分过多，反而容易感染细菌，茎干也容易腐烂。

⑤5~7天伤口基本愈合,可把水喷透。

长寿花的营养器官内,营养丰富,内源激素充分,扦插后生根快,一般10~15天,就有根原体出现,15~20天就能长出白色嫩根。这时,要加强光照、促进幼苗生长。当植株上部开始萌动时,便可用培养土上盆栽培,每盆一株。如果莳养管理得法,秋季薄肥勤施,加强光照,到次年春季,就能长成丰满的盆花,春节便可置于室内观赏。

病虫害防治

主要有白粉病和叶枯病危害,可用65%代森锌可湿性粉剂600倍液喷洒。虫害有介壳虫和蚜虫危害叶片和嫩梢,可用40%乐果乳油1000倍液喷杀防治。

瓜叶菊

摆放地点

东向、南向阳台。尤以南向阳台最好。在其生长旺盛期要保证每天不少于4小时的日光直射。夏季注意遮阴、通风;冬季气温太低时要防冻害。

瓜叶菊花型变化多,颜色艳丽丰富,观赏价值高。花期长,是冬春季布置室内、厅堂、会场的重要盆花,也是切花、花环、花篮的好材料,还很适于成行或成丛种植花坛中,作镶边或构成图案。

形态

多年生草本,常作一二年生栽培,全株密生柔毛。

叶具长柄,形似瓜叶,表面浓绿,背面带紫红色。

头状花序多数聚集成伞房状,有白蓝、粉红、红、紫等色,有的品种还具有斑纹。花期特长,从11月至翌年4月。

习性

喜生于冬季温暖、夏季凉爽的气候条件,不耐寒冷霜冻或高温、高湿。当气温在50℃时,生长受抑制,长期低温或遇霜冻,植株死亡。喜生于土质疏松、肥沃、排水良好的沙质土壤,忌积水,水分过多,易引起烂根。忌炎热干燥。

栽培管理

(1)基质。上盆前,盆底应略施长效性基肥,盆土最好用腐叶土、园土、饼肥、骨粉,以60∶30∶6∶4配比。

(2)花盆。可用大小适宜的泥盆。盆底应加碎瓦片作排水层。

(3)肥料。在生长期间,每10天浇施1次稀薄液肥,夏季半个月喷一次稀薄液肥,但雨季忌施肥。在施肥时适当增施磷肥。每次施肥要防止肥水污染叶面。

(4)水分。瓜叶菊平时应保持盆土湿润,可根据盆土含水情况及时浇水。如果浇水过多,易徒长,节间伸长,影响观赏性,还会导致白粉病发生,造成叶片枯黄凋萎。瓜叶菊在生长期应保持空气湿润,炎热的夏季每日早、中、晚应向叶面及附近地表喷水,以便降低温度增加空气湿度。

(5)温度。生长适温为10℃~15℃。日常养护要控制温度和湿度,温、湿度过高花小叶大,开花早,花期短;温、湿度适当则花大叶薄而嫩,花色鲜艳花期长。冬季应置于10℃~13℃温室内,降低空气湿度。

(6)光照。瓜叶菊性喜光照,光照充足、通风良好有利于植株的生长和孕蕾。夏季室外培养应放置竹帘下,冬季每天中午气温较高时,应将花盆搬出室外,在太阳光下直接晒2~3小时,否则受光不足,易形成瘪籽。瓜叶菊有明显的趋光性,每周需转盆,以使株形匀称完整美观。

注意:采种期间每周施稀薄液肥一次,控制浇水,经40~60天可采到饱满的种子。嫩叶易遭虫食应将植株周围的杂草铲除,并注意及时喷药防治。

繁殖方法

以播种繁殖为主,重瓣品种不易结实,可用扦插或分株繁殖。采种的母株应健壮、花色泽鲜美、抗病力强,采集有阳光照射的花朵结成的种子。从播种到开花,约需8个月。

①为获得不同花期的植株,一般在4~10月在浅盆内播种。

②发芽最适温度为21℃,播种后覆盖塑料薄膜保持湿度,放阴凉处,约半个月发芽。

③苗出齐后可去掉薄膜,温度可降至16℃,并逐渐移至阳光处。

④出苗约1个月左右,待幼苗具有2~3片真叶时分苗,缓苗后温度可升至18℃~20℃,以便加速幼苗生长。再经1个月即可单株上盆。

选2月份开花的优良植株作采种母株,1~6月剪根部萌芽或花后的腋芽作插穗,插于沙中20~30天可生根。亦可用根部嫩芽分株繁殖。

病虫害防治

瓜叶菊根腐病。

①保持栽培环境的卫生。为了防止苗期猝倒病发生,育苗盆与培养土都要经过消毒处理。日常栽培环境要注意通风、透光。

②避免浇水过多,养护中浇水不能过多,尤其在温度较高时要少浇水,否则会导致白粉病的发生。

③及时喷药。发现病害,可用500~800倍液50%多菌灵稀释液,或用75%百菌清可湿性粉剂1000倍液喷洒防治。

注意事项

为使瓜叶菊花大色艳,可采取以下措施:

①宜在8月下旬至10月上旬播种。待幼苗长出2~3片真叶时移植1次,长出4~5片叶时再进行移植。

②幼苗长出5片叶子时,摘去顶芽,促使萌发侧芽,一般保留3~4个侧芽。生长期需将基部萌发的腋芽及时抹去,以免消耗养分。

③生长期间应经常保持盆土湿润,夏季除充分浇水外,还需经常向叶面和地面喷水,以增湿降温。

④生长期间每10天左右施稀薄液肥1次,直至开花前。花蕾现色后需向叶面喷1次0.2%磷酸二氢钾。开花期应减少施肥次数,入秋后需追施磷肥。

⑤从缓苗起应放在阳光充足、通风良好的地方养护,并经常转动盆花方向。温度超过25℃,会出现叶片凋萎;越冬室温应保持在10℃~15℃之间。

⑥开花时将植株移至7℃~8℃较冷的地点养护,可延长花期。

含羞草

含羞草,袅娜娇媚,娇姿娉婷,含情脉脉。含羞草之"含羞",这是因为它具

含羞草

有一种特殊的自卫能力。一旦叶片被外界触动刺激。运动立即传导到小叶基部,从而使叶枕上半部细胞的水分,马上渗进细胞间隙,导致膨压骤然下降,而下半部细胞膨压未动。这样,小叶片便一个个地直立起来,两片闭合。如果触

动刺激量大,还能导致叶枕下半部的细胞膨压下降,于是叶柄和叶片一齐下垂,含羞草便羞答答地垂下头来。含羞草的诱人之处,就在于这种叶片受到震动便会迅速并拢下垂,显得分外有趣而赢得了大家的喜爱。在阳台上种上一盆含羞草,不仅能够装点环境,也能使欣赏者方便地看到这种奇特的植物运动现象。

摆放地点

南向阳台。由于它高矮适中,因此可以摆放在大小不同的各类阳台上。在其生长旺盛阶段,要将植株置于每天接受日光直射不少于4小时之处。夏季通风不宜过大。秋季将气温保持在较高的状态有助于延长植株观赏时间。

含羞草花不艳,株形也不美,但由于它"含羞"的奇特现象,一般均作盆栽观赏。

注意事项:含羞草含有羞碱,经常接触会引起毛发脱落。

形态

含羞草为多年生草本植物。盆栽植株高30~50厘米。茎直立有针刺及细毛。

叶互生,2~4回羽状复叶,着生于总叶柄先端,小叶羽状密生,小叶长圆形,全缘,叶遇触动时,小叶左右合并,羽片及叶柄下垂,夜间也同样全株枝叶闭合下垂。

头状花序2~3朵簇生叶腋,有长柄,粉红色。荚果扁长,内有种子3~4粒,成熟时分节脱落。

习性

含羞草喜温暖及阳光充足,性强健。生长迅速,适应性极强,对土壤要求不严,但在湿润较肥沃土壤中生长良好。华南等地多有野生,北方多作1年生盆栽。

栽培管理

(1)基质。含羞草上盆时,用8份沙壤土、2份腐叶土混合,可不施底肥。

(2)花盆。一般选用中型花盆进行定植。为促使生长旺盛,当幼苗长出4~5片叶时移植,须深掘,并应在苗小时作移植和定植。

(3)肥料。对肥料要求不多,施肥要适时适量,生长旺盛期以施用氮肥为主,钾肥为辅。开始浇施稀薄液肥,视植株生长情况7~10天浇施1次。为促进花芽分化和花后坐果,则要以钾磷肥为主,氮肥为辅。其氮、磷、钾元素的比例为5:10:15。含羞草挂果后,如有落果危险,可用0.0015%的赤霉素水溶液进行叶面喷施。

(4)水分。含羞草喜温暖湿润,但怕盆底积水。因此,生长期间注意适量灌水,保持土壤湿润即可。春秋两季,含羞草浇水宜在上午10时进行;夏季宜早晚进行;冬季宜在中午进行。同时,不论什么时候浇水,水温一定要接近气温。

(5)温度。含羞草喜温暖,怕严寒,适宜生长温度为16℃~28℃。冬季要移入室内,保持10℃以上的温度,能继续供观赏。

(6)光照。含羞草适宜在阳光充足的环境中生长,不耐荫蔽。只要保持环境适当通风即可。但不能将其放在风口处,否则刮大风会使含羞草的叶片合拢下垂,从而对其生长不利。

繁殖方法

含羞草主要采用播种的方法繁殖。含羞草的种子11~12月成熟,因此,播种宜在早春室内进行。苗床可用花盆,基质可用腐叶土3份、山泥土3份、沙质土3份、基肥1份配制。

①播种前,要挑选成熟、饱满、粒大、充实、有色泽的种子。

②种子选好后,可用35℃~40℃的温开水浸种24~36小时,容器上面覆盖

湿润纱布,确保水分不被蒸发。

③待种子吸足水分,开始膨大后捞起。

④把种子均匀地点播在苗床内。

⑤用浸盆的方法浇一次透水,苗床上覆盖白色玻璃。

换盆方法

1.首先轻轻敲打花盆,使盆土松动。注意敲打的力道,不要震伤细嫩的枝芽。

2.待盆土松动后,倒转花盆约45°。一只手扶稳植株,另一只手轻轻拍打盆底。

3.将瓦片垫入新盆中。防止土壤流失,保证排水良好。

4.将新底土填入盆中。

5.加入底肥。

6.将退好盆的植株垂直放入新盆。

7.填入与植株适应的新土。

8.将盆土按压实。使盆土低于盆沿1~2厘米。

9.为了美观可以在土壤的表面覆盖一层石子或陶粒。

在适宜萌动的温度(18℃~22℃)条件下,种子经过7~8天的培育便破土而出。这时,要揭盖,注意小苗不能放到烈日下暴晒,否则会灼伤嫩芽。一般刚出苗后,通常都把花盆放在半阴半阳或花搭光照处莳养,加强肥水管理。

含羞草小苗,初期长势缓慢,当长到2~3厘米时,生长速度加快,5~6月当幼苗长到4~5厘米时,可进行第一次分盆,秋季便可作小分株定植栽培。

病虫害防治

基本无病虫害。如有蛞蝓,可在早晨用新鲜石灰粉防治。

鸡冠花

鸡冠花盛开时,穗状花序,亭亭玉立,高冠突兀,俨然一只雄健的公鸡。鸡冠花,花色丰富,艳美多姿,它的最大特点是花序即使遭受风吹雨淋,照样能够艳丽依旧,经霜如故,因此显得颇为与众不同。鸡冠花的花期长,宜于布置花坛、花境,也可植于庭院阳台盆栽观赏。鸡冠花生长势强,管理容易,具有很好的装饰效果。特别适合种植在露天的阳台上。

摆放地点

东向、南向、西向阳台。尤以南向阳台的栽培效果最好。由于它高矮适中,因此可以摆放在大小不同的各类阳台上。在其生长旺盛阶段,要将植株置于每天接受日光直射不少于3小时之处,夏季应该保持环境适当通风。秋季将气温控制在较高状态,有助于延长植株的观赏时间。

鸡冠花颜色鲜艳,品种繁多,矮中型鸡冠花用于花坛及盆栽置于阳台、窗台莳养,开花后布置室内和观赏。高品种可以布置花坛、花境;还可做切花,水养持久,制成干花经久不凋。

形态

一年生草本花卉,株高30~100厘米,高、中、矮型株高不一。茎直立粗壮,有棱线或沟,上部扁平状。

叶互生,叶形多变化,长卵形或卵状披针形,全缘,具短柄,先端尖,叶色有绿、黄绿、红或红绿相间等色泽之分。

穗状花序,大而扁平呈鸡冠状,雌花着生于花冠基部,花色有紫红、红、玫瑰红、橙黄等;在花序的中下部集生膜质小花,花色深红,也有黄、白和复色。叶色与花色常有相关性。种子着生在胞果内,成熟时环状裂开,种子黑色。花期7~10月,9~10月下旬种子成熟。

习性

喜高温干燥环境,不耐寒冷。适于栽植在排水良好,疏松肥沃的沙壤土上,若排水不良,易患根腐病。喜光和空气流通,荫蔽处生长不良,花序小,观赏价值降低。生长迅速,栽培容易,种子生活力可保持4~5年。

栽培管理

(1)基质。用腐熟有机肥作底肥,采用腐叶土、沙壤土各50%的培养土较为理想。盆土用园土5份、腐叶土2份、厩肥土2份、草木灰1份加少量石灰、骨粉配制而成。

(2)花盆。盆要选透水性、透气性均好的泥盆,或陶质盆、紫砂盆,不能用瓷盆或塑料盆。盆不要太大,盆壁不要太厚。盆底应加碎瓦片作排水层。

(3)肥料。播种时施足基肥,3~6月是鸡冠花的生长旺盛期,这时要注意施肥,施肥的原则是薄肥勤施。花前及花期施1~2次复合肥,氮肥量不宜过多,以防徒长倒伏。用培养土栽培的鸡冠花,可用豆饼、骨粉、禽粪和鲜鱼内脏等沤制的有机液体肥料,充分腐熟后以1∶6、1∶8、1∶10的浓度,每十天半月追施1次。

(4)水分。鸡冠花喜空气干燥,忌涝,但是它枝粗叶茂,生长期消耗大量水分,所以炎夏必须充分灌水。一般盆土见干,土表发白,用手指按压有硬度感时,就必须把水浇透。同时也要防止水分过多,遇连雨天,盆栽花应搬入室内,地植花应注意排水。浇水要适度,否则易烂根,如果发现有根腐病,应拔除病株,并喷硫酸铜防治。

(5)温度。鸡冠花的生长适温为20℃~32℃,但是幼苗生长期要控制温度,一般由15℃~20℃就可以了,否则会造成幼苗徒长。

(6)光照。鸡冠花性喜温暖干燥和阳光照射的环境,盆栽置于南阳台莳养最佳,因阳光充足,光合作用旺盛,植株矮壮,茎干肥大,花序强健。

繁殖方法

鸡冠花的种子9~10月成熟,采收后置于干燥的地方,晾晒数日,便可抖出种子。鸡冠花属于一年生花卉,因此,不宜随采随播,应将种子装入纱布袋中贮藏,待到次年春暖花开时播种。

①准备苗床,可用土陶花盆。

②配制基质,可用森林腐叶土3份、山泥土2份、沙质菜园土3份、堆积的干杂肥2份配制。配好后充分混合,暴晒数日,整细过筛,上床备用。

③播种时,将花盆底孔盖好,装上培养土,经刮压平整后便可播种。

④鸡冠花的种子细小,可撒播于苗床土表,覆盖细沙土,厚度为1.5厘米。

⑤播种后可将苗床置于盛水的大容器中,用浸盆的方法把基质湿透。

⑥花盆上面覆盖白色玻璃,再把苗床置于温暖的地方,促进种子萌发。

鸡冠花播种以后,要经常检查基质的干湿情况,随时补充水分,保持基质的绝对湿润。苗床温度控制在20℃~25℃,3~4天后温度可提高到25℃~28℃。如果遇上倒春寒,要设法加温。如在玻璃上覆盖废报纸,把苗床置于阳光下,使之温度升高。

鸡冠花的种子萌发快,只要水分、温度管理得法,一般7~10天便可看见新芽破土长出。这时,要揭去玻璃,放在散射光照处莳养,并逐步加强阳光的照射,真叶出现后,追施0.2%的磷酸二氢钾水溶液,培育健壮苗子,当小幼苗长到5~8厘米高时,便可进行定植栽培。

换盆方法

1.首先轻轻敲打花盆,使盆土松动。注意敲打的力道,不要震伤细嫩的枝芽。

2.待盆土松动后,倒转花盆约45°。一只手扶稳植株。另一只手轻轻拍打盆底。

3.将瓦片垫入新盆中。防止土壤流失,保证排水良好。

4.将新底土填入盆中。

5.加入底肥。

6.将退好盆的植株垂直放入新盆。

7.填入与植株适应的新土。

8.将盆土按压实。使盆土低于盆沿1-2厘米。

9.为了美观可以在土壤的表面覆盖一层石子或陶粒。

病虫害防治

鸡冠花病虫害较少,苗期易发生立枯病,可撒一些生石灰;生长期有蚜虫危害,用稀释的洗涤剂,乐果或菊脂类农药叶面喷洒,可起防治作用。

注意事项

在栽培中如果管理养护不当,往往开花稀少,花色暗淡,影响鸡冠花的观赏价值。要使鸡冠花花大色艳,栽培养护中需注意:①种植在地势高燥、向阳、肥沃、排水良好的沙质壤土中。②生长期浇水不能过多,开花后控制浇水,天气干旱时适当浇水,阴雨天及时排水。③从苗期开始摘除全部腋芽。④等到鸡冠形成后,每隔10天施1次稀薄的复合液肥(2~3次)。

菊花

菊花作为一种传统名花,适应性强,品种繁多,色彩艳丽,是一种十分常见的应时花卉。菊花花姿优美,形态丰腴,花色鲜艳,五彩缤纷,清香醇正。每逢金秋送爽之时,绽蕊怒放,为秋天增添瑰丽迷人的色彩,让人赏心悦目。

摆放地点

南向阳台。它的植株高大,适合摆放于宽敞的阳台上栽种。在生长旺盛期每日日照不得少于 6 小时。夏季保证通风良好;冬季气温稍低并无大碍。

菊花品种繁多,花型及花色丰富多彩,为我国十大名花之一,也是世界上重要的切花之一。适合盆栽观赏及各类菊艺盆景造型;也可布置花坛、花境及岩石园等。菊花切花水养时花色鲜艳而持久,是插花、花束、花圈、花篮等的重要材料。

形态

菊花为多年生宿根草本。茎基部半木质化,高 60~150 厘米。茎直立多分枝。

叶大,互生,卵形,羽状浅裂至深裂,依品种不同,其叶形变化较大。

头状花序单生或数朵聚生茎顶,微香;花茎 2~30 厘米;边缘为舌状的雌花,形、色、大小多变,多具有鲜明的颜色,有白、粉红、雪青、紫红、墨红、黄、棕色、淡绿色及复色等颜色;中心为管状花,两性,可结实,多为黄绿色。花期 10~12 月,也有夏季、冬季及四季开花等不同生态型。

习性

菊花喜温暖气候和阳光充足的环境。菊花喜光,为典型的短日照植物,对日照长短反应很敏感,每天不超过 10~11 小时的光照,才能现蕾开花。人工控制光照时间,可以提早或延迟开花。能耐旱,怕水涝。在荫蔽的环境中生长不良。菊花有一定的耐寒性,其中尤以小菊类耐寒性更强。部分品种在华北地区可露地越冬,在东北地区可覆盖越冬。

生长期要求土壤湿润,但水分过多,则易造成烂根死苗。菊花喜肥,在肥沃、疏松、排水良好、含腐殖质丰富的夹沙土中生长良好。黏土或低洼之地不宜种植。土壤以中性至微酸或微碱性为好。忌渍涝及连作。

栽培管理

（1）基质。用腐熟有机肥作底肥，采用腐叶土、沙壤土各50%的培养土较为理想。盆土用园土5份、腐叶土2份、厩肥土2份、草木灰1份加少量石灰、骨粉配制而成。

（2）花盆。盆要选透水性、透气性均好的泥盆，或陶质盆、紫砂盆，不能用瓷盆或塑料盆。盆不要太大，盆壁不要太厚。

移植方法有瓦筒植、盆植、套盆植三种。盆植法可根据菊花生长状况，先移植到口径15厘米的瓦盆中，8月后定植到口径25厘米的盆中。移植上盆后放在阴凉处，4~5天后移至阳光充足处。

（3）肥料。菊花喜肥，除施足基肥外，生长期还应进行3次追肥。第1次于移栽后半个月，当菊苗已成活并开始生长时；第2次在植株开始分枝时，以促多分枝；第3次在孕蕾前，追施1次较浓的人畜粪水，以促多结蕾开花。此外，若在花蕾期，于无风的下午或傍晚给叶面喷施0.2%磷酸二氢钾，能促进开花整齐，花色纯正、花期长。一般在盛夏施肥不要过多过浓，以免造成伤根落叶。但自立秋后孕蕾开始到开花前，每7~10天施一次稀薄液肥，并逐渐增加肥水浓度。每次施肥的第二天一定要浇水，并及时进行松土。施肥时也要防止液肥溅污叶片，如叶片已溅上残肥，应立即用清水冲洗干净，以免叶片枯黄。

（4）水分。浇水能否做到适时适量，是养好盆菊的关键技术之一。菊花幼苗期浇水量不宜过大，保持盆土湿润即可。夏季浇水应适当增加，可于早、晚各浇一次。雨天不浇，阴天少浇。雨后应及时倾倒盆内积水，以免菊花根系受涝死亡。菊花含苞待放时需水量较多，开花时水量则适当减少，以免落花脱蕾。

（5）温度。菊花的生长最适温度为18℃~25℃，忌烈日高温。冬季可室内越冬，以保证来年再次开花。

(6)光照。菊花属短日照植物,日照短(8~10小时)发育快,如果日照过长(12小时以上),反而会抑制菊花的正常生长发育。

注意:一般盆菊留花5~7朵。菊花定植后留4~5片叶进行摘心,待其腋芽长大后每个分枝留2~3片叶3进行第二次摘心,这样即可达到所需要的花朵数,以后应停止摘心。现蕾后,每枝除选留一个蕾形圆正的主蕾以外,其余的侧蕾应及时除掉,这样可使主蕾开花硕大。

繁殖方法

今天人们见到的五彩缤纷、千姿百态,红、黄、蓝、白、青、绿、紫的菊花品种,是千百年来,人们精心培育而获得的。

分株繁殖

菊花分株繁殖是一种最简单的繁殖方法,次年3月把花盆搬出,置于向阳避风处,及时浇水、施肥进行正常管理。这时春暖花开,温度适宜,菊芽徒长,枝叶繁茂。4月初便可根据发芽的情况进行分株。

①操作时,先将老株倒出,抖散土团,用利剪将菊花带根分剪。

②然后植于土盆,一盆一株。

③5月摘心,促进多发新株,6月再摘一次,诱导腋芽再度萌发。

④加强肥水管理,满足新枝旺盛生长所需养分,达到培育粗壮插穗的目的。8月初便可切取枝条进行扦插。

病虫害防治

(1)霜霉病。危害叶片和漱茎。春秋两季均能发病。防治方法:选育抗病品种;在未曾发生霜霉病的田块种植菊花;移栽前,将幼苗用40%乙磷铝300倍液浸苗5~10分钟,晾干后栽种;春季发病,喷40%乙磷铝250~300倍液,每隔7~10天1次,共喷2次;秋季发病,于9月上旬发病前和发病初期,喷50%多菌灵800~1000倍液或40%乙磷铝300倍液或50%瑞毒霉300倍液,每10天1

次,连喷3次,效果显著。

(2) 褐斑病又称叶枯病、斑枯病。危害叶片,由下至上蔓延。严重时,叶片干枯不脱落;湿度大时枯死率高达90%以上。防治方法:增施磷钾肥,给叶面喷施磷酸二氢钾,可提高菊花抗病力;发病初期喷50%多菌灵800～1000倍液,50%托布津1000～1500倍液。在梅雨季节喷1次1∶1∶100波尔多液,在9月上旬和中旬再喷上述农药2次。每次相隔10天。

(3) 菊天牛又名菊虎、蛀心虫。防治方法:5～7月在清晨露水未干前捕杀成虫;大量发生时喷40%乐果1000倍液或2.5%敌杀死10微升/升或50%磷胺乳油1500倍液;结合摘心打顶,从断茎以下4厘米处,摘除枯茎,集中烧毁。

(4) 菊蚜4～5月间,菊蚜密集于嫩梢、花蕾或叶背上吸取汁液,使叶片发黄、皱缩、枯萎,严重影响菊花产量。防治方法:用40%乐果1000～1500倍液喷杀。

注意事项

如果要菊花提前在10月初开花,就必须对其进行短日照处理。具体方法是:5月上旬扦插,月底上盆,6月上旬摘心,从7月15日开始,每天只给菊花进行8～10小时的光照,其余时间进行全黑遮光,即每天下午5时左右用外黑内红的布罩或黑色塑料薄膜严密遮盖,次日早晨7～8时揭开进行光照,到花蕾长大后停止遮光,10月初便可鲜花盛开。

茉莉

摆放地点

俗话说:"晒不死的茉莉,阴不败的兰花。"茉莉放置南向、西向阳台均可。

尤以南向阳台的栽培效果最好。由于它高矮适中,因此可以摆放在大小不同的各类阳台上。在其生长旺盛阶段,最好将植株置于全日照之处,如果条件不允许,则每天至少保证要有4小时的直射日光。夏季应该保持环境适当通风。冬季气温不宜过高。

茉莉花叶色翠绿,终年不凋。夏秋两季,开花不绝。其色如玉,其香浓郁,是家庭盆栽的上品,可置于家庭南向窗台及阳台之上,亦可短期置于室内陈设。它的花朵在半开时清香四溢,因此常被镶嵌在插花作品中,以增加香气。

形态

茉莉为常绿直立灌木。植株高1米左右,枝基部树皮灰褐色,下部枝长,近匍匐状,枝柔软。

茉莉

叶对生,椭圆形倒卵形或卵形,长1.5~8.5厘米,宽1.1~5.5厘米。叶翠绿有光泽。

花顶生或腋生,聚伞花序或单生,成熟花蕾为浅白色;花朵小,常2~4朵一束,花白色有浓香,花朵将要凋谢时有淡紫色晕,单瓣或重瓣。花期6~10月,陆续开花不断。

习性

茉莉属于热带植物,性喜温暖湿润和阳光充足,耐寒力弱,经不起低温霜冻。生长适温为25℃~35℃。生长期需要充足的水分和湿润的气候,耐旱力弱。茉莉是阳性植物,对光照要求较严格。在阳光充足气温高的环境下则叶片碧绿,枝条粗壮,花蕾多,香气浓。茉莉吸肥力强,适于微酸性,pH值5.5~7的肥沃、疏松、结构良好的沙壤土。

栽培管理

茉莉花在华南地区可露地栽培,管理比较粗放,如为生产鲜花,每年秋末施一次基肥,在生长旺季,追施4~5次液肥即可。北方地区只能盆栽,在养护管理上比露地栽培要精细的多,管理不好容易发生叶片发黄,不开花,甚至衰弱死亡的现象。

(1)基质。盆栽茉莉应选用疏松肥沃呈微酸性的盆土,如可用腐叶土(或草炭灰)5份、园土4份、饼肥1份混合配制而成。

(2)花盆。一般用大盆。上盆时在盆底放少许骨粉作基肥。最好每年或隔年换盆一次,换入新的培养土。换盆后浇透水,并注意松土,温度保持在22℃~24℃之间,可加速新芽的萌发。

(3)肥料。茉莉喜肥,生育期间每隔7~10天施一次腐熟的稀薄饼肥水或麻酱渣水。从10月份开始应停止施肥。每次施肥后应及时浇水,并进行松土。茉莉喜微酸性土壤,在其生长期间应每15天左右浇一次0.2%硫酸亚铁液,以保持盆土酸性。

(4)水分。生长季节水肥应充足,但不宜过量,这是盆栽茉莉生长好坏的关键。茉莉怕积水,盆土过湿容易烂根落叶,甚至死亡。春季,北方地区气候干燥多风,蒸发量较大,可每隔1~2天浇一次水,每次浇七八成水,约每5天浇一次透水。夏季气温高,植株生长旺盛,需水量大,应每天浇一次透水,并向叶片上喷水1~2次和向花盆周围地面洒水,以增加空气湿度。连阴雨天避免雨淋,防止因盆土积水而烂根。秋季天气转凉,浇水量与春季相同,并逐渐减少。冬季应严格控制浇水,一般以保持盆土稍湿润即可。茉莉浇水要注意定时,形成规律,不然容易出现生理性的干叶和枯枝。当发现叶片刚刚发黄时,注意停水,几天后,再适当浇些水,尚可挽救。

(5)温度。茉莉喜温暖,当气温在20℃以上时就开始孕蕾而陆续开花,气温高于30℃时,花蕾的形成和发育速度大大加快,而且花香更加浓烈;气温降到10℃以下则生长缓慢,并开始进入休眠期。

(6)光照。如光照不足,则易形成枝条徒长,叶大而薄,光合作用受抑制,制造的养分满足不了开花的需要。

繁殖方法

茉莉花的繁殖,主要采用扦插、压条和分株等方法进行。

扦插繁殖。扦插茉莉,是一种最简易的繁殖方法。茉莉花扦插最好是3~4月或梅雨季节。从2~4年生的母株上,切取1~2年生的健壮枝条作插穗,插穗长8~10厘米。露地苗床可用细黄沙土,花盆苗床也可用蛭石,插入土壤深度为插穗长度的1/2。最好随剪随插,插后用食指和中指带泥围住插穗向下压。

扦插成活的关键是浇水。从实践得知,伤口愈合前土壤湿度为75%~80%,伤口愈合后,土壤湿度为50%~60%,生根以后土壤湿度为40%~50%。插完后灌透水,再用塑料地膜拱棚,保持空气湿度,温度控制在25℃左右,大约20~30天就能生根。

实践证明茉莉花春插最好,因为植株经过冬季休眠,枝条丰满健壮,养分比较充足,内部生理机能正待活动,所以扦插成活率高。长江流域及其以南地区,但以立夏小满之间最好。

①插时用33厘米(10寸)口径的花盆作为苗床,内盛生根培养土,剪取插

穗8~10厘米，注意插口要剪成斜面，上端为平面。

②扦插工具打孔，然后将枝条插入小孔，手压泥土使之密贴，每盆20根左右。

③插后将苗床放在盛有清水的大盆中，见上面湿润为止。如果没有大盆，可用细孔喷壶，进行雾状喷水。

④将花盆放于向阳通风处，中午和雨天要覆盖，不能让阳光直射或大雨冲打，避免幼苗霉烂，30天左右能长出新根，50~60天就可移栽。

病虫害防治

(1)茉莉叶螟。又称卷叶虫，为主要害虫，危害叶片、花蕾、小枝及新梢。防治方法：可采用40%乐果800~1000倍液或1%杀虫醚进行喷杀。

(2)茉莉蕾螟。又称花心虫，也是重要的害虫，危害花蕾及枝梢。防治方法：可采用40%乐果800~1000倍液或1%杀虫醚进行喷杀。

(3)蕾紫叶蛾。又称蛀虫，主要也是危害花蕾及枝梢。防治方法：可采用40%乐果800~1000倍液或1%杀虫醚进行喷杀。

三色堇

三色堇早春开花，色彩美丽，是一种适宜阳台绿化、美化的草本花卉。三色堇，株形小巧玲珑，叶态别致，花形奇特，花色特别鲜艳，以至"美人笑来扑，误使损芳丛"。

摆放地点

东向、南向、西向阳台，其中以南向阳台的栽培效果最好。由于它高矮适中，因此可以摆放在大小不同的各类阳台上。在其生长旺盛阶段，要将植株置于每天接受日光直射不少于 3 小时之处。冬季应该保持环境适当通风。由于三色堇惧怕高温，因此春季摆放地点的气温较低则有助于延长植株的观赏时间。冬季气温较低并无妨碍。

三色堇株形低矮，花色瑰丽，是早春重要花卉，多用于花坛、花境及镶边植物或作春季球根花卉的"衬底"栽植。也有用于盆栽及用于切花、襟花等。

形态

多年生草本花卉，常作二年生栽培，株高约 30 厘米。茎干节间多分枝，略为匍匐状生长。

叶具短柄，茎干基生叶片，形如心脏，托叶肥大而宿存。

花大腋生，两侧对称，径约 5 厘米，花瓣 5，一瓣有距，两瓣有附属体，花复色，有黄、白、紫，或单色。花期 4~6 月。5~7 月果实成熟。

习性

三色堇性喜凉爽的环境。能耐寒，耐半阴，喜凉爽气候和富含腐殖质的疏松肥沃、排水良好的沙质土壤。忌炎热和雨涝。在炎热多雨的夏季生长不好。

栽培管理

（1）基质。一般用山泥土 2 份、腐叶土 2 份、肥田泥 2 份和沙质园土 2 份配制而成，配好后必须进行暴晒、整细过筛，然后在盆底加少量腐熟饼肥作基肥，盖上土。

（2）花盆。花盆可选用大小适宜的土陶盆。花盆要用水清洗浸泡，再用数片碎盆瓦片盖在底孔上，做好排水层。

（3）肥料。三色堇苗期生长较迅速，应给予充足的水肥，则花多而大，花期长。如果肥料供给不足，则着花少而小，品种显著退化。

（4）水分。三色堇属于浅根性花卉，不耐干旱，生长期间要保持盆土湿润，浇水要多，如果雨水量少，空气干燥，可2~3天浇1次水；如果雨水多，空气湿度大，则每隔4~5天浇1次水。同时，雨季应注意及时排水，以防水涝。

(5)温度。三色堇性喜湿润凉爽的环境，不耐高温，夏季注意降温，如遮阴、喷水等；其最适生长温度为18℃~25℃，如果气温继续升高，三色堇便生长不好，叶片萎黄。冬季室内越冬要保证室温在10℃~15℃。

(6)光照。在阳光强烈的夏季，要注意搭棚遮阴，这样既不至于暴晒，又可接收散射光照射，从而接收到生长必要的阳光照射。冬季则可放于室内向阳的地方莳养。

繁殖方法

三色堇，主要利用种子进行播种繁殖。三色堇的果实5~7月成熟。

莳养者应根据种子的成熟度及时采收，经晾晒除去杂质后用纱布袋装好，置于干燥的地方，待蒴果盖裂后取出种子，待到9月天气凉爽后，播于露地苗床，培育幼苗。

①三色堇进行播种繁殖，要选地势稍高、质地肥沃、富含有机质的沙质土壤的地方。施一些腐熟的干杂肥和厩肥后进行深翻，把基肥埋入土壤中，制作露地苗床。苗床的长度为500~600厘米，宽度为80~120厘米，高度为20~25厘米。

②苗床做好后，可用药物对土壤进行消毒，再经晾晒后便可播种。

③播种前可用40℃左右的温水浸泡种子24~48小时，然后捞起播撒在苗床里。覆盖一层细沙土，厚度以完全盖住种子为宜。

④用细孔喷壶把水喷透，苗床上再盖一层稀薄的稻草，保持土壤湿润，苗床温度控制在15℃~20℃，以利种子吸水萌发。

⑤三色堇种子发育快，只要水分适宜，一般8~10天小苗便破土而出。三色堇的幼苗出土比较整齐，长势也很迅速。

幼苗出土后要及时揭去稻草，使之见光透气。

当幼苗长出 3~4 片真叶后可进行一次间苗,追施 0.2% 的磷酸二氢钾水溶液,促进幼苗健壮成长。当幼苗长到 10~12 厘米高时,便可进行定植栽培。

病虫害防治

虫害主要是黄胸蓟马。用 2.5% 的溴氰菊酯 4000 倍液或杀螟松 1500 倍液,每隔 10 天喷洒 1 次。

石榴

五月石榴红似火,火红的石榴花缀满翠绿的枝头,宛若美丽朝霞。石榴的美,主要表现在它的色彩美、姿态美和风韵。春日,新梢萌动,千叶竞红;夏时,艳丽花朵,婀娜多姿;秋日,果实累累,压满枝头;冬时,铁骨虬枝,壮人情怀。它十分适宜阳台小气候环境。

摆放地点

南向阳台。由于它高矮适中,因此可以摆放在大小不同的各类阳台上。在其生长旺盛期,最好将植株置于全日照之处,如果条件不允许,则每天至少保证要有 6 小时的直射日光。夏季应该保持环境通风。冬季气温低于-10℃并无大碍。

石榴既是著名果树,又是很好的观花观果花木。树姿优美,枝叶秀丽,花色红艳,果实累累。最宜栽植在庭园中、阶前或假山、亭廊之旁,点缀或成片配置,每当开花季节形成一片如火如荼的艳丽景色,十分引人注目。盆栽摆设群花盆或供室内欣赏,效果均好。

形态

石榴为落叶灌木或小乔木,高 5~7 米。分枝多,小枝圆而微具棱角。

叶倒卵状长椭圆形,在长枝上对生,在短枝上簇生。

花1~5朵生于小枝顶端或叶腋内,萼筒钟形,红色,质厚,顶端5~7裂,花瓣与萼片同数,通常红色,也有黄白色、殷红色等其他颜色的,皱缩状,有单瓣和复瓣之分。花期夏季。果期7~9月。

浆果近球形,成熟后果皮呈铜红色或酱褐色。栽培品种分果石榴和花石榴两大类。果石榴类有红石榴、白石榴、墨石榴、酸石榴等;花石榴类有单瓣白石榴、黄石榴、重瓣玛瑙石榴、四季石榴、千瓣白石榴、千瓣红石榴、火石榴等。

习性

石榴性喜阳光充足、温暖气候,耐旱、耐瘠薄,但抗冻性不强,在天津及其以南地区均可露地栽培。怕水涝,适宜疏松肥沃的石灰质土壤。开花时节忌雾和雨水,如多次遇之,则花朵易脱落、幼果易腐烂。怕水渍。

栽培管理

(1) 基质。石榴对土壤要求不严,但以中性的沙质土壤最好。盆栽可选择疏松肥沃的土壤,栽植时施入适量骨粉或饼肥末等肥料作基肥。

(2) 花盆。一般用大小适宜的土陶盆。花盆底部要用碎瓦片搭桥覆盖盆孔,以利排水。即先用一块瓦片盖住盆孔的一半,再用另一瓦片斜搭在排水孔的另一半上。

(3) 肥料。石榴较喜肥,每年春季展叶期、夏季孕蕾开花期和花后结果期都应分别施1~2次稀薄饼肥水,孕蕾期用0.2%磷酸二氢钾液喷施叶面一次。但每次施肥不宜过多,尤其是氮肥量不能过多,否则容易引起枝叶徒长,着花稀少甚至不开花。开花期间暂停施肥。花谢后坐果时一般不宜过多施肥,以免落果。

(4) 水分。石榴较耐干旱,最怕盆底积水,平时浇水应见干见湿,盆内不宜积水,夏季多雨时,注意及时排水。盆栽保持土壤湿润即可。特别是开花期间浇水要适当减少,否则容易引起落花。冬季放冷室(0℃左右)内越冬,严格控制浇水,约每个月浇水一次即可。

(5)温度。石榴稍抗冻,对温度要求不是太严,冬季只要气温不低于-20℃即可室外越冬。

(6)光照。石榴属阳性花木,生长季节要有充足的光照才能生长健壮,最好把它置于全日照的地方莳养。光照充足则花色鲜艳,果实丰硕。如果阳光不足,容易引起枝叶徒长,花少色淡,且很少结果。因此在整个生长季节都需将其放在阳光充足处,每天日照至少要保持在5小时以上。

繁殖方法

石榴的繁殖,有播种、扦插、压条和嫁接等方法,但以繁殖简便、快速的播种和扦插为主。

扦插繁殖。石榴的扦插,春秋两季都可进行。春季宜在早春新芽尚未萌动前,秋季宜在10月中旬落叶后进行。

①扦插时可利用修枝造型剪下的枝条,选其无病虫害的壮枝,剪成8~10厘米长的插穗,最好两端都剪成平口,这样刀口小,能减小感染面。

②备好的枝条在扦插前,可用95%的工业用酒精,浸一下插穗下端,再把插穗插入装有清水的瓶子中,水淹深度为插穗长度的1/3或1/2,然后把插瓶放置在向阳通风处。

③每3~4天换水一次,换水时要清洗插瓶,大约浸泡15天左右。

④再把插穗插入盛有培养土的苗床内,浇一次透水。

以后的管理和其他植株扦插繁殖相同。秋季扦插的在11月份天气转冷时,要移入室内低温(1℃~5℃)越冬,来年早春出室,加强肥水管理,5月便能孕蕾,6月就能开花。

还有一种是用花芽已经分化的枝条进行扦插,时间在6月上旬。扦插时将母株上已经半木质化,并已形成花芽的健壮枝条,扦插于已发过酵的砻糠灰基质中,在充分浸水以后,放置于通风阴凉之处,每天中午和傍晚向叶片各喷水一次,精心养护半月左右,再移至向阳处。在阳光的作用下,插穗的根原体很快就能从机体中生出根来。这时,再把已生根的石榴移栽于花盆中,基质可用砻糠灰和菜园土各半配制,上盆以后要荫蔽3~5天,再把它放在阳光下照射。只要按照其生长习性精心管理,它也能与其他盆栽石榴一样,开花结果。一盆小巧精美的石榴,开上几朵花,挂上两个果,确实别有一番情趣。

换盆方法

1.首先轻轻敲打花盆,使盆土松动。注意敲打的力道,不要震伤细嫩的枝芽。

2.待盆土松动后,倒转花盆约45°。一只手扶稳植株。另一只手轻轻拍打盆底。

3.将瓦片垫入新盆中。防止土壤流失,保证排水良好。

4.将新底土填入盆中。

5.加入底肥。

6.将退好盆的植株垂直放入新盆。

7.填入与植株适应的新土。

8.将盆土按压实。使盆土低于盆沿1~2厘米。

9.为了美观可以在土壤的表面覆盖一层石子或陶粒。

病虫害防治

石榴的抗病能力较强,一般不易发生病害。常见的害虫有蚜虫、介壳虫等,可分别用40%氧化乐果乳油1000~1500倍液及3~5波美度的石硫合剂防治。另外,在石榴的根际常有蚂蚁筑窝,损伤根系,可用烟草水浇灌驱杀。

注意事项

石榴花着生在当年生的枝条上,所以合理修剪十分关键。要注意培养和保留结果母株。生长期间对于生长旺盛的直立徒长枝要进行摘心,以控制其生长,促使基部腋芽饱满。春季萌芽前把枯枝、纤弱枝、交叉枝以及根部萌蘖枝统统从基部剪除,但不能将结果母枝短截,否则将不能开花、结果。每个结果枝上一般着花2~5朵,其中以顶花最易坐果。盆栽石榴开花后要及时疏花、疏果,使留下的果实个大、色艳、味美。

睡莲

雪白睡莲,是一种多年生的水生花卉,根状茎直立或斜出,叶柄细长,丛生状生长,叶片浮于水面,密密相连,翠绿的叶片铺展得一片碧绿。雪白睡莲,为观赏莲中的佼佼者,白花绿叶相配,完美无缺,莲叶之舒卷,白花之开合,相互映衬,美丽无比。睡莲叶浮绿水面,花开艳阳天,是颇具特色的阳台水生花卉。

睡莲

摆放地点

南向阳台。它的植株虽不很高,但叶片平铺生长,适合在十分宽敞的阳台上栽种。在其生长旺盛阶段,最好将植株置于全日照环境。如果条件不允许,则每天至少保证要有4小时的直射日光,夏季通风不宜过强。冬季气温较低并无妨碍。

睡莲为重要水生花卉，常用于点缀平静的水池、湖面或作盆栽观赏，也可作切花。

形态

根状茎横生于泥土中；叶丛生，并浮于水面，圆形或卵圆形，基部深裂近戟形，全缘，叶表浓绿有光泽，背面红紫色。叶柄细长而柔软。

花较大，单生于花梗顶端，浮于或略高于水面，花瓣多数，有白、粉红、黄、紫红及浅蓝等色。花期夏季。

习性

耐寒、喜光、喜水质清洁、温暖的净水环境。春季萌芽生长，夏季开花，花后果实沉于水中，成熟后开裂散出的种子最初浮于水面，而后沉底。单朵花期2~5天，依种类不同而午间开放、夜间闭合或夜间开放、白天闭合。

栽培管理

(1) 基质。取肥沃池塘的泥土铺在缸底，然后注水20~60厘米。

(2) 花盆。小型品种可用缸、钵栽培，每缸一株，大型花钵（缸）可植2株。

(3) 肥料。春季可施底肥，可每隔2~3年份栽一次。

(4) 水分。一般水深保持10~60厘米之间，要相对稳定。

(5) 温度。冬季应将不耐寒的睡莲移入温室，并使水位维持在较高水平。

(6) 光照。在生长期间保持阳光充足，通风良好，否则生长势弱，易遭蚜虫危害。

繁殖方法

播种繁殖。为了使雪白睡莲当年播种，当年开花，就播种时间而言，应该是越早越好。但是,早春温度低,并时有寒潮侵袭,故在3月下旬或4月上旬播种最好。这时的气温能使睡莲种子萌发,不需要人工加温。

①睡莲种子的外壳,具有特殊的组织结构,在种子成熟干缩以后,水分不易进入,种子被迫处于休眠状态。为了使种子尽快吸收水分,开始萌发生长,在播种以前,必须对莲子进行破壳处理。睡莲的种子属于倒生性胚珠,着生于种子的顶端(带微孔的一端),所以,破壳时要特别注意,不要破颠倒了。

破壳有两种方法:

一种是用牙口锋利的老虎钳,夹破种子的基部,只要夹去垂直高度为2~3毫米即可,切勿夹去太多,以免损伤胚乳。

另一种方法是用锉刀,锉去种子基部的硬壳(不能伤着胚乳)2~3毫米也可。但是,不论采用哪种措施,都不能把种壳去得太多,如果胚乳或胚芽一旦受到损伤,种子就容易感染腐烂。

②种壳处理好了后,可将种子集中起来,放在玻璃杯或瓷质杯中,用50℃左右的温水浸泡(禁用鲜开水)。

③待水温自然降到30℃左右时,再用保温杯把水温控制在28℃。注意这种方法,水温不能高于40℃,或者低于20℃。如果水温长时间高达40℃,种子虽然头两天吸收膨大都比较迅速,但以后播入泥土的发育却会受到抑制;如果水温低于20℃,则种子发育就较为缓慢,这是播种时必须注意的问题。

④在适宜的水温中,只要浸泡24~48小时,种皮便吸水变软,胚乳吸水膨胀。此时,可沿破壳处削去种壳1/3,使胚乳进一步显露,以利胚芽发育后伸长。

⑤在适宜的温度条件下,一般浸泡到第三天后,胚芽便开始萌动,第一片幼小的真叶便从破口处伸出。在浸种催芽的头三天,需每日换水1~2次,并注意清除腐烂种子,保持水的清洁,利于种子萌发。

⑥种子萌发出小叶以后,继续放在温暖的光照处,促进胚芽生长,待长出两片小叶,茎节间长出须根后,可用拇指和食指捏住莲子,放在事先准备好的泥盆

中,在25℃~25℃中的温度条件下,进行水培育苗5~7天。

在此期间,睡莲实生幼苗的活动,主要靠胚乳提供养分,不需要施肥。但是,在水培育苗过程中,一定要给予适宜的阳光照射,不宜经常换水和翻盆,以免使叶片经常改动方向,而叶柄过度伸长。盆内水分的深度应以叶柄完全浸入水中,而叶片自然平展水面为宜,具体来说,一般水深为10厘米左右即可。当第一片真叶全部展平、第二片真叶即将伸展、根系开始生长时,莳养者可根据具体情况,进行定植上盆栽培。

同时,睡莲也可点播,在睡莲的果实成熟后,花葶萎蔫弯曲,花托下沉水底,捞取不易,因此,莳养者可在授粉形成果实以后,套上纱布口袋,待秋季种子完全成熟时,取出清洗干净再贮藏于水盆中,次年清明节前后,在装着培养土的缸、盆中点播。待莲子发出新芽和浮叶以后,逐步加水,使浮叶浮在水面,4月上旬定植,最迟不得超过4月下旬。

操作时,先从育种盆内提取睡莲幼苗,种植于大缸或水泥池中。小型品种一般当年就能开花,大型品种正常生长,也要在第二年才能开花。

病虫害防治

病虫害较少,生长旺盛期注意防治食叶害虫。

大花马齿苋

马齿苋叶姿圆润,花态奇异,色彩艳丽,品种繁多,是一种适应性强、生长极其旺盛的热带观赏花卉。生长旺季,在阳光的映衬下,茎干枝叶绿中透红,玲珑妩媚,花色五光十色,璀璨晶莹,煞是美丽,十分招人喜爱。花在阳光下开放,阴天、傍晚至清晨闭合,故名太阳花。

摆放地点

可摆放于东向、南向、西向阳台。尤以南向阳台栽培效果最好。由于它株形矮小,比较适合装点较为狭窄的阳台。生长旺盛期每日日照时间不得少于4小时。保持较高的环境温度可以相对延长植株的观赏时间。

马齿苋花色鲜艳,植株较矮,枝叶繁茂,是作花坛的良好植物,可作毛毡花坛或花境、花丛、花坛的镶边材料,也用于饰瓶、窗台栽植或盆栽。

形态

一年生肉质草本。株高10~20厘米,茎平卧或匍匐,茎节处生白毛。

叶圆柱形。花单生或数朵簇生于枝的顶端,花径2~3厘米,有白、粉、红、黄、橙等色,单瓣或重瓣。蒴果盖裂,种子细小,棕黑色。

花期6~10月。蒴果,成熟时顶盖开裂。

习性

马齿苋喜温暖、阳光充足而干燥的环境,阴暗潮湿处生长不良。不耐寒,必须栽培在阳光充足的环境下,花迎阳光开放,日落闭合,光弱时花朵不能充分开放。适应性强,极耐瘠薄,在干旱的沙质土壤中生长良好。能自播繁衍。

栽培管理

(1)基质。马齿苋具有顽强的生命力,对土壤要求不严,移植后容易恢复生长,大苗也可裸根移栽。栽培时要用沙质培养土,盆底还要施入基肥,最好是禽类干粪。如果没有这种肥料,也可施入干杂肥和少量过磷酸钙。

(2)花盆。盆要选透水性、透气性均好的泥盆,或陶质盆、紫砂盆,不能用瓷盆或塑料盆。盆不要太大,盆壁不要太厚。盆底应加碎瓦片作排水层。

(3)肥料。太阳花性喜固体肥料,盆栽时一定要施足基肥。在其生长旺盛期也可追施3~4次有机或无机肥料,但浓度都不宜过大,有机肥以1∶10或1∶15的浓度追施;无机肥可用尿素、磷酸二氢钾,浓度控制在0.2%左右。要进行有效施肥,最好两种肥料交替使用,这样对植株生长更为有利。

(4)水分。太阳花的肉质茎干、枝条、叶片含有较多的水分和养分,因此它既耐贫瘠,又耐干旱。在干燥的气候环境中生长最好,如果将其置于阴湿的环境,反而生长不好。盆栽植株,不论什么季节,都要保证盆土湿润。每次施肥后的次日,要灌透水1次,保证不伤根系,植株就能长好。

(5)温度。太阳花性喜温暖,不耐寒冷,当春季气温回升到15℃以后,长势比较好;当气温升到20℃~30℃时,植株花繁叶茂;秋季气温低于15℃时,植株便开始老化。

(6)光照。太阳花性喜阳光照射,在阳光充足的生态环境中,枝叶繁茂,鲜花盛开,多姿多彩,十分悦目。充足的光照不仅能够使植株冠丛直立向上,减少倒伏,而且株形紧凑,增强抗性,减少病虫害;如果光照不足,会使肉质茎过细,体内营养不充分,影响植株的正常孕蕾开花。

繁殖方法

大花马齿苋,主要采用播种的方法,进行有性繁殖;对一些难于结实重瓣品种,也可采用扦插的方法进行营养枝条的繁殖。

播种繁殖。大花马齿苋的种子,8~9月陆续成熟,成熟的蒴果会自动开裂,因此,要及时采收。收集后可将其置于阳光下晒裂,便可收集种子。大花马齿苋的种子发芽容易,莳养者可根据各地的气候条件,春、夏、秋三季都可播种。但是,它的萌发温度为20℃左右,如果环境温度达到这个标准,全年都可播种。

大花马齿苋的种子宜保湿浅播,促进发芽。因为种子细小,播种时最好用小木板将基质刮平或者先用洒水壶将基质湿润后播下。

①操作时,可将种子和细沙拌和,一般种子与沙土的比例为1∶500,在盆碗中拌匀。

②然后将种子倒在厚纸板上,用手指轻轻弹动纸板,将种子均匀地抖落在土壤表面。

③再用小木板轻轻压一压,但不要压实,使其种子接触土壤为宜。

④次日见土壤略干后把水喷透。

⑤大花马齿苋播种以后,要保持基质的湿润,如果是早春播种,温度尚未稳定的时候,育种场地可用白色塑料薄膜覆盖,这样,既保温又保湿,对种子的萌发极为有利。如果基质湿润,薄膜内温度控制在20℃~25℃,种子萌发很快,一般只要8~10天,种子的胚芽便破土而出,这时,要揭去薄膜使透气见光,当见到真叶后,便可按5厘米×6厘米的株行距进行间苗和分栽。

病虫害防治

斜纹夜蛾以幼虫危害植物幼嫩部分。防治方法:

①结合冬季翻土,消灭越冬虫态。

②利用黑光灯、糖醋液、甘薯、豆饼发酵液诱杀成虫,糖醋液中可加少许敌百虫。

③幼虫发生期,可喷施40%乐斯本乳油800~1000倍液,或50%辛硫磷乳油1000~2000倍液,或1%灭虫灵乳油1000~2000倍液。

五色椒

五色椒树态矮健,株形笼状,密枝扶疏,秀叶浓绿。花开满树,清香淡雅,秀丽恬静。观赏辣椒,花朵素雅,果实形态优美,娇小玲珑,红黄白紫,点缀绿叶之中,色泽鲜艳,光彩生辉,极为可爱。它的果实先呈白色,再现紫色,最后变为红色,在此过程中还会出现一些中间色。因此,已经结果的植株异彩纷呈,艳丽动人。

摆放地点

东向、南向、西向阳台。尤以南向阳台的栽培效果为最好。由于它高矮适中,因此可以摆放在大小不同的各类阳台上。在其生长旺盛阶段,最好将植株置于每天接受日光直射6小时之处。如果条件不允许,则每天至少保证要有2小时的直射日光。夏季应该保持环境通风;秋季将气温保持在较高状态,有助于延长植株的观赏时间。

五彩椒植株小巧,红果绿叶,十分醒目美丽,可用小盆栽植置于案头,亦可培育成大的盆栽花卉,供阳台、厅堂等处陈列,或植于庭院、花坛等处,配置风景。有些品种可兼作蔬菜,供食用。

形态

五彩椒为多年生草本植物,常作一年生栽培。株高40~60厘米。茎半木质化或半灌木状,分枝多。

单叶互生,卵状披针形或矩圆形,叶如辣椒。

花小,白色;果形多种,单生叶腋或簇生枝梢顶端,有梗,为辣椒的变种。花期7~10月,果熟期8~10月。浆果直立,指形、网锥形或球形,有红、黄、白、紫等色。着果期从夏至秋,可经历半年的时间。

习性

五彩椒喜生于气候温暖、日照较长、空气干爽的环境。不耐寒,茎叶遇霜即枯萎,如在温室内,冬季可继续开花结果。喜光和通风向阳地,耐高温和干旱,适宜于湿润肥沃、排水良好的沙壤土,忌积水及干风吹袭。

栽培管理

(1)基质。盆栽宜选用富含腐殖质、疏松肥沃、排水良好的沙壤土或园土。

基质可用森林土3份、山泥土3份、腐殖土2份和含磷肥较多的干杂肥2份配制而成。配制好的基质要暴晒,整细过筛。

(2)花盆。一般用大小适宜、质量较好的土陶花盆。

操作：

将培育的小苗用铁锹撬起,注意保护根系。

植入花盆中央,覆土后轻轻压一压,用细孔喷壶把水浇透,然后放于隐蔽通风处缓苗3~5天。

(3)肥料。五色椒根系发达,生长强健,喜肥而不择肥。生长前期每半月施一次稀薄的液肥(浓度控制在0.5%~1.0%之间),主要是腐熟的饼类肥料;开花前可增施些磷、钾肥,以提高坐果率,还可用元素花肥进行追肥,其配方为:植物发酵液体肥料500克、过磷酸钙100克、硫酸亚铁1克、硼砂2克、硫酸锌0.25克、硫酸锰0.25克、硫酸铜0.25克。

(4)水分。五色椒喜湿润,春季可每2天浇水一次;夏季需水量大,一般早晚各浇水一次,必要时还可在上午10时和下午5时以后向叶片各喷水一次,使盆土始终保持湿润状态;秋季果实成熟后要控制浇水,一般每周浇水一次即可。平时浇水要见干见湿,切忌浇水过多,造成盆内积水而引起落叶、落花。

(5)温度。五色椒不耐寒冷,最适宜生长温度为20℃~32℃。在适宜的温度下,阳光又充足,植株的光合作用也特别旺盛,生理生长迅猛,植株的花期、果期特别长久。

(6)光照。在阳台莳养的植株,三伏天要注意保护好五色椒的叶片,必要时在中午12时至下午3时这段时间进行半荫蔽莳养,使之生长更加旺盛。晚霜过后可将花盆放在阳台上或庭院背风向阳处。

为了使果实早变色,充分发育成熟,要适当进行疏花疏果,及时摘除枯黄叶片,培育成丰满匀称的株形。

繁殖方法

五色椒的种子,7~11月陆续成熟。莳养者可将成熟的果实,采收后用剪刀剪开外壳,刮出种子,用清水淘洗干净,置于阴凉通风处、晾干,用纱布袋子贮藏,待到次年3月上中旬,便可进行播种繁殖。也可将果实采收后,置于通风干燥处,待果实全部干燥后,再脱粒用纱布袋子贮藏。

①播种前,可挑选大号土陶花盆代替苗床。

②基质可用森林腐叶土3份、沙质菜园土3份、腐殖土3份、厩肥1份配制。这些土壤配制后都要经过园林技术的处理后,才能上盆使用。

③为了种子萌发快,莳养者可用40℃左右的温开水,浸泡种子24小时,待其吸水膨胀后捞起,准备播种。

④播种时,要将花盆中的基质刮平压实,再把种子均匀地撒播在苗床内,覆土盖好种子。

⑤用浸盆的方法把水浸透,花盆上盖块白色玻璃,置于向阳温暖处,保持基质的绝对湿润,苗床温度控制在20℃~25℃。

⑥一般10~15天,小苗便破土而出,这时要揭去玻璃,进行光照和通风。

当小苗长出2~4片真叶时,要进行一次间苗,扩大行间距离,加强肥水管理,加强光照,使幼苗茁壮成长。待壮苗长到8~10厘米高时,便可用大小适宜土陶花盆,进行定植栽培。

换盆方法

1.首先轻轻敲打花盆,使盆土松动。注意敲打的力道,不要震伤细嫩的枝芽。

2.待盆土松动后,倒转花盆约45°。一只手扶稳植株,另一只手轻轻拍打盆底。

3.将瓦片垫入新盆中。防止土壤流失,保证排水良好。

4.将新底土填入盆中。

5.加入底肥。

6.将退好盆的植株垂直放入新盆。

7.填入与植株适应的新土。

8.将盆土按压实。使盆土低于盆沿1-2厘米。

9.为了美观可以在土壤的表面覆盖一层石子或陶粒。

病虫害防治

斑驳病。是由芜菁花叶病毒引起,感染叶片。据悉用5%蓖麻油、玉米油乳剂250倍液对芜菁花叶病毒引起的观赏辣椒脉斑驳病治疗效果很好。

夜来香

夜来香,香味浓郁。其浓香有驱赶蚊虫的妙用,是一种绝妙的驱蚊花卉。宜于庭园栽培或阳台盆栽。从初夏至晚秋,花开不断,花冠呈高脚碟状,黄绿色,香味浓,白天它那含羞似的小花闭合着,每当夜幕渐降,它才大大方方地张开花瓣,送来浓郁的芳香。

夜来香

摆放地点

南向阳台。因为在强烈的阳光作用下,花瓣中的配糖体聚集的更多,这样它晚上放出来的香味就更浓郁。由于它株形矮小,比较适合狭窄的阳台栽种。因其香气有毒,晚上不能摆放于室内,特别是不能放入卧室。

夜来香植株较高,生长健壮,因其傍晚开放,清香沁人,夜幕中色彩尤为亮丽,特别是夏季傍晚,把盆花移入室内驱赶蚊虫,更受广大莳养者喜爱。

形态

二年生草本花卉,可作一年生栽培。株高60~100厘米,全株具毛,分枝开展。

下部叶倒披针形,上部叶卵圆形。

花大,径约4~5厘米,黄色,有芳香;穗状花序顶生。花期6~9月。

习性

植株生长强健,喜光,要求排水良好的肥沃土壤。能自播繁衍,有时一次种植,自播苗每年开花不绝。

栽培管理

月见草莳养管理较简单,给予适当的施肥、灌水及除草即可令花朵繁茂。

(1)基质。可用堆肥加腐殖土配制而成。一般用草炭4份、腐叶土4份和沙土2份配制而成,盆底加少量腐熟饼肥作基肥,盖上土,底部应填充1/4的颗粒状物,以利排水。

(2)花盆。盆要选透水性、透气性均好的泥盆,或陶质盆、紫砂盆,不能用瓷盆或塑料盆。盆不要太大,盆壁不要太厚。

(3)肥料。夜来香根系发达,生性强健,耗肥量大,在生长旺盛期每10天施

1次1∶6的腐熟的液体肥料,平时以1∶10的稀薄肥料,结合浇水进行灌溉。生长期以氮肥为主,孕蕾期以磷钾肥为主。盆栽夜来香冬季要停止施肥。

(4)水分。平时要勤浇水,保持盆土湿润;浇水掌握见干即浇的原则。冬季浇水要逐渐减少,不可过湿,否则也会烂根死亡。

(5)温度和光照。盆栽夜来香冬季需移入室内,置于南向窗台内,接受阳光照射。如遇大冷天,可在花盆上用竹片拱一十字架,架上套上白色塑料袋,以便安全越冬。

注意摘心分枝。定植成活后进行1次摘心,促使其分枝和植株矮化,并多开花。

繁殖方法

夜来香,大多采用扦插的方法繁殖。时间可分为春插和秋插两个阶段,春插在3~4月,秋插在8~9月。

①不论春插或秋插,扦插前,都要根据繁殖数量的多少,制作露地苗床、木箱苗床,或花盆苗床。

②扦插基质可用细沙土和山泥土配制。

③扦插时剪取半木质化的健壮、充实、无病虫害的枝条,长约12~14厘米,每条插穗要有5~6个节间。

④选好插穗后插入基质,深度为插穗长度的2/3,插后用手压实。

⑤花盆苗床可用浸盆的方法,浇一次透水,其他苗床可用喷壶喷透基质。置于通风荫蔽处精心管理。

若是露地扦插,可用竹片拱架,上盖白色塑料薄膜,使之保温保湿,10天以后上午10时前、下午5时后要揭开覆盖物,让其接受弱阳光照射,促进伤口愈合。一般20天以后便有根原体出现。30天以上能长出新根,50天以上便可根据幼苗的长势分株定植移栽。春季扦插的小苗,如果管理和莳养的方法正确,有的秋季就能开花。秋季扦插的第二年春季移栽,夏季就能开花。

网友支招

播种春季、秋季均可,但花的品质以秋播的为好。播种出苗后待长出2~3片真叶时移植1次,长到4~5片真叶时定植。夜来香主根较发达,一般上盆成活后即可摘心,可使其多分枝、多开花。花谢后及时剪除残花,减少养分消耗,以利再次开花。生育期间约每隔20天左右追施1次稀薄饼肥水,并保持土壤湿润,就能即时开花。家庭盆栽夜来香可将种子直接播于盆内,保持盆土湿润,出苗后每盆仅留1株壮苗,其余都除去。生长期应放在阳光充足处,7~10天施1次液肥,能促使其生长健壮,开花良好。

病虫害防治

常发生煤污染病和轮纹病,可用50%甲基托布津可湿性粉剂500倍液喷洒。虫害主要有螨类和介壳类,病害有枯萎病。防治螨类可采用抗螨23乳油800倍液、73%克螨特2000倍液等。防治介壳虫,可用40%乐果乳剂600~800倍液。

一串红

一串红,枝叶翡翠碧绿,花穗鲜艳如火,盛开时,灿烂夺目。一串红株形紧凑,花色猩红,是颇为大众化的观花植物。在良好的管理下,花朵开放可达数月之久,能够给环境带来无限生机。

摆放地点

东向、南向、西向阳台。由于它高矮适中,因此可以摆放在大小不同的各类阳台上,在其生长旺盛阶段,要将植株置于每天接受日光直射不少于4小时之处。夏季,应该保持环境适当通风;秋季,将气温保持在较高状态,有助于延长植株的观赏时间。

一串红常用作花坛、花丛的主体材料,及带状花坛或自然式纯植于林缘;或盆栽于门前、街头、广场、会场等处布景,还可做切花、花束等。

形态

为多年生草本,作一年生栽培,株高90厘米。茎方形,节间有紫色横纹。叶对生,叶片卵形,先端渐尖,有锯齿。

顶生总状花序,被红色柔毛,花冠唇形,深红色,有长筒伸出萼外,小坚果卵形,花期7~10月,果熟期8~10月。花冠有鲜红、白、粉、紫色,且有矮生变种。花谢时花冠先脱落而花萼仍可观赏。

习性

一串红喜温暖、湿润、凉爽的气候,不耐严寒。喜阳光充足,但也能耐半阴,忌霜害。最适生长温度为15℃~30℃,低于12℃生长停滞,叶片变黄、脱落,花朵逐渐脱落。喜疏松肥沃的沙壤土,忌渍水,耐旱。

栽培管理

(1)基质。盆栽土需施基肥。用腐熟有机肥作底肥,采用腐叶土、沙壤土各50%的培养土较为理想。盆土用园土5份、腐叶土2份、厩肥土2份、草木灰1份加少量石灰、骨粉配制而成。

(2)花盆。一串红植株高矮适中,通常采用中号花盆进行定植,也可使用大型花盆进行合栽。

(3)肥料。一串红因其不耐热,故7~8月间往往生长不良,每遇雨季叶片发黄时,可施硫酸铵使叶转绿。为了防止徒长,要少浇水、勤松土,并施追肥。生长旺盛期应每隔10天追施1次富含磷、钾的稀薄液体肥料。花后及时将植株从距地面20厘米处剪掉,浇足水,1周后施淡肥水,其后勤施肥,12月份可在温室再度开花。

(4)水分。生长期宜保持土壤适当湿润,过湿、过干皆对生长不利。空气湿度应适当,如过干则易造成落花、落叶;过湿则枝叶又易腐烂。

(5)温度。一串红性喜温暖,其适宜生长温度为16℃~30℃。它不耐寒冷,受冻植株易死亡。另外,温度对控制一串红花期尤为重要。

(6)光照。一串红在阳光充足的条件下生长良好,但在高温季节应避免日光西晒。夏季盆栽,需适当遮蔽中午的烈日,当花由红转白、接近凋谢时,即应及时采种。

繁殖方法

一串红主要采用播种和扦插的方法,进行繁殖。

扦插繁殖。一串红常用扦插的方法进行繁殖。有温室设备的一年四季均可进行。

①扦插前,选取当年萌发的新枝顶梢,每段长8~10厘米,摘除基部叶片。

②然后10~20株一起,用湿毛巾包上浸于与气温相同的清水中,浸泡插穗3~4小时。

③待其吸足水分后,扦插于沙质土壤的苗床中,株行距12厘米×15厘米。

④插后用细孔喷壶喷透水分。

⑤苗床上部要搭架用草帘遮阴。

每天数次向叶面喷水,约8~10天就能愈合生根,当新苗长到10~12厘米时,便可分苗定植。

换盆方法

1.首先轻轻敲打花盆,使盆土松动。注意敲打的力道,不要震伤细嫩的枝芽。

2.待盆土松动后,倒转花盆约45°。一只手扶稳植株,另一只手轻轻拍打盆底。

3.将瓦片垫入新盆中。防止土壤流失,保证排水良好。

4.将新底土填入盆中。

5.加入底肥。

6.将退好盆的植株垂直放入新盆。

7.填入与植株适应的新土。

8.将盆土按压实。使盆土低于盆沿1-2厘米。

病虫害防治

温室莳养一串红,如室内高温、高湿或光照不足,易发生腐烂病,必须注意调节温度、湿度,使空气流通。

在阳台栽培中,一串红易患花叶病,受害植株叶片出现黄色斑纹。此病难于防治,因而要在引种时加以注意,避免引进带病植株。

此外,一串红易发生红蜘蛛、蚜虫等,可喷1500倍的乐果防治红蜘蛛,马拉硫磷消灭蚜虫,敌敌畏消灭粉虱(敌敌畏中加中性洗衣粉效果亦佳)。

网友支招

摘心控制花期利用一串红已进入开花期的植株,去掉花序后约25天左右可再次开花的习性,可通过摘心来左右花期,如8月播种11月上盆,在高温室内培养的一串红,于4月中旬现蕾后移出室外,"五一"节盛开。花后将残花序和枝顶均摘心修剪,剪后,施肥1~2次,如中午日照过强应置半阴处精心管理,7月可第2次开花。花后再次摘心修剪施肥,10月初再次花满枝头。如花后再摘心修剪,施肥,11月仍可再开1次花,但应注意气温变化,修剪后应置温室内培养才能如愿开花。

虞美人

虞美人是一种潇洒美丽的观赏花卉。花开时,薄如蝉衣的花瓣,娇态婀娜,高雅纯洁。花色鲜艳,有朱红、鲜红和玉白等色。虞美人,花葶温柔直立,姿容绰约葱秀,袅袅轻盈。旧时传说,此花系西楚王项羽战败后不愿过江,而宠姬虞美人含泪自刎垓下,以碧血幻化而成。虞美人株形柔美,花色鲜艳,是十分有名的观赏植物。由于它不喜炎热环境,因此适合在我国北方凉冷地区种植。

摆放地点

南向阳台。它的植株较为高大,适合在十分宽敞的阳台上栽种。在其生长旺盛阶段,要将植株置于每天接受日光直射不少于4小时之处。春季应该保持环境通风。由于虞美人惧怕高温,春季摆放地点的气温较低则有助于延长植株的观赏时间;冬季气温较低

形态

一二年生草本,株高30~80厘米,全株被疏毛。

叶互生,长椭圆形,不整齐羽裂。

花单生,有长梗,含苞待放时下垂,开后挺立。花瓣4,薄而具有光泽,花色有纯白、紫红、粉红、红、攻红、斑纹等色,轻盈柔美。花期5~6月。园艺品种有半重瓣和重瓣类型。

习性

喜温暖、阳光充足、通风良好的气候条件,在疏松肥沃、排水良好的沙壤土上生长良好,须根少,不耐移植。忌炎热、高湿,能自播繁衍。

栽培管理

（1）基质。基质可用疏松肥沃、富含有机质的沙质土壤，栽培时加入少量底肥。可用腐叶土、园土、粗沙等量混合，加少量骨粉配成培养土。

（2）花盆。一般用大小适宜的土陶盆。盆底应加碎瓦片作排水层。

（3）肥料。虞美人喜肥，在生长旺盛期要及时施肥。春季可用饼类液体肥料，以1∶6、1∶8的浓度，结合浇水施肥；初夏时节，可施腐熟的肉骨、鱼鳞和蛋壳等沤制的肥料，每15天追施1次，促进虞美人花色鲜艳；挂果后再施2次肥料，促进种子充实饱满。

（4）水分。虞美人性喜湿润，不耐干旱，日常管理要保持土壤湿润。在生长旺盛期可每隔2~3天浇水1次，6~8月要根据土壤情况适当增加浇水量和浇水次数，一般以盆土不干为准；秋季浇水要少，只要土壤湿润即可；种子成熟后停止浇水。

（5）温度和光照。虞美人喜欢温暖和阳光照射的生态环境，其生长最适温度20℃~26℃。一般温度要控制在6℃~10℃就可以了，因为温度过高容易造成植株细弱徒长，影响孕蕾开花。

注意：开花前追肥1~2次，开花后要及时剪除残花，以便使后开的花更大，且可延长花期；做切花应在花半开时剪下立即浸入温水中，防止乳汁外流过多，引起花苞萎蔫。虞美人不能连作，施肥也不可过多，否则病虫害多。如发现病株，要及时拔除烧毁或深埋。

繁殖方法

为了使虞美人提前开花，莳养者可在虞美人果皮变黄时，提前剪下，置于阴凉通风处，让蒴果自然干燥开裂，取出种子后再晾干，用纱布袋子贮藏于室内通风处，待到9月上中旬，便可进行播种繁殖。

①播种苗床，可用大号土陶花盆，基质可用素沙土5份、腐殖土3份、炉碴

灰 2 份配制。配好后充分混合,装盆后便可进行播种繁殖。

②虞美人的种子细小,播种时在种子中拌入细沙土,然后把种子均匀地撒播在苗床内。

③用浸盆的方法把基质湿透,床上覆盖玻璃,置于温暖的地方。

④虞美人播种后,要保持基质湿润,苗床内的温度控制在 20℃~25℃,在水分和温度都比较适宜的情况下,种子发芽快。

⑤当幼苗出土后要揭去玻璃,加强通风透气工作。

当小苗长出 2 片真叶时,可进行间苗,扩大株行距,培育壮苗。如果需要种苗数量少,可不间苗,而用竹夹扒掉一些细弱小苗,保留健壮苗株,一般小苗长出 5~6 片真叶后,便可进行定植栽培。

病虫害防治

病害有白粉病、锈病,可用 65%代森锌可湿性粉剂 600 倍液喷洒;虫害有蚜虫等,可用 40%乐果乳油 1000 倍液喷杀防治。

月季

月季花色丰富,品种繁多,是具浪漫色彩的观花植物。历代诗人、墨客无不为之倾倒。苏轼曾赞月季:"花落花开无简断,春去春来不相关。牡丹最贵惟春晚,芍药花繁只夏初。唯有此花开不厌,一年长占四时春。"

摆放地点

南向阳台。它的植株较为高大,适合在宽敞的阳台上栽种。在生长旺盛期最好将月季摆放于全日照的地方,每日最少要有 4 小时以上的直射日照。夏季保持环境通风;冬季气温稍低并无大碍。

月季

月季花大色美,四季开放,月季向来以开花季节长,色泽艳丽而著称,是园林布置的好材料,宜作花坛、花境及基础栽植用,在草坪、园路角隅、庭院、假山等处配置也很合适。盆栽月季,置于阳台上或居室供人欣赏,会给人们增添生活乐趣。月季也是著名的切花,供插瓶水养或制作成花篮、花束等。

注意:月季花如果久闻,可能会使人感到胸闷不适。

形态

落叶或半常绿灌木,也有呈藤本状。植株高 30~150 厘米。枝纤弱,常有倒钩皮刺,叶柄及叶轴上常散生皮刺,也有个别近无刺品种。

叶互生,奇数羽状复叶,小叶 3~7 枚,卵圆形、椭圆形、倒卵形或阔披针形,边缘有锐锯齿,托叶与叶柄合生。顶生小叶有柄,侧生者近无柄。叶面平展有光泽,叶背及枝、干有刺。

花生于枝顶,单生、数朵簇生或丛生的伞房花序。多为重瓣,瓣数 5~80 片不等。

花色有红、黄、蓝、紫、橙、绿、茶、墨、白和中间色,而且有正背两面、上下的二重色和多种复色,以及斑条双纹色等。花微香,花期较长,可全年开花,一般集中在 4 月下旬至 10 月。果实为肉质蔷薇果,红黄色。

习性

月季对环境适应性很强,性喜阳光充足、通风良好的环境。喜温暖,怕炎热,夏季的高温对开花不利。对土壤要求不严,但以富含有机质、排水良好而呈微酸性的土壤最好,但也具有一定的耐盐碱能力。喜肥,好阳光,对日照长短无严格要求,但过于强烈的阳光照射对花蕾发育不利。

栽培管理

(1)基质。盆栽月季要选择生长势中等、花大色艳、花期较长的优良品种。盆栽月季一定要求盆土疏松透气、排水便利、酸碱适宜。栽培用土可用腐熟有机肥(如马粪土)、腐叶土加少量河沙配制而成。上盆时,盆底放少量骨粉或蹄片作基肥。

(2)花盆。盆要选透水性、透气性均好的泥盆,或陶质盆、紫砂盆,不能用瓷盆或塑料盆。盆不要太大,盆壁不要太厚。盆的大小与植株的大小要适当,不要大株小盆或小株大盆。

(3)肥料。生长期间每隔10天左右施一次腐熟的稀薄饼肥水,生长旺盛期每周施一次,孕蕾开花期加施1~2次速效性磷肥,入秋以后也要注意增施磷、钾肥,减少氮肥,以控制新枝生长。

(4)水分。浇水应掌握见干见湿,每次施肥后都要及时浇水和松土,以保持土壤疏松,通气良好,促使养分分解和吸收,供给不断开花的需要。

(5)温度。其生长适温,白天为22℃~25℃,夜间为12℃~15℃;温度降到5℃以下即进入休眠期,停止生长。

(6)光照。盆栽月季要放置在阳光充足的地方,夏季可移到阳台上或庭院中养护,冬季移入室内冷凉处,满足其休眠要求,这样翌年才能茁壮生长,开花良好。

注意:盆栽月季需要经常修剪,促发新枝,而不断开花。修剪宜结合早春换盆进行,从基部剪除所有的枯枝、病枝、弱枝及交叉枝,保留3~5个健壮的主枝,一般生长强壮的枝条约剪去1/2,生长较弱的枝条剪去2/3,按照不同品种,每枝保留一定数量向外侧生长的腋芽,即可形成适当数量的花枝。

繁殖方法

月季花的扦插繁殖方法。扦插繁殖月季花,是园艺工作者和爱好者普遍采用的一种无性繁殖方法,通过扦插技术,可以获得大量的幼苗。其特点是:可以完全保持名贵品种的优良特性,对于高度瓣化、三倍体或染色体不整齐、不完整、不结实的品种最适宜这种技术,它和播种苗比较,具有开花早、成苗快、株形美的绝对优势。

①扦插基质和苗床准备。月季花扦插的基质,可用细沙、锯末和砻糠灰等。但是,比较理想和方便的扦插基质,是用黄沙土和煤渣灰混合最好。煤渣灰须经过筛,颗粒不宜过大,一般以菜籽大小为好,并去掉粉末,最好用消毒杀菌剂进行处理后备用。同时还需准备马粪、兔粪、羊粪等造热物质,垫在苗床底部,作为增加底温的材料。

苗床选在向阳干燥的地方平整理厢,填土制作苗床。方法是:在苗床底部先填一层马粪等造热物质,上面再放一层厚度为3~5厘米的菜园土,最后盖上扦插基质,其厚度为15~20厘米,平整后待用。

这种苗床的优点是:能使地温高于气温,促进插穗早生根晚发芽,提高扦插成活率。

②月季花的扦插,时间以春夏之交和秋末初冬最好。实践证明,选择当年开花后的健壮、无病虫害的半木质化的顶枝作为插穗最好,时间在花后两天,腋芽尚未萌动时最佳。这种枝条生长时间短,植株体内营养丰富,有较强的生根能力;另外月季花的封顶条也可采用。但是,过粗或过分木质化的枝条不宜用作插穗。

③剪取插穗也是一种技术,插穗的长度一般为6~8厘米,具有三个芽眼。

操作时用干净刀片,在接近腋芽处沿45°向下削成斜口,削口要平滑无挤压伤组织,为伤口愈合创造条件。

④插穗叶片有促进生根和抑制腋芽萌发的作用,同时还能制造养分。所以除插入土壤部分的叶片应剪去外,其余叶片必须保留。但是为了减少水分蒸发、保持枝条体内水分平衡,一个插穗保留2~3片小叶最为适宜。

⑤插条选好后,应用湿润毛巾盖住,放在阴凉处备用。

⑥为了保证扦插苗成活,可采用生长调节素处理插穗。通常使用的有萘乙酸和吲哚丁酸,浓度为0.05%。扦插前,将插穗的基部在上述两种溶液中的任何一种浸沾一下立即扦插,这可提高插穗生根率。

⑦将处理好的插条,按5~10厘米的株行距进行扦插,深度为2~3厘米,用竹签打孔,插后封土要实,然后进行一次喷浇,使土壤充分湿润为止。

⑧接着用厚竹块制作拱架,覆盖塑料薄膜,以保持足够的温度和湿度。如果是热天,温度过高,还要用草帘遮阴、通风,降低小棚内温度,最高温度不能超过30℃,否则插穗伤口会腐烂,光发芽不生根,造成扦插失败。

⑨月季扦插后,一般20天左右就能长出新根。届时要注意观察,当新根长到2~3厘米,腋芽开始萌发时,就可从苗床中取出进行定株移栽。

⑩起苗时最好带上基质,随取随栽,如果移栽时正好时值夏日,栽后要进行1周左右的时间遮阴,尔后逐渐见光,适应环境。

月季花的扦插工作,如果掌握好各个环节,扦插成活率可达90%左右。

换盆方法

1.首先轻轻敲打花盆,使盆土松动。注意敲打的力道,不要震伤细嫩的枝芽。

2.待盆土松动后,倒转花盆约45°。一只手扶稳植株,另一只手轻轻拍打盆底。

3.将瓦片垫入新盆中。防止土壤流失,保证排水良好。

4.将新底土填入盆中。

5.加入底肥。

6.将退好盆的植株垂直放入新盆。

7.填入与植株适应的新土。

8.将盆土按压实。使盆土低于盆沿1-2厘米。

9.为了美观可以在土壤的表面覆盖一层石子或陶粒。

病虫害防治

（1）黑斑病。病叶首先出现褐色小斑块,逐渐扩大,皮为黑褐色或紫褐色圆形大斑块,最后叶片因坏死而脱落。防治方法,可用200倍波尔多液,或60%可湿性代森铵500倍液喷洒;同时要及时清理病叶,烧毁病叶,以减少传染。

（2）白粉病。在叶片、叶柄、枝条嫩梢等部位着生1层白粉,使叶片等处受害。防治方法:加强通风,降低温度,去除病叶、病枝并应及时将其烧毁;用50%代森铵1000倍液喷洒,或用50%多菌灵可湿性粉剂1200倍液喷洒;波尔多液200倍液也可抑制病害发展。

（3）月季常见虫害有蚜虫、红蜘蛛、金龟子等。防治方法:用80%敌敌畏稀释1000~2000倍或40%氧乐果稀释1500~2000倍,每周喷施1次。叶面、叶背、嫩枝、花蕾等处要均匀喷洒。

矮牵牛

矮牵牛花色丰富,品种繁多,其株形低矮,花如牵牛,叶似茄叶,美其名曰碧冬茄。矮牵牛花瓣柔软,花色娇艳,单瓣品种姿态端庄秀丽,重瓣品种态若牡丹,雍容华贵,是欧美人特别喜爱的观花植物。用它来装点阳台,能够给环境带来温馨气息和浪漫色彩,因此颇受栽培者的喜爱。

摆放地点

东向、南向、西向阳台。尤以西向阳台最佳。由于它的植株较为矮小,因此适合用来装点较为狭窄的阳台。在其生长旺盛阶段,要将植株置于每天接受日光直射不少于 2 小时之处。夏季应该保持环境通风。冬季昼夜温差不宜过大。

矮牵牛花大而色彩丰富,花期长,开花繁茂,栽植庭园中适于花丛、花坛及自然式布置。大花和重瓣品种常作盆栽观赏,亦可做切花。

形态

一年生或多年生草本花卉,株高 20～60 厘米,全株具黏毛。茎直立或斜卧。

叶有短柄或无柄,上部叶对生,下部叶互生全缘,卵形。

花着生于梢端或叶腋。花冠漏斗状,先端具钝波状浅裂,花径可达 12 厘米。花瓣多变化,有单瓣、重瓣、半重瓣和各式斑纹。花色有白、堇、深紫、红、红白相间以及各种彩斑镶边等色。花期 4～10 月。

摆放地点

矮牵牛喜温暖、干燥和阳光充沛的环境,不耐寒,忌积水雨涝。遇阴凉天气则花少而叶茂。以疏松肥沃、排水良好的微酸性土壤生长最佳。怕积水,土壤不宜过湿、过肥,否则植株极易徒长而倒伏。耐高温,在盛暑下开花最盛。

栽培管理

(1)基质。可用疏松肥沃的沙质土壤,如果有条件,所用盆土可由腐叶、细沙、园土按体积计以 1∶1∶2 的比例配成。基肥宜施腐熟的禽类粪便、过磷酸钙。

(2)花盆。分栽成活的小苗当长到 7～8 厘米时,可留基部 4～5 厘米摘心,以促生分枝,以后苗高15厘米左右时,即可上盆培养。移植时要带土球勿使松散,否则缓苗困难,不利成活。秋播苗经过移植,上盆后再翻盆1次,可在不加温的温室或冷床越冬。

(3)肥料。除基肥外,花盛期和修剪后可各追施稀薄液肥1~2次。生长过程中不能施过多、过浓的肥料,特别是氮肥,以防徒长致使植株倒伏。如果在其营养期小苗生长不良,茎干不壮,可用0.2%的尿素和0.2%的磷酸二氢钾交替进行叶面喷施,以利壮苗。

(4)水分。矮牵牛喜湿润,平时浇水要少,盆土保持半墒为宜。开花期需补充水分,特别是夏季不可缺水,每天可向叶面喷水2~3次,降低环境温度。如阳台气候干燥,中午时叶片萎蔫,也无大碍,可在傍晚时分浇一次透水,植株很快就能恢复原状。

(5)温度。矮牵牛在夏季惧怕高温酷热,如果气温超过26℃以上,要把花盆放在略有光照、通风干燥的地方莳养,在26℃~28℃的情况下,有时还能见花。华北地区冬季可在室内盆栽,温度保持在15℃~20℃,可四季开花。冬季温度最好不低于10℃,至翌春即可开花。

(6)光照。矮牵牛是一种喜阳植物。盆栽应置于通风向阳的地方,同时,随着植株的生长,要及时调整盆间距离,使之全年都能接受阳光照射。

注意:矮牵牛移植后恢复生长较慢,苗期应尽早定植,严防土球松散,以免过多伤根。

繁殖方法

矮牵牛多用播种和扦插的方法,进行繁殖。

扦插繁殖。矮牵牛的重瓣品种,一般都不结实,若要获得重瓣品种的苗株,可用扦插的方法,进行繁殖。时间在春芽基本长定后的5月进行。

①选取当年生长的健壮枝条,每段长8~10厘米,剪除基部叶片,保留顶端1~2片和嫩尖。

②为了愈合生根块,可用0.004%的萘乙酸水溶液,浸泡插穗基部24小时,再进行扦插。

③苗床用花盆,基质用珍珠岩。

④操作时,将准备好的插穗取出稍为晾一下,就可进行扦插,插入土壤深度为3~4厘米。

⑤插后用细孔喷壶把水喷透。

⑥然后套上塑料袋,置于温暖荫蔽处。

⑦若能把温度控制在20℃~23℃,一般15~20天就能愈合生根,当小苗发出新芽后,便可带土团移出,定植于花坛、花台、花径,也可盆栽置于阳台莳养,如果管理得好,秋季就能见花。

病虫害防治

(1)白霉病。叶片上出现大型病斑,呈现淡黄色,严重时会使叶片枯萎脱落。防治方法:可摘除病叶,并喷射75%百菌清药剂600~800倍液。

(2)叶斑病。防治方法:可剪除病枝、病叶。发病前用65%代森锌600倍液进行喷洒。

(3)柑橘粉虱。幼虫群集吮吸叶片、嫩枝干汁液。防治方法:卵孵化期选喷1次24%万灵水剂800~1500倍液,或25%喹硫磷乳油500~1000倍液,或2.5%溴氰菊酯,或10%二氯苯醚菊酯2000~3000倍液,每隔7~10天喷1次,连续喷3~4次。

百日草

百日草是一种直立生长的草本观赏花卉,大多以独本生长。一茎一花,形成一种孤芳自赏的风姿。花色娇美艳丽,花朵硕大,锦绣夺目,6~10月鲜花不

百日草

断。百日草分枝性强,花色丰富,具有很好的观赏价值。矮生性品种也宜盆栽莳养观赏。它稍耐干旱,易于管理,摆放在阳台上能够使环境显得绚丽多彩。

摆放地点

东向、南向、西向阳台。由于它高矮适中,因此可以摆放在大小不同的各类阳台上,在其生长旺盛阶段,最好将植株置于全日照之处,如果条件不允许,则每天至少保证要有2小时的直射日光。夏季应该保持通风良好。秋季将气温保持在较高状态,有助于延长植株的观赏时间。

百日草适宜布置花坛、花境,又可用于丛植和切花。矮壮种类还可盆栽,置于阳台莳养和观赏,高品种又可作装饰瓶景欣赏,为室内环境增添光彩。

形态

百日草茎直立,茎有粗毛。高度因品种而异,高者90厘米,矮者20~30厘米。

叶对生，长卵形至椭圆形，基部稍抱茎。

头状花序单生于枝顶，花梗甚长，花径约4~6厘米。舌状花，花有白、黄、红、粉、紫等色。有单瓣、重瓣和半重瓣之分。花期6~10月。

习性

百日草喜阳光充足，在15℃以上就能正常生长。植株健壮，耐干旱，适肥沃而排水良好的土壤。如瘠薄干旱则花朵显著减少，且花色不良，花朵瘦小。

栽培管理

(1)基质。基质可用森林腐叶土或泥炭藓2.5份、沙质菜园土2份、蛭石或珍珠岩0.5份、干牛粪1份、肥田泥2份、堆积的厩肥2份配制。配好后可用2000倍的福尔马林水溶液进行喷洒消毒，一周后便可上盆使用。

(2)花盆。盆栽百日草，可挑选美观大方的紫砂盆，一般直径为15~20厘米。栽培时带土团取苗，植于花盆中央，把水浇透，置于荫蔽通风处，经常进行雾状喷水，缓苗5~7天便可进行正常管理。

(3)肥料。百日草喜肥，肥足才能叶茂枝繁，花朵硕大，花色鲜艳。百日草生长迅速，在营养生长期需要及时补充肥料。盆栽的植株，可在培养土中加入10%~15%的牲畜干粪，或5%~10%的鸡干粪。因为百日草最喜欢固体肥料。植株栽培恢复生长后，每星期可施一次全元素型复合花肥(配方见蛾蝶花施用的肥料)，浓度为1%~3%，使其营养生长旺盛，15~20天后，改施以磷钾肥为主的有机液体肥料，控制营养生长而进入抽薹、孕蕾开花。开花时停止施肥，花谢以后剪除残花，继续追施肥料，促使蘖芽生长，而进行第二次开花。

(4)水分。百日草性喜湿润，用培养土栽培的植株，因基质保水保肥，利于植株生长。但是，莳养者一定要根据各个时期的气候条件，和百日草的长势，随时补充水分，盆土要保持湿润。春季一般每星期浇水2~3次，夏季每天浇水一次，秋季每3天浇水一次，冬季培育的幼苗可每隔10天半月浇水一次即可。

(5)温度。百日草最适宜的生长温度为20℃~32℃。一般在夜间温度为15℃~18℃,白天温度为20℃~32℃的条件下,植株生长极其繁茂,茎干粗壮,叶片肥大,光合作用特别旺盛,植株不但可以提前开花,而且花期长。但是,夏季开花的植株,温度反而不能太高,一般白天在26℃左右,夜间为16℃~18℃开花最好。冬季培育的幼苗,室内温度可控制在8℃~15℃,这样植株才能顺利进行营养生长而春季就能开花。

(6)光照。百日草最喜欢阳光照射,移入室内莳养每天也应不少于6小时以上的光照。特别是冬季在温室里培育的幼苗,一定要放在南向的玻璃窗内,使之阳光充足,幼苗苗壮成长。为了开好花,盆栽植株在夏季也要移至有散射光照的地方,并采用地面喷水的方法降温,使其花期待久。其他季节都应把花盆置于向阳的地方,进行强阳光照射。光照多,光合作用旺盛,植株体内养料积累多,这样百日草就开花早,花朵大,花色鲜。

繁殖方法

百日草,生性强健,生长迅速,一般播种后3个月就能孕蕾开花。所以,园林部门大多利用百日草的生长习性,采取分期播种的方法,调节花期,使之全年开花。冬季播种春季开花,春季播种夏季开花,夏季播种秋季开花。

百日草播种繁殖,除冬季可在温室内播种外,其他季节都可在露地制作苗床,进行播种繁殖。

①播种基质可用森林腐叶土2份、田园土2份、泥炭藓2份、粗河沙或蛭石2份、干牛粪1份、堆积的土杂肥1份配制。一般经过堆积、腐熟、暴晒,整细过筛,再按总体积加入1.5%的骨粉,3%的草木灰0.5%的全元素复合花肥。

②苗床场地要进行深翻,整细耙平,填上培养土,厚度为15~25厘米。

③苗床全部做好后,再把百日草种子均匀地撒播在苗床内,覆盖细沙土。

④用喷壶把水喷透,床上再覆盖一层薄薄的稻草,使之保湿。

百日草播种,苗床温度要控制在22℃~28℃,如果能控制在26℃最好,因为这种温度最适宜种子的生理生化发育。在这样的温度条件下，基质保持湿润，一般3~5天种子便能萌发新芽，这时就要揭去覆盖物，进行弱阳光照射，使幼苗茁壮成长。

夏季播种，因为气温过高，阵雨、大雨较多，莳养者还应在苗床搭设荫棚，注意防暑降温，避免大雨冲刷，损坏幼苗。如做切花，可以不再移栽，不予摘心，待花葶顶端的花朵盛开，或微开时，齐地面切取，就是美丽鲜艳的切花了。

百日草的种子培育，莳养者要提前做好准备工作，各个品种栽培的地方，要按照子代系统严加隔离，以免空气中的其他花粉影响百日草种子品质。

病虫害防治

（1）棉铃虫。以幼虫钻蛀花蕾，咬食花朵。防治方法：

①利用黑光灯诱杀成虫。

②冬季翻土、中耕，消灭土中越冬虫蛹。

③喷施40%甲乐磷乳油1000~2000倍液，或50%杀螟松乳油1000倍液，或20%杀灭菊酯乳油1000~1500倍液，或25%菊乐合酯乳油1000~2000倍液。

（2）小地老虎。是一种主要地下害虫。防治方法：

①清晨在缺苗株附近用人工挖虫，有一定除虫效果。

②在受害严重地区可用50%辛硫磷乳油1000倍液喷浇苗间及根际附近的土壤。

（3）桃赤蚜。成虫、若虫危害叶片。防治方法：在蚜虫危害期，可选喷施15%哒螨灵乳油1000~200倍液，或25%喹硫磷乳油1000倍液，或10%蚜虱净超微可湿性粉剂3000~5000倍液。

（4）百日草黑斑病。防治方法：选用65%代森锌或70%代森锰锌600倍液，喷1次。喷药时叶背必须喷布周到。

（5）百日草白粉病。防治方法：发病初期，喷1次20%粉锈宁4000倍液，并且与周围其他植物的白粉病一起防治。

雏菊

雏菊株形紧凑,叶色碧绿,是富于春天气息的阳台花卉。由于它忌酷暑,喜凉爽,进入夏季长势便会越来越弱,因此更适合我国北方地区种植。

摆放地点

东向、南向、西向阳台。尤以西向阳台的栽培效果最好。由于它高矮适中,因此可以摆放在大小不同的各类阳台上。在其生长旺盛阶段,要将植株置于全日照之处。冬季保持环境适当通风。由于雏菊惧怕高温,因此春季摆放地点的气温较低,则有助于延长植株的观赏时间。冬季气温稍低并无妨碍。

雏菊植株小巧玲珑,花期较长,是华北地区早春至"五一"节布置花坛、花境、草坪边缘的重要花卉,亦可盆栽装饰室内案边、窗台,优美别致。还可用于岩石园栽培。

形态

多年生草本,常作二年生栽培。植株高 7~15 厘米,全株被毛。

叶基部簇生,莲座状。头状花序单生,花葶自叶丛中抽出,舌状花多数,线形或管状,花梗长 7~15 厘米,花径约 5 厘米,花色有白、粉、桃红、大红、紫色等。花期 4~6 月,果熟期 5~7 月。瘦果扁平。

习性

雏菊性强健,具有一定的耐寒能力,可耐 -3℃ ~ -4℃ 的低温,冬季如地表温度不低于 3℃ ~ 4℃,且有雪覆盖,可以露地越冬,但重瓣大花品种耐寒力较差。喜冷凉、湿润,要求疏松、肥沃、富含腐殖质且排水良好的土壤。忌炎热,夏季高温时,生长势及开花均衰退,如在半阴下,则可延长花期。

栽培管理

(1) 基质。雏菊对土壤适应性较强,盆土可用腐叶土、细沙土、园土按体积计1:1:1的比例混合配成,花盆底部要加入10克左右的鸡粪作为基肥。

(2) 花盆。雏菊植株不是很高,一般用中型花盆进行定植。

(3) 肥料。雏菊喜肥,定植后要加强肥水管理,适时浇水、追肥,使幼苗在入冬前发棵。追肥要薄肥勤施,一般每2周追1次稀薄液肥。夏季开花后,可以将老株分开栽植,加强管理,保证肥水的供应,秋凉后施2~3次追肥,移入室内冬季可继续开花。

(4) 水分。雏菊喜水,定植后要适时浇水,保持土壤湿润。生长期间要保证水分的供应充足。

(5) 温度。雏菊喜凉爽环境,忌炎热,夏季高温时,长势及开花均衰退,如在半阴环境下则可延长花期。其适宜生长温度为10℃~18℃。在夏季凉爽、冬季温暖地区,调节播种期,可周年开花。花后将老株分株上盆,置阴凉处越夏。它较耐寒冷,越冬温度不得低于0℃。北方地区冬季可移入室内越冬,室温维持在8℃~10℃为好。

(6) 光照。雏菊喜日光充足的环境,日照好则开花良好。在环境荫蔽的条件下,植株易徒长,开花也会受到影响。

注意:雏菊种子极小,成熟期不一,需及时采种,以免散失。其品种极易退化,花期要注意选留采种母株,以保持品种的优良形态。

繁殖方法

常用播种繁殖,个别生长良好的植株也可采用分株繁殖。种子发芽的最适温度为22℃~28℃。多在每年8~9月进行播种,种子播种后一般经5~10天萌发。寒冷地区可于早春在温室内播种。

①苗床可根据具体需要进行选择。可以用细沙作为繁殖基质。

②雏菊的种子细小,在播种时最好将其与适量的干燥细沙混合在一起,具体比例以体积计为1：20。

③将繁殖基质装入盆器后浇1次透水。

④将混合均匀的种子撒在花盆里,不必另行覆土。

⑤覆盖一层玻璃进行保湿。

⑥待小苗长出一对真叶后拿开玻璃,并保持空气流通。

⑦当小苗长出4~5片真叶后再上盆移栽。

病虫害防治

在阳台莳养中,雏菊很少罹病。只是要注意小地老虎的危害,小地老虎是一种主要地下害虫。防治方法：

①清晨在缺苗株附近用人工挖虫,有一定除虫效果。

②在受害严重地区可用50%辛硫磷乳油1000倍液喷浇苗间及根际附近的土壤。

扶桑

扶桑花形独特,枝叶扶疏,花朵硕大,姿态优美,色彩艳丽。有的似吊钟,有的状若灯笼,悬空飘垂,依风荡漾,煞是迷人。更为难得的是它花期长,从春至冬,长开不衰。用其装点阳台,可使阳台长留春意。

摆放地点

西向阳台。在生长旺盛期需要充足的阳光和大量的水分。夏季要保持土壤湿润;冬季要注意保温,气温低于15℃时要移入室内。

扶桑花大色艳,花期甚长,四季开放不绝,是著名的观赏花卉,素有"中国蔷薇"之美称。其重瓣良种,花瓣丰富,形似牡丹,因而得名"朱槿牡丹"。它既有蔷薇艳丽的色彩,又具有牡丹富丽的姿态,是家庭养花中最喜欢栽植的优良花木。华南地区常露地植于公园中、道路两侧或作为花篱。北方地区多采用盆栽,用于客厅、门厅和阳台等摆设。

形态

扶桑为常绿灌木,株高 2~3 米。茎直立多分枝。

叶长卵形至卵形,锐尖,叶面深绿色而有光泽。花单生叶腋,径 10~18 厘米,阔漏斗形。

原种花红色,栽培品种有白、粉、紫红、橙、黄等多种花色变化。并有半重瓣、重瓣及斑叶的品种。花期夏季,在室内冬春也可开花。

习性

扶桑性喜阳光充足、气候温暖,不耐寒,除华南亚热带地区外,其他地区均作盆栽。喜湿润,既怕涝,又怕旱。对土壤要求不严,但以疏松肥沃的腐殖土为宜。枝条萌发力强,耐修剪。

栽培管理

(1)基质。扶桑扦插苗上盆可用园土 4 份、沙土 2 份、干粪 1 份混匀的培养土。如能在盆底放少许腐熟的鸡鸭粪或骨粉作基肥,则更为理想。

(2)花盆。盆要选透水性、透气性均好的泥盆,或陶质盆、紫砂盆,不能用瓷盆或塑料盆。盆不要太大,盆壁不要太厚。一般每年于早春换一次盆,并对植株进行重剪,每个侧枝基部留 2~3 个芽,将上部全部剪掉,促使萌发新枝,这样长势会更加旺盛,花多色艳。

(3)肥料。扶桑喜肥,由于其花期长,且不断开花,因此,对肥料的需求较大,在栽培过程中,及时给以补充,才能保证其生长健壮,开花不绝。一般从 5 月出室后至 9 月下旬,约每 10 天施一次稀薄饼肥水,每月加施一次 0.2%磷酸二氢钾叶面肥,这样就能花繁叶茂。

(4)水分。扶桑喜水,但怕积水,春秋两季一般每天浇水一次,夏季最好上午、下午各浇水一次。雨季要及时排除盆内积水。

干燥多风季节和盛夏炎热天气,均需经常向枝叶上喷水,以增加空气湿度,使其生长健壮,叶片清新舒展,叶色碧绿。越冬期间应控制浇水,并停止施肥。此时温度低,若浇水过多容易引起烂根落叶,影响翌年开花。

(5)温度。北方地区冬季于10月初移入室内越冬,放置在向阳处,室温以8℃~12℃为宜。

(6)光照。扶桑是强阳性植物,喜欢阳光充足,最好每天给予不少于6小时的日照。如果将其放在较蔽荫的地方养护,则易花蕾脱落,花朵缩小,色泽暗淡。但是,在阳光过强时,尤其在北方地区盛夏的中午,也应适当遮阴,以防灼伤。

繁殖方法

扶桑的繁殖,主要是扦插和嫁接两种。

嫁接繁殖。扶桑好品种多,要想每样都莳养一棵,确有困难。莳养者可采用嫩枝劈头换接的技术,嫁接上几种不同形态和色彩的嫩枝,培养一株数花,更具观赏价值。方法是:

①选一株树形美观的大花扶桑,上盆莳养,待其生长繁茂以后,选取当年生长的枝条4~6根,每根都从第四片叶子处剪去顶端,注意高矮一致。

②在修剪砧木前4~6天,用同样的方法修剪接穗的母株,待发新芽。

③当温度在20℃~30℃时,砧木和接穗的嫩枝一般都能长出6~8厘米,这时可用消毒(0.5%的高锰酸钾)双面刀片,切取母株顶芽3~4厘米,顶端只留一尖一叶,再从基部以下1.5厘米处,两面分别各向下削一刀,削口成斜楔形,含入口中。

④把选好的砧木嫩芽,自基部留叶3片横切顶端,在正中往下切1.6厘米

深的切口,套上带扣的塑料绳,随即将接穗插入砧木,对准形成层,适度拉紧塑料绳。

⑤嫁接好后套上适宜的塑料袋,防止污染和嫁接工作失败。

在养护管理上,要把花盆置于荫蔽通风处,20天以后,伤口愈合,可去掉塑料袋,30天以后把花盆移至散射光照处,40天以后便可进行正常管理。

病虫害防治

扶桑常见的病虫害有蚜虫、介壳虫、花腐病、煤烟病等,春夏之交最易蔓延猖獗,在光照不足、通风不良的环境下也易患病。对蚜虫可喷洒800~1000倍乐果水溶液或40%氧化乐果乳剂1000~1500倍液。对介壳虫可用80%敌敌畏乳剂或50%马拉硫磷乳剂1000倍液喷杀,或用中性洗衣粉和面粉喷布,使介壳虫窒息而死。

网友支招

扶桑花期长久,但秋凉后着花不多,如果冬季及早春用花,可将其提前进入温室(室内),置于向阳处养护,以达到催花的目的。